高等学校机械类专业系列教材

西安电子科技大学教材建设基金资助项目

电子设备结构设计

DIANZI SHEBEI JIEGOU SHEJI

许社教　刘焕玲　许茜　丰博　编著

西安电子科技大学出版社

内 容 简 介

本书针对产品的多学科综合设计及系统集成问题，以电子设备结构设计为对象，介绍多学科设计的原理和方法。

全书包括绪论、电子设备的热设计、机械振动与减振设计、电磁兼容性与屏蔽设计、腐蚀与防腐蚀设计、机箱机柜结构设计等内容。每章均附有习题，附录中还提供了用于结构综合设计的大作业要求。

本书可作为机械类、机电类、电子信息类专业或相关专业本科学生进行机电产品、电子信息产品结构设计的教材，也可供从事相关工作的技术人员参考。

图书在版编目（CIP）数据

电子设备结构设计 / 许社教等编著. -- 西安 ：西安电子科技大学出版社，2025. 9. -- ISBN 978-7-5606-7731-6

Ⅰ. TN03

中国国家版本馆 CIP 数据核字第 2025Q6V770 号

策　　划　刘小莉
责任编辑　于文平
出版发行　西安电子科技大学出版社（西安市太白南路 2 号）
电　　话　(029) 88202421　88201467　　邮　　编　710071
网　　址　www. xduph.com　　　　　　　电子邮箱　xdupfxb001@163.com
经　　销　新华书店
印刷单位　咸阳华盛印务有限责任公司
版　　次　2025 年 9 月第 1 版　　　　　2025 年 9 月第 1 次印刷
开　　本　787 毫米×1092 毫米　1/16　　印　　张　15
字　　数　353 千字
定　　价　43.00 元

ISBN 978-7-5606-7731-6

XDUP 8032001-1

＊＊＊如有印装问题可调换＊＊＊

前　言
PREFACE

随着科学技术的不断发展、人民生活水平的不断提高，以及军事现代化的发展，人们对电子设备（产品）的使用要求也越来越高，除了功能要求外，还对产品的耐热性、抗电磁干扰、耐蚀性和抗振性等防护性能提出了要求。本书通过对机箱、机柜的结构设计，热设计、电磁兼容、防腐蚀、减振等原理以及防护结构设计的介绍，使设计人员在进行产品功能、外观及结构设计的同时，能协同考虑产品的热设计、电磁兼容设计、防腐蚀设计和减振设计，也就是能够进行产品的综合设计，设计出功能符合要求且可靠、耐用的电子设备（产品）。

本书侧重于产品的多学科综合设计和系统集成，不专注于某一学科的研究，但可为单一学科的深入研究打下良好的基础。书中涉及的学科虽多，但各学科有其最本质的内容，这种本质的内容决定了结构设计的原理和方法。例如，在热设计自然冷却部分，热阻是关键，热设计的各种方法都是围绕减小传热环节的热阻而进行的；在减振设计部分，共振是关键，减振设计的目标是使系统的固有频率避开干扰频率；在电磁屏蔽设计部分，电气密封和阻抗是关键，保持电气连续性和减少阻抗是屏蔽结构设计的遵循；在金属防腐蚀设计部分，腐蚀电流是关键，改变金属电极电位以减小腐蚀电流是防腐蚀结构设计的依据；刚度是结构力学设计的关键指标，提高刚度是防止或减小结构变形的需要，同时也有助于减振，选弹性模量大的材料、增大截面尺寸、减小纵向长度等是提高结构刚度的必然措施。所以，对于多学科的学习，一定要抓住本质，才能够学透并举一反三。

本书的主要特点：

（1）为适合复杂结构和复合工况问题的分析求解，书中包括热分析、振动模态分析等工程仿真技术内容，内容实用、先进。

（2）加入课程综合设计，合理安排课后的习题，增强实践环节。每章都有一定数量的练习（复习）题，以巩固每个知识点。附录为课程综合设计，以电脑一体机为设计对象，综合运用本课程所讲的知识，以培养解决实际工程问题的能力。

（3）书中内容精练、重点突出、逻辑性好、便于学习。

（4）反映学科的新发展，如热设计研究的新进展、减振技术的发展、电磁兼容仿真分析软件的发展等。

（5）注重知识、能力和价值引领相融合，价值目标为融会哲学思辨、激发创新精神、践行知行合一理念。

本书的参考学时数为 32 至 40 学时，先修课程有大学物理、工程制图、工程力学、机械制造基础以及三维建模软件等。为保证学习效果，读者应自学了解热分析、结构分析等工程仿真软件。

本书由西安电子科技大学的许社教任主编并统稿。参加教材编写的人员有许社教（绪论、第 2 章、第 4 章、附录)、刘焕玲(西安电子科技大学,第 1 章)、许茜(西北工业大学,第 3 章、第 4 章),丰博(西安电子科技大学,第 5 章)。本书的出版得到了西安电子科技大学本科生院及西安电子科技大学出版社的大力支持,编者在此表示感谢,同时对参考文献的作者以及为本书贡献而不便查证的作者们表达我们的谢意。

　　由于编者水平有限,书中难免存在不妥之处,殷切希望广大读者提出批评意见和建议,并及时反馈给我们(E-mail:shejxu@sina.com)。

编　者
2025 年 3 月

目　录

CONTENTS

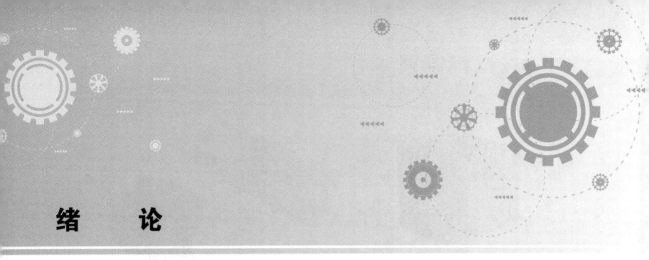

绪　　论

本绪论内容包括电子设备及其结构内涵、电子设备所处工作环境及对其影响、电子设备结构设计研究的内容、电子设备结构设计类型和典型电子设备结构。

1. 电子设备及其结构内涵

电子设备是指由集成电路、晶体管、电子管等电子元器件及机械结构组成，应用电子技术（包括软件）发挥作用的设备。这些设备通过电子技术控制和处理信号、能量和信息，实现各种不同的功能和应用。

电子设备的种类较多，主要有消费电子设备、工业电子设备、信息与通信设备、计算机及配件、嵌入式系统等。消费电子设备包括广播电视设备、音视频设备、手机、平板电脑、数码相机、电子书、智能手表及手环、游戏机等，用于日常生活。工业电子设备包括仪器仪表、机器人、传感器、自动化控制系统，用于工业生产和制造。信息与通信设备包括通信设备、网络设备、导航设备、定位设备、识别设备、超声设备、遥控设备、光电设备、综合航电系统、电子战系统等，用于数据和信息传输。计算机及配件包括主板、显卡、内存条、硬盘、显示器、键盘、鼠标、扫描仪、摄像头、打印机等，用于计算机系统的硬件和软件。嵌入式系统包括汽车电子、医疗电子仪器、智能家居、工控设备等，用于嵌入其他设备或系统。

电子设备结构简单来说就是机箱、机柜，是由工程材料（如钢铁、铝合金、工程塑料等）按合理的方式进行连接（如螺钉连接、铆接、焊接等），并能安装电子元器件及机械零部件的一个整体基础结构。

图 0.1 所示是航空用电子设备，图 0.2 所示是计算与网络用电子设备。

图 0.1　航空用电子设备

图 0.2 计算与网络用电子设备

2. 电子设备所处工作环境及对其影响

按使用场合的不同，电子设备的工作环境包括陆地、水面和水下、空中和太空。另一方面，按产生的来源不同，电子设备所处的工作环境可分为自然环境、工业环境和特殊使用环境。除自然环境之外，工业环境和特殊使用环境一般是人为制造和改变的，故这类环境有时也称为诱发环境。表 0.1 所示的环境分类包含了电子设备可能遭遇的各种基本环境。

表 0.1 环 境 分 类

自 然 环 境		工业环境和特殊使用环境(诱发环境)	
温度	雾气	温度梯度	加速度
湿度	辐射	高压	高强度噪声
大气压	真空	瞬态冲击	电磁场
降雨	磁场	高能冲击	腐蚀性介质
风沙	静电场	周期振动	固体粉尘
盐雾	生物因素	随机振动	

环境因素造成的设备故障是严重的。国外曾对机载电子设备进行故障剖析，结果发现 50% 以上的故障由环境因素所致，而温度、振动、湿度三项环境造成的故障率则高达 44%。环境因素造成的设备故障和失效可分为两类：一类是功能故障，是指设备的各种功能出现不利的变化，或受环境条件的影响，功能不能正常发挥，一旦外界因素消失，功能仍能恢复；另一类是永久性损坏，如机械损坏等。表 0.2 列出了各种环境影响与典型故障。

表 0.2 环境影响与典型故障

环境因素	主要影响	典 型 故 障
高温	材料软化、老化 膨胀结构热应变 金属氧化 设备过热 黏度下降、蒸发	结构强度减弱，电性能改变，密封性、绝缘性降低，甚至损坏 结构变形、卡住，低熔点焊锡缝开裂、焊点脱开 接触电阻增大，金属表面电阻增大 元件损坏，着火 丧失润滑特性

环境因素	主要影响	典型故障
低温	增大黏度和浓度 结冰现象 脆化 物理收缩 元件性能改变	丧失润滑特性 电气机械性能变化 结构强度减弱，电缆损坏，材料变硬开裂，橡胶变脆 结构失效，增大活动件的磨损，衬垫、密封垫弹性消失，引起泄漏 铝电解电容器损坏，石英晶体往往不振荡，蓄电池容量降低
机械振动	机械应力疲劳 结构谐振 电路中产生噪声	晶体管、集成电路模块等元件管脚、引线、导线折断 金属构件断裂、变形，结构谐振失效，联结器、继电器、开关瞬间断开，电子接插件性能下降，仪表读取精度降低 输出脉冲超过预定要求，信号异常，内部干扰严重，电路瞬间短路、断路
机械冲击	机械应力	结构失效，机件断裂或折断，电路瞬间短路
加速度	机械应力 液压增加	结构变形和破坏 漏液
电磁场	干扰电路性能， 电路中产生噪声	接收机灵敏度下降，电子设备产生误动作，计算机掉码、误码产生错误信号，强电场引发电器火花、着火、爆炸
高湿度	吸收湿气 电化学反应 腐蚀、电解	物理性能下降，电强度降低，绝缘电阻降低，介电常数增大 机械强度下降 影响功能，电气性能下降，增大绝缘部位的导电性
盐雾	化学反应，腐蚀， 电解	增大磨损，机械强度下降，电气性能变化（如电磁屏蔽失效），绝缘材料腐蚀
霉菌	霉菌吞噬和繁殖 吸附水分 分泌腐蚀液体	有机材料强度降低、损坏，活动部分受阻塞 导致其他形式的腐蚀，如电化学腐蚀 光学透镜表面薄膜浸蚀，金属腐蚀和氧化
雨	物理应力 吸收水和浸渍 腐蚀	结构淋雨侵蚀，失效 增大失热量，电气失效，结构强度下降 破坏防护镀层，结构强度下降，表面性能下降
太阳辐射	老化和物理反应 脆化、软化黏合	表面特性下降、膨胀、龟裂、折皱、破裂，橡胶和塑料变质，电气性能变化 绝缘失效、密封失效、材料失色，产生臭氧
低气压	膨胀 漏气 空气电击穿强度降低 强度下降 散热不良	容器破裂，爆裂膨胀 电气性能变化，机械强度下降 绝缘击穿、跳弧，出现电弧、电晕放电现象和形成臭氧 引起结构失效 设备温度升高

环境因素	主要影响	典 型 故 障
灰(砂)尘	磨损 堵塞 静电荷增大 吸附水分	增大磨损，机械卡死，轴承损坏 过滤器阻塞，影响功能，电气性能变化 产生电噪声 降低材料的绝缘性能，产生霉菌
干燥	干裂 脆化 粒化	机械强度下降 结构失效 电气性能变化
风	力作用 材料沉积	结构失效、损坏，影响功能，机械强度下降 机械影响和堵塞，加速磨损

需要指出的是，在对环境影响因素进行分析时，既要考虑一般的影响因素，又要确定主要的影响因素，而且应重视不同环境因素的相互作用。例如，温度的影响，有持续性的高、低温作用(稳态)，有瞬态的作用(热冲击)及周期性作用等；而在高温下发生冲击振动时，两种环境因素都将强化对方的影响。这些都要进行具体的分析。在对客观因素作出估计时，应考虑各个作用因素的强度、作用的时间、重复的次数等。这样才能正确地采取防护措施，保证设备在受到多种环境因素的长期综合作用下安全、可靠地工作。

在进行电子设备防护设计时，下列环境空气被认为是正常气候条件：空气未受化学杂质或机械杂质的污染，温度为 288～303 K(15～30℃)，压力为 $(8.36～10.6)×10^4$ Pa，在 303 K 的温度下相对湿度为 45%～80%。

3. 电子设备结构设计研究的内容

随着电子技术使用范围的扩展，设备的功能、体积、质量、运行可靠性以及对各种环境的适应性等诸多问题被纳入结构设计的范畴，电子设备结构设计逐渐成为一门多学科的综合技术。20 世纪中后期，随着固体电路、集成电路、大规模集成电路的相继出现，电子设备开始向小型、超小型、微型组装方向发展。结构设计中一些传统的设计方法逐步被机电结合、光电结合等新技术所取代。尤其是超大规模集成电路及其衍生的各种功能模块的出现，使许多曾被视为不可逾越的纯机械技术和工艺失去了意义，同时也给电子设备的结构设计注入了新的内容。在电子信息产业和计算机技术迅猛发展的时代，电子技术正在向人类活动的各个领域渗透，电子设备已成为一项复杂的系统工程。仅以电路性能作为评价电子设备技术指标的观念将受到挑战，而现有的结构设计方法也面临新的变革。

目前，电子设备的结构设计大致包括以下内容：

1) 整机组装结构设计

整机组装结构设计也称总体设计，是根据产品的技术条件和使用的环境条件，对整机的组装进行系统构思，并对各分系统和功能性单元提出设计要求和规划。其设计内容包括：

(1) 结构单元：机柜、机箱(或插入单元)壳体的结构形式、外观造型、装配和安装方式、人工和自动操作方式以及其他附件。

（2）传动和执行装置：信号在传递或控制过程中，某些参数（声、光、电或机械）的调节和控制所必需的各种传动装置、组件和执行元件。

（3）环境防护：元器件、组件及整机的温度控制，防腐、防潮、防霉，振动与冲击隔离、屏蔽与接地、接插与互连等。

（4）总体布局：对上述各项规划进行合理的结构布局，以确定相互之间的连接形式和结构尺寸等。

2）热设计

电子设备的热设计是指对电子元器件、组件以及整机的温升控制，对高密度组装的设备，更需注意其热量的排除。温升控制的方法包括自然冷却、强迫空气冷却、液体冷却、蒸发冷却、热电制冷、热管、微通道冷却等各种形式。

3）结构静力计算与减振设计

对于运载工具中使用或处于运输过程中的设备，应具有足够的强度和刚度。当结构自身不能有效地克服因机械力引起的材料疲劳、结构谐振等对电性能的影响时，要采取隔振与缓冲措施，以避免或减弱上述因素造成的性能下降或破坏。

4）电磁兼容性结构设计

电子设备中的信号处理和传输系统的自动化，要求各系统有可靠的抗干扰能力。这就需要进行诸如电磁屏蔽、接地等电磁兼容性设计，以提高设备对电磁环境的适应性。其措施包括噪声源的抑制、消除噪声的耦合通道和抑制接收系统的噪声等。

5）传动和执行装置设计

电子设备在完成信号的产生、放大、变换、发送、接收、显示和控制的过程中，需要对各种参数（声、光、电或机械）进行调节和控制。因此要有相应的传动装置或执行元件来完成这项功能。这里除了常规的机械传动装置设计之外，主要是与声、光、电性能密切相关的转动惯量、传动精度、刚度和摩擦等参数的设计。

6）防腐蚀设计

严酷的气候条件会引起电子设备中金属和非金属材料发生腐蚀、老化、霉烂、性能显著下降等各种损坏。应根据设备所处环境条件的性质、影响因素的种类、作用强度的大小来确定相应的防护措施或防护结构，选择耐腐蚀材料，并研究新的抗腐蚀方法。

7）连接设计

电子设备中存在着大量的固定、半固定以及活动的电气接点。这些接点的接触可靠性对整机或系统的可靠性有很大的影响。必须正确地设计、选择连接工艺和方法，如钎焊、压接、熔接等。同时，还应注意对各种接插件、开关件等活动连接件的选用。

8）人机工程学设计

电子设备既要满足电性能指标的要求，又要使设备具有可达性、舒适性和愉悦性，即使操作者感到方便、灵活、安全，外形美观大方。这样就要求用人机工程学的基本原理来考虑人与设备的相互关系，设计出符合人的生理、心理特点的结构与外形，更好地发挥人和机器的效能。

9）可靠性试验

可靠性是衡量电子产品质量极其重要的指标。对于特殊用途的设备，必须根据技术要求对设备或者模拟设备进行可靠性试验或加速寿命试验，以确认设计的正确性及其可靠性指标。

综上所述，电子设备的结构设计包含相当广泛的技术内容，其范围涉及力学、机械学、材料学、热学、电学、化学、光学、声学、工程心理学、美学、环境科学等，是多门基础学科的综合应用，它已经成为一门交叉学科。本书不追求上述各门学科的全面介绍，而以电子设备结构设计中最受关注的环境防护为主题，重点介绍热设计、减振设计、电磁兼容设计、防腐蚀设计等(这些设计被称为电子设备的防护设计或环境设计)。因结构是防护设计实现的载体，故机箱机柜结构设计也是本书介绍的重点。

4. 电子设备结构设计类型

根据设备类型和所处的工作环境侧重点的不同，电子设备结构设计有下面几种类型：

(1) 用电设备的结构设计：将传统的结构设计(包括功能设计、形状及尺寸设计、强度及刚度设计、精度设计等)和热设计相结合。

(2) 机动式(车载、船载)设备的结构设计：将传统的结构设计和减振设计相结合。

(3) 信息系统(通信、雷达、导航、计算机等用频设备)设备的结构设计：将传统的结构设计和电磁兼容设计相结合。

(4) 在腐蚀环境(潮湿、酸雨、海水)工作的设备的结构设计：将传统的结构设计和防腐蚀设计相结合。

(5) 在严酷环境工作的设备的结构设计：将传统的结构设计和组合的防护设计(热设计、减振设计、电磁兼容设计、防腐蚀设计两者或多者组合)相结合。

5. 典型电子设备结构

内部安装有各种电子设备或仪器，并作一定用途的箱状结构，称为电子方舱。电子方舱是典型的电子设备结构，其结构组成如图0.3所示。

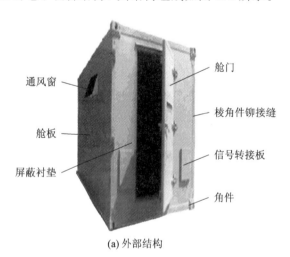

通风窗
舱板
屏蔽衬垫

舱门
棱角件铆接缝
信号转接板
角件

(a) 外部结构　　　　　　　　　　(b) 内部结构

图 0.3　电子方舱结构

电子方舱工作时会发热，也会受到电磁干扰，车载方舱也存在振动，在恶劣环境下还会受到腐蚀的侵扰。防电磁干扰的基本方法为电磁屏蔽，即要求机壳导体连续，但这又导致不能通风散热；腐蚀会造成导体不连续而影响电磁屏蔽。因此，电子方舱的设计除了常规的机械结构设计外，还涉及热设计、电磁兼容设计、防腐蚀设计、减振设计，是典型的多学科综合设计。

电子方舱在军工部门应用较广，图 0.4 是各种用途的电子方舱。

图 0.4　各种用途的电子方舱

 习　　题

1. 试述电子设备防护设计的内容。
2. 从涉及的学科角度考虑，电子设备结构设计有哪些类型？
3. 试述电子方舱的主要结构及结构设计的特点。

第1章 电子设备的热设计

热设计的方法有多种，热阻是根本物理量，热设计的各种方法都是围绕减小传热环节的热阻而进行的(这就是抓事物的本质)。在热设计的控制方法中，自然冷却因直接利用机壳结构形成换热系统而成为最简单、最常见的控制措施。

本章内容包括电子设备的热设计概述、电子设备的自然冷却、电子设备的强迫空气冷却和计算机机箱散热的仿真分析。

1.1 电子设备的热设计概述

本节主要介绍电子设备热设计的基本概念及原理，电子设备的热环境，电子设备热设计的目的及任务，以及电子设备热设计的基本要求及原则，在此基础上简单介绍了电子设备热设计的方法。

1.1.1 热设计的基本概念及原理

1. 热交换的三种方式及规律

电子设备热交换的基本方式有导热、对流换热和辐射换热。工程中，较复杂的热交换实际上为复合换热，它是这三种基本方式中的两者或三者的结合，如传热就是一种复合换热。

1）导热及导热系数

当热量在一个物体内部传递或传向与它接触的另一个物体时，便发生导热。它是利用导热性能比较好的物质进行热传递的方式，如工业锅炉、烧水壶、炊具用锅等，就是利用金属的导热实现烧开水和食物烹饪。

导热的热传递过程遵循傅里叶定律：

$$Q = -kA\frac{\mathrm{d}t}{\mathrm{d}x} \quad \text{或} \quad Q = -kA\frac{\Delta T}{\Delta x} \tag{1-1}$$

式中：负号表示热量传递的方向与温度梯度的方向相反(即由高温传向低温)；Q 为热流量，单位为 W(瓦)；k 为材料的导热系数，单位为 W/(m·℃)；A 为垂直于导热方向的截面面积，单位为 m^2；$\mathrm{d}t/\mathrm{d}x$ 或 $\Delta T/\Delta x$ 为在 x 方向(热流路径方向)上的温度梯度或温度变化率，单位为℃/m。

导热系数是表示物质导热能力的物理量，它表示单位长度上温差为 1℃时所传递的热量。不同物质的导热系数各不相同，其数值大小取决于物质的种类和温度。一般金属的导热系数较大，非金属次之，液体更小，而气体最小。金属在 20℃时的导热系数由大到小排序：银(419)＞铜(330)＞金(292)＞铝(204)＞铸造铝合金(164)＞铁(73)＞锡青铜(50)＞不锈钢(16)。

由式(1-1)可知，提高电子设备的导热散热能力，可通过选用导热系数大的材料、增加传导截面面积、缩短传导通路等方法实现。

2) 对流换热

对流换热是指当流动的流体(气体或液体)与固体壁面直接接触时，由于温差引起的相互之间的热传递过程。对流换热发生在与固体的发热或冷却表面相接触的气体或液体介质中，既可以是热的固体与冷的流体之间的热交换(如汽车的水冷却系统)，也可以是冷的固体与热的流体之间的热交换(如室内空调)。对流换热分为自然对流换热和强迫对流换热。

对流换热的热传递过程遵循牛顿定律：

$$Q = h_c A(T_w - T_f) \tag{1-2}$$

式中：Q 为热流量，单位为 W；h_c 为对流换热系数，它表示单位面积上温差为 1℃时所传递的热量，表征了流体与固体对流换热的能力，单位为 W/(m²·℃)；A 为固体壁面换热面积，单位为 m²；T_w 为固体壁面温度，单位为℃；T_f 为流体温度，单位为℃。

由式(1-2)可知，提高对流换热能力可通过提高对流换热系数、增加流体与固体之间的换热面积、增大流体与固体的温度差等手段实现。其中提高对流换热系数，可通过强迫对流提高流体流动速度、改变流体的湍流程度、改变换热表面的位置及几何形状等方式实现。

3) 辐射换热

热的物体将其能量以电磁波的形式穿过真空或空气向外发射，其传播过程称为热辐射。热辐射能射向物体后，一部分被物体吸收而使物体温度升高，一部分被反射，另一部分穿透物体，被物体反射和透射的那部分能量则落在另外的物体上，也同样发生吸收、反射和穿透过程。经过多次反射和吸收，物体所辐射的能量完全分配给其周围的物体。对热辐射而言，温度是物体内电子振动和激发的基本原因，故热辐射主要取决于温度。热辐射研究的对象是波长在 0.1～100 μm 的红外热射线。

辐射换热的热传递过程遵循斯蒂芬-玻尔兹曼定律：

$$Q = \varepsilon A \sigma (T_1^4 - T_2^4) \tag{1-3}$$

式中：Q 为热流量，单位为 W；ε 为辐射表面的黑度(0～1 之间)；A 为辐射表面积，单位为 m²；σ 为斯蒂芬-玻尔兹曼常数(5.67×10⁻⁸ W/(m²K⁴))，K 为绝对温度；T_1 为辐射表面的温度，单位为 K；T_2 为被辐射表面或周围环境的温度，单位为 K。

由式(1-3)可知，提高辐射换热能力可通过采取提高物体表面黑度及粗糙度、增加辐射表面积、增大辐射表面与周围环境之间的温度差等措施实现。

从以上介绍可看出，在三种换热方式中，利用金属导热是最基本的传热方式，其传热路径容易控制；对流换热需要较大的换热面积，在安装密度较高的设备内部难以满足要求；辐射换热则需要较高的温差，且传热路径不易控制。所以，要根据电子设备工作的具体情况来决定采取哪种热交换方式。

2. 热阻与接触热阻

物质对热传递的阻碍能力称为热阻，单位为℃/W。热阻可以用电阻来比拟。导体对电流(正电荷流动的方向为电流方向,即电子流动的反方向)有阻力,这样在导体两端就会产生电势差,即电压 U,设流过导体的电流为 I,则根据欧姆定律,导体的电阻为 $R=U/I$。同样,热量通过物质时也有阻力,这样就在物质两端产生了温(度)差 T。若流过物质的热量为 W,则物质的热阻定义为 $R_T=T/W$。可以看出,当传递的热量 W 一定时,温差 T 与热阻 R_T 成正比,即热阻越小,温差越小,说明热量沿物质(热传递通道)集中传递,热控制的效果就好。因此,在热设计时,要尽可能地降低传热环节的热阻。

两物体接触时,由于存在制造误差,接触表面不可能绝对平整和光滑,两表面的实际接触仅发生在一些离散的接触面或接触点上,在这些接触面或接触点之外存在着间隙,这些间隙中往往充满着静止的空气或其他介质(如油、气体或其他液体),这些介质的导热系数比固体的导热系数小,这样在两物体接触端出现温差,有温差就会有热阻,由此产生了由于两物体接触而形成的附加热阻,称之为接触热阻。接触热阻是除物体自身热阻之外的热阻,对传热是不利的。

3. 热流密度

单位面积流过的热量称为热流密度,单位为 W/cm^2。小于 $1\ W/cm^2$ 的热流密度称为低热流密度,大于 $10\ W/cm^2$ 的热流密度称为高热流密度。例如,芯片级的热流密度很高,可达 $100\ W/cm^2$ 或更高。

4. 热沉

热沉是指无限大的吸热容器(热容器),是最终的散热器,它的温度不随传递到它的热能大小而变化。热沉可能是大地、大气、大体积的水或宇宙。对陆用和空用设备而言,周围的大气就是热沉。热沉又称为热地,即相当于电路中的接地点。

5. 热失效

热失效是指电子元器件由于热因素直接导致其完全失去电气功能的一种失效形式。

1.1.2 电子设备的热环境

各类电子设备使用场所的热环境的可变性是热控制必须考虑的一个重要因素。例如,装在宇航飞行器上的电子设备在整个飞行过程中会遇到地球大气层的热环境、大气层外的宇宙空间的热环境等;导弹上工作的电子元器件所经受的环境条件比地面室内设备的环境条件恶劣得多,它们必须满足不同环境温度和特殊飞行密封舱的压力要求。电子设备的热环境包括:

(1)环境温度和压力(或高度)的极限值;

(2)环境温度和压力(或高度)的变化率;

(3)太阳或周围物体的辐射热;

(4)可利用的热沉(包括种类、温度、压力和湿度);

(5)冷却剂的种类、温度、压力和允许的压降(对由其他系统或设备提供冷却剂进行冷却的设备而言)。

建筑物、设备掩体和地面运载工具主要受周围大气层温度的影响,温度范围为 $-50\sim+50℃$,$-50℃$ 代表北极温度,$+50℃$ 代表亚热带温度。从高原到深山峡谷的压力范围为 $75.8\sim106.9\ kPa$,太阳辐射力可达 $1\ kW/m^2$,长波辐射能约为 $0.01\sim0.1\ kW/m^2$,静止空气的对流换热系数为 $6\ W/(m^2\cdot℃)$,风速为 $27.8\ m/s$ 时的对流换热系数为 $75\ W/(m^2\cdot℃)$。

导弹及低空、高空飞行器的环境条件,取决于围绕该设备的空气动力流动。当接近地球表面低速飞行时,除在深山峡谷地区压力可能增大外,其他条件近似等于上述条件。在超声速飞行时,边界层吸收的外部热量可使导弹或飞机的蒙皮温度达到相当高的程度。在接近海平面低马赫数飞行时,蒙皮温度可达 130℃;在海拔 10~20 km 的高度超声速飞行时,其温度与上述相当。在后一种条件下,高的动压与低的静压可能会引起大于 106.9 kPa 的压力,而最小压力却低于上述最小压力,使导弹及飞行器遇到的压力范围扩大了。

军用、民用和直升机上的仪器设备,多数采用标准的密封或非密封的航空机箱(ATR 机箱),利用喷气发动机压气机的冲压空气对 ATR 机箱进行强迫冷却。由于冲压空气的温度和压力较高,应在使用前对其进行冷却透平节流、冷却以及水分离等干燥处理。

航天器上的电子设备依靠向宇宙空间的热辐射实现散热,其空间环境温度为 -269℃,且没有空气,是高真空的环境。航天器要经受太阳的直接热辐射、行星及其卫星的反照,以及行星与卫星阴影区的深度冷却,故航天器表面应有合适的涂层。这些涂层既可以吸收来自太阳的辐射热,又可以为航天器及电子设备提供极好的冷却。在航天器内部,由于空间没有空气,导热和辐射是两种主要的热控制方法。在电子元器件允许的温度范围内,导热作用比辐射更显著。

舰船的环境条件比较好,外部环境温度不会超过 35℃,其太阳辐射强度和对流换热系数与上述地面设备相似。但是,当潜艇高速航行时,其与海水的热交换系数可达 10^5 W/(m² · ℃),此时任何潮湿设备的表面温度几乎都与海水温度相等。

需要进行热控制的各类电子设备,在对其进行热设计时,必须同时注意对连续工作和取决于运载工具与任务的首次平均故障时间的要求,该指标反映了设备的可靠性。各种运载工具的额定时间需要考虑携带的燃料、通信与控制的最大距离及作用范围等。地面雷达和舰船上的电子元器件可能整天都在工作,而导弹上的电子元器件一般发射一次仅工作 30~300 s (不包括捕获飞行状态),机载设备上的元器件则为 3~24 h,装甲车上的电子设备通常为 6~24 h。

由于电子技术的迅速发展,很难对所有的电子元器件规定一个通用的热环境,有关我国军用电子设备的环境条件等已在相应的国家标准和国家军用标准中有所规定。

1.1.3　电子设备热设计的目的及任务

电子设备热设计(控制)的目的是在芯片级、元件级、组件级和系统级等不同层次上提供良好的热环境,保证它们在规定的热环境下能按预定的参数正常、可靠地工作。热设计(控制)系统必须在规定的使用期内完成所规定的功能,并以最少的维护保证其正常工作的功能。防止电子元器件的热失效是热设计(控制)的主要目的。严重的失效,在某种程度上取决于局部温度场、电子元器件的工作过程和形式,因此,需要正确地确定出现热失效的温度,而这个温度应成为热设计(控制)系统的重要判据。在确定热设计方案时,电子元器件的最大功耗和最高允许温度应作为主要的设计参数。

电子设备热设计(控制)的基本任务是在热源至热沉之间提供一条低热阻通道,保证热量迅速传递出去,以便满足工作可靠性的要求。

1.1.4 电子设备热设计的基本要求

电子设备热设计是设备可靠性设计的一项重要技术。由于温度与元器件失效率的指数规律，随温度的升高，失效率迅速增加。因此，在进行热设计时，必须首先了解元器件的热特性，在此基础上，可根据设备工作环境的类别和元器件的质量等级等，预估元器件的工作失效率以及设备的可靠性。电子设备热设计的基本要求如下：

（1）热设计应满足设备可靠性的要求。高温对大多数电子元器件将产生严重的影响。过应力（即电、热或机械应力）容易使元器件过早失效，电应力与热应力之间有着紧密的内在联系，减小电应力可使热应力相应降低，从而提高元器件的可靠性。例如，对于硅 PNP 晶体管，当其电应力比为 0.3 时，在 130℃时的基本失效率为 13.9×10^{-6}/h，而在 25℃ 时的基本失效率则为 2.25×10^{-6}/h，高低温失效率之比为 6∶1。在进行热控制系统设计时，应把元器件的温度控制在规定的数值以下。

（2）热设计应满足设备预期工作的热环境要求。地面用电子设备的热环境包括设备周围的空气温度、湿度、气压和空气流速，设备周围物体的形状和黑度，日光照射等。

机载电子设备的热环境包括飞行高度、飞行速度、设备在飞机上的安装位置、有无空调舱，以及空调空气的温度和速度等。

（3）热设计应满足对冷却系统的限制要求。对冷却系统的限制主要包括对使用的电源（交流、直流及功率容量）的限制、对振动和噪声的限制、对冷却剂进出口温度的限制及结构（安装条件、密封、体积和重量等）的限制。热设计不能因冷却系统引出新的问题或代价过高。

（4）电子设备热设计应与电路设计及结构设计同时进行。电子设备的热源主要来源于电路，而散热、隔热依赖结构。在电路元器件选用及布局时应考虑到散热，在结构设计时要考虑到通风、散热。

（5）热设计与维修性设计相结合。热设计时要考虑到元器件、部件修理、更换方便，并在修理、更换后不影响热设计结果。

（6）根据发热功耗、环境温度、允许工作温度、可靠性要求，以及尺寸、重量、冷却所需功率、经济性与安全等因素，应选择最简单、最有效的冷却方法。

（7）热设计应保证电子设备在紧急情况下具有最起码的冷却措施，使关键部件或设备在冷却系统某些部件遭破坏或不工作的情况下，具有继续工作的能力。

1.1.5 电子设备热设计的基本原则

（1）保证热设计（控制）系统具有良好的冷却功能，即可用性。要保证电子设备内的电子元器件均能在规定的热环境中正常工作，每个元器件的配置必须符合安装要求。由于现代电子设备的安装密度在不断提高，各元器件对环境因素表现出不同的敏感性，且各自的散热量也不一样，热设计就必须为它们提供一种适当的"微气候"（即人为地造成电子设备中局部冷却的气候条件，如计算机主板上的 CPU 发热量大，针对 CPU 要专门设计散热器或风扇进行冷却等），保证电子设备不管环境条件如何变化，冷却系统都能按预定的方式完成规定的冷却功能。

（2）保证设备热设计（控制）系统的可靠性。在规定的使用期限内，冷却系统的故障率应比元器件的故障率低。特别是对一些强迫冷却系统和蒸发冷却系统，为保证设备正常可靠地工作，常采用冗余方案保证冷却系统的可靠性。同时要在系统中装有安全保护装置，例如流量开关、温度继电器、压力继电器等。

（3）热设计（控制）系统应有良好的适应性（相容性）。设计中，可调性必须留有余地，因为有的设备在工作一段时间后，由于工程上的变化，可能会引起热损耗或流体流动阻力的增加，则要求增大其散热能力，以便无需大的变更就能增加其散热能力。

（4）热设计（控制）系统应有良好的维修性。为了便于测试、维修和更换元器件，电子设备中的关键元器件要易于接近和取放。

（5）热设计（控制）系统应有良好的经济性。经济性包括热控制系统的初次投资成本、日常运行和维修费用等。热控制系统的成本只占整个电子设备成本的一定比例。

设计一个性能良好的热控制系统，应综合考虑各方面的因素，使其既能满足热控制的要求，又能达到电气性能指标，所用的代价最小、结构紧凑、工作可靠。而这样一个热控制系统，往往要经过一系列的技术方案论证和试验之后才能达到。

1.1.6　电子设备热设计方法简介

电子设备热设计的一般流程为：分析热源→计算发热量→计算表面热流密度、温差→根据热流密度、温差（见图 1.1）确定冷却方法→冷却系统及冷却结构设计。注意，图 1.1 中，"空气自然对流＋辐射"就是自然冷却，"强迫水冷""碳氟化合物浸没自然对流"均为液体冷却，"碳氟化合物相变冷却"就是蒸发冷却。由图 1.1 可见，当温差为 60℃时，自然冷却的热流密度小于 0.05 W/cm^2，因此，这种冷却方法不可能提供 1 W/cm^2 的热流密度，甚至在温差为 100℃时也是这样。

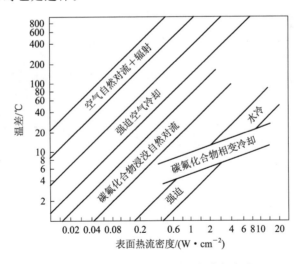

图 1.1　按热流密度、温差选择冷却方法

如果用强迫空气冷却，则传热能力可提高一个数量级。若采用碳氟有机液蒸发冷却，可提供相当高的传热能力，且这种冷却剂有很高的介电特性，可使大多数功率元件直接浸入工作液中进行冷却，其热流密度将超过 10 W/cm^2，而温差则小于 10℃。

在进行冷却系统及结构设计时，应尽量减小传热路径的热阻，合理分配各个传热环节的热阻值，正确布置发热元件与热敏元件的位置和距离，保证冷却气流均匀流过发热元器件，形成合理的气流通路。

电子设备热设计（热控制、冷却）的方法主要有自然冷却、强迫空气冷却、液体冷却、相变冷却、热管、热电制冷（热电堆）、微通道换热等，下面予以简单介绍。

1. 自然冷却

利用导热、自然对流、辐射换热的一种或两种及以上组合换热的冷却方式称为自然冷却。自然冷却的优点是成本低、可靠性高，是冷却设计时应该优先考虑的方法。目前，在一些热流密度不太高、温差要求也不高的电子设备中，广泛地采用自然冷却方法。1.2 节将详细介绍这种冷却方法。

2. 强迫空气冷却

利用抽风或鼓风形式产生冷却气流进行冷却的方法称为强迫空气冷却。强迫空气冷却的主要设备是通风机（风扇）。在一些热流密度比较大、温升要求比较高的设备中，多数采用强迫空气冷却。强迫空气冷却与液体冷却、蒸发冷却相比较，具有设备简单、成本低的特点。因此，尽管强迫空气冷却系统的体积和重量大些，但对陆用设备还是非常合适的一种冷却方法。1.3 节将详细介绍这种冷却方法。

3. 液体冷却

液体冷却分为直接液体冷却和间接液体冷却。直接液体冷却就是介电冷却液体（如碳氟有机液、硅有机油、变压器油、去离子蒸馏水等）与发热的电子元器件直接接触进行热交换，热源将热量传给冷却液体，再由冷却液体将热量传递出去。冷却液体的对流和蒸发是直接液体冷却热源散热的主要形式。直接液体冷却适用于体积功率密度较高的电子元器件或部件，也适用于那些必须在高温环境条件下工作且元器件与被冷却表面之间的温度梯度又很小的部件。直接液体冷却要求冷却剂与电子元器件相容，而且元器件能够承受由于液体的高介电常数和功率因数引起寄生电容的增加和电气损失。直接液体冷却可分为直接浸没冷却和直接强迫冷却。直接强迫液体冷却的效率较高，但增加了泵功率和热交换器等部件。间接液体冷却是将元器件装在靠液体冷却的冷板（一种有扩展表面的结构，换热系数较高）上进行冷却，如图 1.2 所示为工程上用的一种冷板。冷却冷板的液体通常为水。

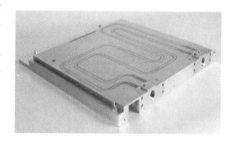

图 1.2 液冷式散热冷板

液体的导热系数及比热（容）均比空气大，可以大大减小各有关换热环节的热阻，提高冷却效率。相对于空气冷却，液体冷却是一种较好的冷却方法，其缺点是冷却系统较复杂，体积、重量较大，成本较高。限于篇幅原因，液体冷却本书不作介绍。

4. 相变冷却

相变冷却主要有液-气相变冷却和固-液相变冷却。液-气相变冷却也称为蒸发冷却，其分为直接蒸发冷却和间接蒸发冷却。直接蒸发冷却就是将电子功率器件置于盛有液体（水或其他液体）的容器中，当电子功率器件工作时，其产生的热量使液体沸腾产生蒸汽，蒸汽经过绝缘管进入冷凝器进行冷却（风冷或水冷），将蒸汽凝结成水，放出热量，经过循环达到对热源的冷却。间接蒸发冷却类似于间接液体冷却，电子功率器件耗散的热量先导热给冷板再传给液体然后蒸发带走。蒸发冷却适用于体积功率密度很高的元器件或部件。

固-液相变冷却利用相变材料(如石蜡类)从固相熔化为液相过程中,从环境吸收热量但温度上升很小,而当其从液相凝结为固相过程中,又向环境中释放出热量,以此达到热量的储存和释放的目的。以导弹为例,其上所封装的相变材料可以吸收电子设备发出的大量热量,而不需要专门的冷却系统,导弹发射后短暂离开大气层时,凝固过程用来保护电子设备不被外层空间极冷环境破坏,直到再进入大气层。另外,固-液相变冷却也用于动力电池的热管理等。

5. 热管

热管的工作原理是闭合汽化冷凝循环,该循环在截面为椭圆形或矩形的真空密闭容积中进行,如图 1.3(a)所示。热管的内壁设有多孔毛细管材料层,称为管芯。未被多孔毛细管材料占据的内容积部分充满工作液,即液相工质,简称工质,如二次蒸馏水、氨、甲烷、戊烷、庚烷、甲醇、乙醇、丙酮、氟氯烷(氟利昂)、苯、甲苯等。热管热传递的过程:热管的热端即蒸发段(与被冷却部件接触的部分)吸收热量形成蒸汽,热蒸汽沿蒸汽通道(绝热段)移向管子的冷端即冷凝段(与散热器接触的部分),并在此冷凝,同时将热量传给管壁,工作液通过管芯毛细泵力(蒸发导致的在液-气分界弯月面上的压差)再吸回热端形成循环。热管是利用工质的相变进行热量传递,故其比任何金属的传热能力都要大得多。

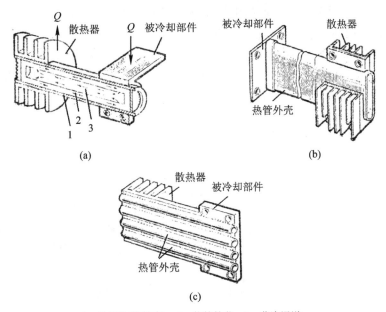

(a)　　　　　　　　　　　(b)

(c)

1—热管外壳(管壳);2—热管管芯;3—蒸汽通道。

图 1.3　热管结构及应用

热管的管壳材料应与工作液相容,要求热传导率高、有足够的强度和刚度、重量轻和易于加工,一般采用无氧铜、紫铜、铍青铜、铝和不锈钢,也可用二氧化硅、镍和钛合金。热管的管芯材料应有良好的渗透性,与管壳、工作液相容,毛细压差大,热传导率高,制作方便,常采用黄铜、磷青铜、镍、不锈钢和玻璃纤维布制成芯网,网孔大小为 50～200 目(每平方厘米芯网所具有的网孔数目)。

热管有多种类型,按其工作温度范围分,有低温热管(0～122 K,工质为正常沸点低于工作温度的气体)、中温热管(122～628 K)和高温热管(大于 628 K,工质为正常沸点高于工作温度的液态金属);按冷凝液的回流方式分,常用的有普通热管和重力辅助热管,此外还有旋转热管、电流体动力热管、磁流体动力热管、渗透热管等。

热管是一种传热效率很高的传热器件,其传热性能比相同的金属导热能力高几十倍,且热管两端的温差很小。应用热管传热时,主要问题是如何减小热管两端接触界面上的热阻。热管可用于定向、长距离、收集式(从单个有源器件收集热量并将热量传向公共冷却器)等传热场合,传热的热流密度可达 1～2 W/cm²,热管的耗散功率有 150～200 W。航空电子设备所用热管还要考虑安装位置不同引起的重力影响和飞行姿态各异而产生的附加离心力和惯性加速度,这些因素都会使管芯中工作液的毛细泵力改变,从而影响热管的散热能力。为了克服单向热管在不同飞行姿态时导热率变化的缺点,航空电子设备热管可采用双向或多向。图 1.3 所示是几种热管结构及应用。

6. 热电制冷(热电堆)

当任何两种不同的导体组成一电偶对并通以直流电时,在电偶的一个接头处热量被吸收,在另一个接头处热量被放出,发生了吸热、放热现象,这就是热电制冷,也称为帕尔帖效应。帕尔帖效应在金属中很弱,但在半导体中比较显著。

热电制冷的电偶是利用特制 N 型和 P 型半导体及铜连接片焊接而成的。热电制冷的原理如图 1.4 所示,当直流电从 N 型半导体流向 P 型半导体时,在 2、3 端的铜连接片上产生吸热现象(称冷端),而在 1、4 端的铜连接片上产生放热现象(称热端)。如果电流方向相反,则冷、热端互换。图 1.5 是级联热电堆的结构示意图,冷端(可以是铜连接片或冷板)应与被冷却的电子元器件保持良好的热接触;热端用于散热,理论上自然冷却、强迫空气冷却、液体冷却、蒸发冷却等装置都可作为热端。

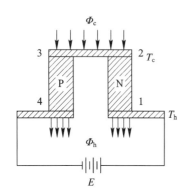

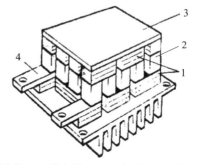

1—导热结;2—热电偶;3—"冷"板;4—散热底座。

图 1.4 热电制冷(热电堆)原理图　　　　图 1.5 级联热电堆的结构示意图

由于单个电偶的制冷量较小,为满足较大制冷量的要求,需要将电偶级联使用构成多级热电制冷器,如图 1.6 所示。图中,电偶臂之间的缝隙用绝缘树脂注塑充填或用合成树脂泡沫材料充填,使整个制冷器形成一个刚性整体。在整体装配时,各部分之间使用电绝缘导热层,如云母片、涂漆层或不导电的金属氧化物膜片等。

热电制冷是一种产生负热阻的致冷技术,其优点是工作无噪声,可靠性高;缺点是效率低,质量、外形尺寸和功耗大(散去 1 W 功率的功耗为 2～3 W),因此其在电子设备中的应用受到限制。

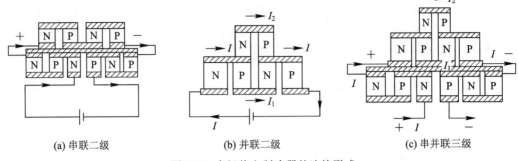

(a) 串联二级　　　　　　　(b) 并联二级　　　　　　　(c) 串并联三级

图 1.6　多级热电制冷器的连接形式

7. 微通道换热器

微通道换热器是通过流体在数十条微小尺寸的通道(通道的当量直径为 $10 \sim 1000 \ \mu m$)内流动,实现高效热交换(体积换热系数达 $45 \ MW/(m^3 \cdot K)$)的装置。微通道换热器因其换热效率高、节能,比传统的风冷技术优越得多,目前在微电子、空调、工业制冷等行业获得越来越广的应用。微通道换热器按外形尺寸可分为微型微通道换热器和大尺度微通道换热器。微型微通道换热器是为了满足电子工业发展的需要而设计的一类结构紧凑、轻巧、高效的换热器,制作材料以铜为主。大尺度微通道换热器外形尺寸较大、通道当量直径在 $0.6 \sim 1 \ mm$ 以下,制作材料以铝及铝合金为主,主要应用于传统的工业制冷、余热利用、汽车空调、家用空调、热泵热水器等。

制作微通道换热器的材料除了铜、铝、铝合金外,还有聚甲基丙烯酸甲酯、镍、不锈钢、陶瓷、硅、Si_3N_4 等。微通道换热器的主要散热方式为强制空气对流和强制液体(如去离子水,液态金属铅、镓、镓铟锡合金等)对流,以后者使用较多。

微通道换热器的换热能力除了与材料、冷却介质、微通道条数和尺寸有关外,还与微通道的几何构形有关。微通道的几何构形包括通道横截面形状、通道路径形状、入口和出口的数量和位置方向、入口和出口的角度、通道层数等。其中,通道横截面形状有矩形、圆形、三角形、梯形等;通道路径形状有平行结构、网格结构、螺旋结构、树型结构、平剖面为 T-Y 型结构等多种(如图 1.7 所示),平行结构、树型结构、平剖面为 T-Y 型结构的换热效果要好些;通道层数有单层、双层和多层,图 1.8 所示为几种双层微通道换热器模型。

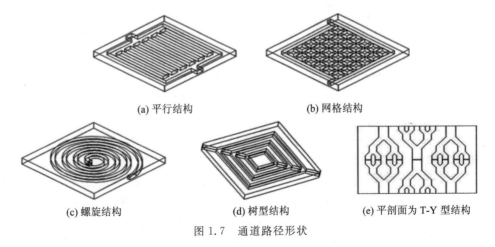

(a) 平行结构　　　　　　　　　　　(b) 网格结构

(c) 螺旋结构　　　　　(d) 树型结构　　　　　(e) 平剖面为 T-Y 型结构

图 1.7　通道路径形状

(a) 简单双层微通道换热器模型

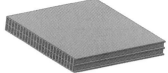
(b) 直通双层微通道换热器模型

(c) L 形双层微通道换热器模型

图 1.8 双层微通道换热器模型

8. 热设计研究的新进展

近多年来，研究和发展出了一些新的热设计技术，包括环路热管(LHP)冷却技术、微细尺度下的电子薄膜热物性参数测量和分析、纳米流体强化传热技术(在流体中加入一定体积比的纳米级金属或金属氧化物粒子，形成新的传热冷却工质—纳米流体，纳米流体比流体工质的导热系数高约 45%)、射流冷却技术(将冷却液雾化喷向冷却对象，冷却液受热蒸发带走热量，蒸汽在专用的热交换器内冷凝成液体并循环使用)、功率器件芯片级先进散热技术(如将高导热材料与芯片内的热源区进行集成，增大芯片内部的热传递能力，有效抑制热积累，或者采用芯片衬底嵌入微通道，将微流体(如丙二醇和水混合溶液)引入其中直接进行交换散热，从而大幅降低器件的热积累)等。

针对航天器的热环境更为严酷和复杂的情况，科技工作者们也发展了适应航天器的一些热控制技术，如智能型热控涂层、高导热复合材料、微型热管、热开关、自主适应的电加热控温技术、基于热技术的微机电系统、微型百叶窗技术等。

1.2 电子设备的自然冷却

因为空气是最安全、可靠、方便、廉价的传热介质，因此机壳和电路板的自然冷却设计受到电子设备结构设计师的普遍重视。电子设备自然冷却的传热途径是设备内部电子元器件和印制板组装件通过导热、对流和辐射等传向机壳，再由机壳通过对流和辐射将热量传至周围介质空气即热沉。

电子设备自然冷却的设计原则：改善设备内部电子元器件向机壳的传热能力，这对元器件的安装提出了要求；提高机壳向外界的传热能力，这对机壳的结构设计提出了要求；尽量降低传热路径各个环节的热阻，形成一条低热阻热流通路，保证设备在允许的温度范围内正常工作。

1.2.1 电子设备自然冷却的结构要素

1. 电子设备机壳的热设计

电子设备的机壳接收内部热量，并将其散发到周围环境中去，是传热通道的一个重要组成部分。机壳的热设计在采用自然冷却和一些密封式的电子设备中显得格外重要。为了说明机壳结构对电子设备温度的影响，可以通过图 1.9 所示的自然冷却实验装置加以说明。其中，热源为 80 W，位于实验装置的中心位置；机壳用各种不同结构形式的铝板制成，可进行任意组合，以便满足不同结构形式的需要；实验装置尺寸为 404 mm×304 mm×324 mm。

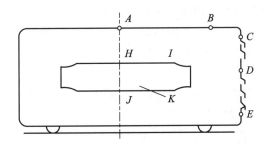

图 1.9　自然冷却实验装置

图 1.9 中点画线左右两侧分别表示两种不同结构的冷却模型，A、B、C、D 和 E 分别代表机壳表面的温度测试点，H、I、J 和 K 分别代表设备内热源附近各相应的测试点。在各种不同结构组合情况下，所测得的温升(差)分别列于表 1.1 中。比较表 1.1 中的测试结果可以看出：

（1）增加机壳内外表面的黑度、开通风孔等，都能降低电子元器件的温度。

（2）比较试验 2 和试验 6，机壳内外表面高黑度的散热效果比低黑度开通风孔的散热效果好。以试验 1 为基准，内外表面高黑度时，内部平均温度降低约 20℃，而低黑度有通风孔时，温度只降低 8℃左右。

（3）机壳两侧均为高黑度的散热效果优于只是一侧高黑度时的散热效果，提高外表面的黑度是降低机壳表面温度的有效方法。

（4）在机壳内外表面增加黑度的基础上，合理地改进通风结构，加强冷却空气的对流，可以明显地降低设备内部的温度。

表 1.1　自然冷却实验测试结果

序号	试 验 条 件	温升 / ℃								
		A	B	C	D	E	H	I	J	K
1	机壳内外表面光亮，密封	20	21	16.5	16	15	118	81	51	39
2	机壳内外表面光亮，两侧开百叶窗	18	13	13	12	10.5	113	62	42	38
3	机壳外表面涂漆，内表面光亮，壳密封	16	14	12	11.3	11	107	74	42	39
4	机壳外表面涂漆，内表面光亮，两侧开百叶窗	12	20	9	8.5	8	102	72	39	33
5	机壳外表面光亮，内表面涂漆，壳密封	19	18.5	15	14	13.5	196	86	36	32
6	机壳内外表面均涂漆，壳密封	15	14	12	11	10	101	51	29	26
7	机壳内外表面涂漆，两侧开百叶窗	13.5	12	9	8	6.5	84	51	20	18
8	机壳内外表面涂漆，上盖板开槽加顶盖，底板开小孔，两侧开百叶窗	—	—	—	—	—	83	58	18	16

物体表面越光滑，其黑度值越小。提高物体表面黑度值的方法有刷涂料(漆)、氧化(如发蓝、发黑)、增加表面粗糙度、搪瓷等。如刷涂料的表面的黑度值为 0.92～0.96，钢材表

面氧化后的黑度值为 $0.8\sim0.82$，未加工的钢铸件的表面黑度值为 0.9，搪瓷表面的黑度值为 $0.92\sim0.96$。

2. 机壳通风孔的开设原则及通风孔面积的计算

在机壳上开通风孔是为了充分利用冷却空气的对流换热作用，通风孔的结构形式很多，可根据散热与电磁兼容性的要求综合考虑。

开设通风孔的原则：

（1）要有进风孔和出风孔，通风孔结构有金属网、冲孔（圆孔、菱形孔等）薄板、百叶窗等，百叶窗除通风外，还可以防尘、防溅。

（2）为防止气流短路（进风孔与出风孔的温度相等或接近），进风孔与出风孔要远离，且应开在温差较大的相应位置，进风孔位置尽量低，出风孔位置则要尽量高；通风孔一般位于机壳侧壁，也可进风孔在机壳底部（采用冲孔薄板）、出风孔在机壳顶部（采用风道＋顶盖），还可以采用专门防溅的通风孔结构。

（3）进风孔尽量对准发热元器件。

（4）进风孔要注意防尘和电磁泄漏。

由通风孔散去的热量 Φ 计算如下：

$$\Phi = 7.4 \times 10^{-5}\, HA_0 \Delta t^{1.5}\,(\text{W}) \tag{1-4}$$

式中：H 为自然冷却设备的高度（或进、出风孔的中心距），单位为 cm；A_0 为进风孔或出风孔的面积（取较小值），单位为 cm^2；$\Delta t = t_2 - t_1$ 为设备内部空气温度 t_2 与外部空气温度 t_1 之差，单位为 ℃。

[**例 1 - 1**] 某电子设备的损耗功率为 100 W，通过壁面自然对流和辐射散去的热流量为 75 W，还有 25 W 需经通风孔进行对流散热。假设设备的高度为 100 cm，内部空气与周围环境空气温度的温差为 12℃，试计算通风孔面积。

解 由式（1-4）得

$$A_0 = \frac{\Phi}{7.4 \times 10^{-5}\, H \Delta t^{1.5}} = \frac{25}{7.4 \times 10^{-5} \times 100 \times 12^{1.5}}\,\text{cm}^2 = 81.3\,\text{cm}^2$$

此处求得的为进风孔面积，在机壳上开设的通风孔面积应大于 $2 \times 81.3 = 162.6\,\text{cm}^2$。这是由于气体受热后膨胀，出风孔面积应稍大于进风孔面积。

3. 电子设备内部电子元器件的热安装技术

1）热安装基本原则

（1）对温度敏感的热敏元器件应放在设备的冷区（如冷却空气的入口处附近），不应放在发热元器件的上部，以免热量对其影响。

（2）元器件的布置可根据其允许温度分类，允许温度较高的元器件可放在允许温度较低的元器件之上。也可以根据耐热程度按递增的规律布置，耐热性好的元器件放在冷却气流的下游（出口处），耐热性差的元器件放在冷却气流的上游（进口处）。

（3）带引线的电子元器件应尽量利用引线导热，安装时要防止产生热应力，应有消除热应力的结构措施。

（4）电子元器件安装的方位应符合气流的流动特性及有利于提高气流紊流程度。

（5）应尽可能地减小安装界面热阻（接触热阻）及传热路径上的各个热阻。

（6）元器件的安装要便于维修。

2）电子元器件热安装技术

元器件分为有源器件和无源器件。有源器件需要电源才能工作(如晶体管、场效应管、整流器、稳压器等半导体器件，集成电路，逻辑器件，传感器等)，一般用于信号放大、变换等，有源器件会消耗电能，因此会发热。无源器件不需要电源就可工作(如电阻、电容、电感、石英振荡器等)，用于信号传输；电阻消耗电能会发热，而一般用途的电容、电感等不耗电能，也就不发热，元器件把电能转换为其他形式的能量(如磁能、电磁能等)。以下针对不同类型的元器件，从热设计的角度，给出其安装的方法。

(1) 电阻器。大型绕线电阻器可散发出大量的热，它的安装不仅要注意采取适当的冷却措施，而且还应考虑减少对附近元器件的热辐射。大功率电阻器的工作温度一般都很高，若没有良好的导热通路，其热量大部分靠辐射传递出去。若有多个电阻器，最好将它们垂直安装。长度超过 100 mm 的单个电阻器应该水平安装，其平均温度稍高于垂直安装的平均温度，但水平安装时，其热点温度要比垂直安装时低得多，而且温度分布也比较均匀。如果元器件与功率电阻器之间的距离小于 50 mm，则需要在大功率电阻器与热敏元件之间加热屏蔽板。当碳膜电阻器以及与其外形相似的电阻器安装位置距低温金属表面 3 mm 时，将出现气体导热，它们的表面温升将低于在自由空气中相应的温升。反之，若这种电阻器的安装位置与低温金属板表面相距在 3～6 mm 之间，对流空气受到阻碍，其温升将高于自由空气中的相应值。若电阻器紧密安装，而间距小于或等于 6 mm 时，就会出现相互加热的现象。这种电阻器的(水平或垂直)安装方式，其热影响不明显。

(2) 半导体器件。小功率晶体管、二极管及集成电路的安装位置应尽量减少从大热源及金属导热通路的发热部分吸收热量，可以采用隔热屏蔽板(罩)。对功耗等于或大于 1 W 且带有扩展对流表面散热器的元器件，应采用自然对流冷却效果最佳的安装方法和取向。

(3) 变压器和电感器。铁芯电感器的发热量大致与电流的平方成正比，一般热量较低，但有时也较高(如电源滤波器的电感器)。电源变压器是重要的热源，当铁芯器件的温度比较高时，应特别注意其热安装问题，应使其安装位置最大限度地减小与其他元器件间的相互热作用，最好将它安装在外壳的单独一角或安装在一个单独的外壳中。

(4) 传导冷却的元器件。如果采用金属导体传递热量来减少发热元器件之间的辐射和对流传热，元器件耗散的热量传到一个共同的金属导体时，就会出现很明显的热的相互作用。当共同的安装架或导体与散热器之间的热阻很小，则温度也很低，热的相互作用就很小。否则，应把元器件分别装在独立的导热构件上。

(5) 不发热元器件。不发热的元器件可能对温度敏感，其安装位置应该使得从其他热源传来的热量降到最低程度。当这些元器件处于或靠近高温区时，热隔离只能延长热平衡时间，元器件仍然会受热。最好的热安装方法是将不发热元器件置于温度最低的区域，这种区域一般是靠近散热器之间热阻最低的地方。

3）热屏蔽

为了减少元器件之间热的相互作用，应采用热屏蔽和热隔离的措施，保护对温度敏感的元器件。具体措施包括：

(1) 尽可能将通路直接连接到热沉。

(2) 减少高温与低温元器件之间的辐射耦合，可在热敏元件周围安装吸热屏蔽体(具有高黑度表面)或热反射屏蔽体(具有低黑度表面)以形成热区和冷区。

（3）尽量降低空气或其他冷却剂的温度梯度(如增加气体密度、对流速度)。

（4）将高温元器件装在内表面具有高的黑度、外表面低黑度的外壳中，这些外壳与散热器有良好的导热连接。

（5）元器件引线是重要的导热通路，引线尽可能粗大。

上述自然冷却结构措施(如开通风孔、增加机壳表面黑度)，解决了机壳内整体温度控制问题，若这样做仍达不到元器件要求的工作温度，则需要对热敏元器件进行微气候设计，下面介绍的印制板组装件的自然冷却设计、半导体元器件用散热器的热计算就属于局部热设计，保证元器件达到要求的工作温度。这就是抓主要矛盾的方法。

1.2.2　印制板组装件的自然冷却设计

安装了元器件的印制板称为印制板组装件。印制板组装件中含有半导体器件等有源器件，需要进行散热设计。印制板组装件由起支撑作用的树脂材料基板、铜或金印制导线(单面、双面或多面)、多层板(层数不超过 10 层，常用 4 层)上连接各面电路的镀覆孔(可以跨多层)以及焊装的各种元器件组成。

1. 印制板印制导体尺寸的确定

这里的印制导体包括用于元器件连接的印制导线和用于多层电路连接的镀覆孔。多层板内的印制导体称为内导体，外层的印制导体称为外导体。

印制导线会影响散热效果，以下是印制导线热设计的一般原则：

（1）印制线相交部分圆角过渡，即无急转弯和尖角，管脚引线孔为直径小于 2.5 mm 的连接盘(焊盘)。

（2）从印制线允许的电流密度 i 和电压降 U 考虑，印制导线的厚度 h 一般为 10～100 μm，宽度 b 一般为 0.2～2 mm。与圆截面导线相比，扁平导线热辐射表面更大。对于用电化学(如电镀)方法得到的印制线，取最大电流密度为 20 A/mm^2；对于用化学(如置换反应)方法得到的印制线，取最大电流密度为 30 A/mm^2，于是印制导线中允许的电流 $I=ihb$(i 为电流密度，单位为 A/mm^2)。实践表明，在正常条件下印制导线的发热不应超过 80℃。当 $b \geqslant 1000I/(ih)$ 时，便能维持在这个范围内。

（3）相邻导线的最小间距 Δ 由工作电压 U 决定。当 U 为 30、50、75、100、125、150、175、200、250、300、400 V 时，Δ 取值分别为 0.25、0.3、0.4、0.5、0.6、0.7、0.8、0.9、1.0、1.2、1.5 mm。

① 内导体导线宽度的确定。图 1.10 所示是多层板内导体的导体尺寸(宽度及厚度)及面积、温升与电流之间的关系曲线，据此图可确定印制导体的尺寸。例如允许电流为 2 A、温升为 10℃、铜箔厚度为 35 μm 时，导体宽度应为 2 mm。对外导体，相同的导体宽度，其工作电流可大 2 倍左右。

② 镀覆孔尺寸的确定。图 1.11 为镀覆孔的结构及尺寸，d 为电镀前孔的直径，δ 为镀层的厚度，则镀覆孔的截面积 S 为

$$S = \pi\left(\frac{d}{2}\right)^2 - \pi\left(\frac{d-2\delta}{2}\right)^2 = \pi\delta(d-\delta)$$

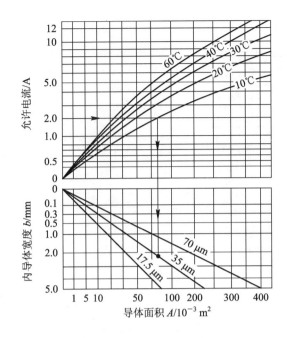

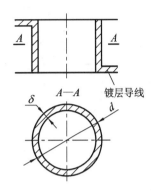

图 1.10　印制导体尺寸与电流、温升的关系　　　　图 1.11　镀覆孔截面及尺寸

假设有两种孔径的镀覆孔，电镀前孔的直径为 d_1、d_2，孔数分别为 n_1、n_2，镀层厚度为 δ，则镀层孔的总截面积 A 为

$$A = n_1 \pi \delta (d_1 - \delta) + n_2 \pi \delta (d_2 - \delta) \text{ m}^2 \tag{1-5}$$

式中：A 可由图 1.10 查得，A、δ 确定后（为保守起见，A 值可比图 1.10 查到的值大些），d_1、d_2、n_1、n_2 可由式（1-5）计算出。若单从电路连接来看，可能需要 1 个或少数几个镀覆孔，但这样会带来局部较大的温升，若从热设计来看，就需要增加镀覆孔数。

2. 印制板的热设计技术

（1）采用导热能力好的散热印制板。普通印制板采用的环氧树脂玻璃板的导热系数较低（0.26 W/(m·℃)），导热性能差。为了提高其导热能力，可采用散热印制板。散热印制板主要有 3 种类型：第一种是在普通印制板上敷设导热系数大的金属（铜、铝）条（或板）形成的导热条（板）印制板，如图 1.12 所示；第二种在普通印制板中夹金属导热板形成的夹芯印制板；第三种是在印制板上敷设扁平热管形成的热管印制板。

图 1.13 所示是普通印制板与散热印制板（这里为夹芯印制板）的散热温度分布等值线图的比较，由图可见，采用散热印制板后，其温度降低了 30～50℃。

（2）适当加宽印制板地线的宽度，充分利用地线进行散热。

（3）在印制线宽度和线间距一定时，为提高印制导体的散热能力，应适当增加导体的厚度，尤其是多层板的内导体，更应如此。

3. 印制板上电子元器件的热安装技术

由于安装在印制板上的电子元器件的热量约有 40%～50% 是依靠导热传走的，因此必须提供一条从元器件到印制板、印制板到机箱侧壁的低热阻热流路径。印制板上电子元器件热安装应遵循以下原则：

（1）降低从元器件壳体至印制板的热阻，可用导热绝缘胶直接将元器件粘到印制板或

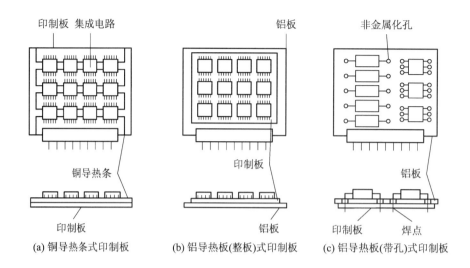

图 1.12　散热印制板

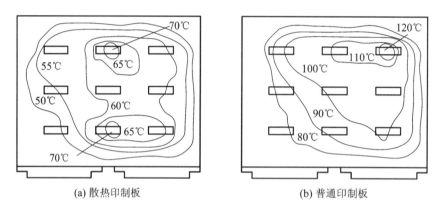

图 1.13　PCB(印制板)温度分布

导热条(或板)上。若不宜粘接,则应尽量减小元器件与印制板或导热条(或板)间的间隙。

(2)大功率元器件安装时,若要用绝缘片,应采用具有足够抗压能力和高绝缘强度及导热性能的绝缘片,如导热硅胶胶片。为了减小界面热阻,还应在界面涂一层薄的导热膏。

(3)同一块印制板上的电子元器件,应按其发热量大小及耐热程度分区排列,耐热性差的电子元器件放在冷却气流的最上游(入口处),耐热性好的电子元器件放在最下游(出口处)。

(4)有大、小规模集成电路混合安装的情况,应尽量把大规模集成电路放在冷却气流的上游处,小规模集成电路放在下游,以使印制板上元器件的温升趋于均匀。

(5)因电子设备工作温度范围较宽(-50~+55 ℃),元器件引线和印制板的热膨胀系数不一致,在温度循环变化及高温条件下,应注意采取消除热应力的一些结构措施。

4.减小电子元器件热应变的安装技术

电子设备的工作温度范围较宽,而元器件引线的热膨胀系数与印制板及焊点材料的热膨胀系数均不一致,在温度循环变化及高温条件下,将导致焊点的拉裂、印制板的翘起、剥离,元件破裂、短路,以及系统中与热应变有关的其他问题。

轴向引线的圆柱形元器件(如电阻、二极管等),在搭焊和插焊时,应提供最小的热应变量为 2.6 mm,图 1.14 是功率晶体管的几种安装方法,其中图 1.14(a)是把晶体管直接安装在印制板上,由于引线的热应变量不够和底部散热性能差,易使焊点的印制板热膨胀冷缩时产生断裂,其他几种热安装形式均比图 1.14(a)好。

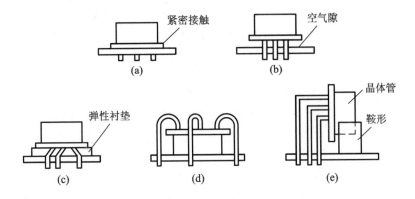

图 1.14　晶体管的热安装形式

双列直插式(DIP)集成块,由于引线很硬,几乎不可能留任何热应变量,所以安装时要特别仔细。功率较大的集成块,可在其壳体下部与印制板间设有金属导热条,厚度应满足散热要求,为了减少接触热阻,在接触界面间可采用粘结剂,如图 1.15(a)、(b)所示。功率较小(0.2 W 以下)的集成块,可不用粘结剂或导热条,在集成块与印制板之间留有间隙即可,如图 1.15(c)、(d)、(e)所示。

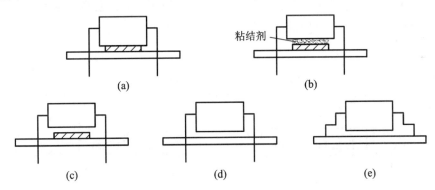

图 1.15　DIP 集成块的热安装形式

安装密度较高的组件,由于元器件排列紧密,周围空间较小,允许采用环形结构,如图 1.16(b)所示,可得到较大的热应变量。大的矩形元器件(如变压器、扼流圈等),通常具有较粗的引线,为了避免因热应变而使焊点脱裂,应有较大的应变量,如图 1.16(c)所示。

5. 印制板导轨的热设计

为保证印制电路板插头能准确地插入设备的插座内,印制电路板两侧常配置各种各样的导轨。导轨类型有弹性导轨和固定导轨。弹性导轨由高弹性、高导热性的铍青铜等材料制成,高弹性可使印制电路板得到很好固定,高导热性可以将印制电路板发热元器件产生的热量通过导轨传至设备外壁。自身不具备弹性的导轨称为固定导轨,主要有非金属固定导轨和设备内侧导轨。非金属固定导轨由非金属材料(如尼龙)制成,重量轻、成本低,但

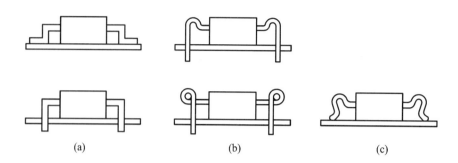

(a)　　　　　　　(b)　　　　　　　(c)

图 1.16　消除热应变的元件安装方法

导热性差，仅适用于不要求导轨传热的印制电路板使用。设备内侧导轨是在设备壁的内侧面直接加工出导轨槽，引导印制电路板的滑动，有利于传递印制电路板上元器件产生的热量，但加工复杂、精度要求高。

　　如果导轨与印制板间有足够的接触压力和接触面积，导轨可以用来传导热量，而且是一个主要的传热环节，其热阻大小直接影响导热性能。常用的几种导热性能较好的导轨如图 1.17 所示，它们的热阻在不同海拔时的典型值如表 1.2 所列，其中以楔形导轨的热阻为最小。

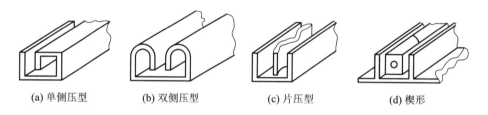

(a) 单侧压型　　　(b) 双侧压型　　　(c) 片压型　　　(d) 楔形

图 1.17　导轨的结构形式

表 1.2　各种导轨的热阻值　　　　　　　单位：℃·mm/W

条件	单侧压型	双侧压型	片压型	楔形
海拔				
0～15.2 km	305	203	153	46
30.5 km	394	267	203	48

6. 印制板组装件的热计算

这里介绍普通印制板的热计算和散热印制板中的导热条式印制板的热计算。

1) 普通印制板的热计算

普通印制板的热计算分热负荷分布均匀和热负荷分布不均匀两种情况。

（1）印制板上热负荷分布均匀的热计算。

根据印制板上的功耗，首先计算印制板的方阻（单位方格的热阻），然后计算不同边界条件下印制板上任一点至其边缘的最大温升。单面板的方阻 R_{sq} 可按下式计算：

$$R_{sq} = (1-\psi)R_{sqb} + \psi R_{sqc} = R_{sqb} - \psi(R_{sqb} - R_{sqc}) \tag{1-6}$$

$$R_{sqb} = \frac{1}{k_b \delta_b} \tag{1-7}$$

$$R_{sqc} = \frac{1}{k_c \delta_c} \tag{1-8}$$

式中：R_{sqb} 为印制板基板方阻；R_{sqc} 为印制线方阻；k_b 为基板的导热系数（W/(m·℃)）；δ_b 为基板厚度(m)；k_c 为印制线(铜箔)的导热系数（W/(m·℃)）；δ_c 为印制线厚度(m)；ψ 为印制线占印制板面积的百分数。

双面印制板的方阻可根据两面印制线的图形及 R_{sqb} 的大小进行计算。如果双面印制线的几何形状相似，而 R_{sqb} 很小，则双面板的方阻为单面板方阻的一半。若 R_{sqb} 很大，则双面板的方阻为两个单面板方阻的并联方阻值。

求出方阻后，可计算出印制板上任一点至印制板组装件边缘的最大温升 Δt_{max}，分下面 4 种散热边界条件进行计算。

① 印制板的两对边散热，另两对边不散热，且表面无对流换热：

$$\Delta t_{max} = \frac{R_{sq} \Phi L}{8B} \tag{1-9}$$

式中：R_{sq} 为单面板或双面板的方阻；Φ 为印制板组装件的功耗（散热量）；L、B 为印制板的长和宽。

② 印制板的两对边散热，另两对边不散热，且表面有对流换热：

$$\Delta t_{max} = \frac{\Phi R_{sq}}{2hLB} \left\{ 1 - \frac{1}{\cosh[(2hR_{sq})^{0.5}(0.5L)]} \right\} \tag{1-10}$$

式中：h 为对流换热系数（W/(m²·℃)）。

③ 印制板四边散热且表面无对流换热：

$$\Delta t_{max} = \frac{\Phi B R_{sq}}{8L} \left\{ 1 - \frac{1}{\cosh[1.57(L/B)]} \right\} \tag{1-11}$$

④ 印制板四边散热且表面有对流换热：

$$\Delta t_{max} = \frac{\Phi R_{sq}}{2hLB} [1 - 0.785(E + F)] \tag{1-12}$$

式中：

$$E = \frac{1}{\cosh\{[2hR_{sq} + (\pi/L)^2]^{0.5}(0.5B)\}}$$

$$F = \frac{1}{\cosh\{[2hR_{sq} + (\pi/B)^2]^{0.5}(0.5L)\}}$$

（2）印制板上热负荷分布不均匀的热计算。

当印制板上的热负荷分布不均匀时，可采用热阻网络法进行计算。其方法为：将印制板组装件划分为若干个网格，并假设每个网格的热量集中在网格的中心(称为节点)，节点之间、节点与边界之间用导热热阻相连，按热阻网络建立各节点的热平衡方程，解方程组即可求得各节点的温度值。

2）导热条式印制板的热计算

当采用导热条式散热印制板，并且热负荷均匀分布时，可用式(1-13)计算印制板上任意一点至印制板边缘的温升 Δt：

$$\Delta t = \frac{\varphi_1}{8kA}(l^2 - 4x^2) \tag{1-13}$$

式中：φ_1 为导热条单位长度的热流量（W/m）；k 为导热条的导热系数（W/(m·℃)）；A 为导热条的横截面积（m^2）；l 为印制板的长度即导热条长度（m）；x 为导热条上待计算点到导热条（或印制板）中心的距离（m）。

Δt 的变化规律如图 1.18 所示，$x=0$ 即印制板中心处的温升最大，$\Delta t_{max} = \frac{\varphi_1 l^2}{8kA}$；$x=l/2$ 即印制板边缘的温升最小，$\Delta t_{min} = 0$。

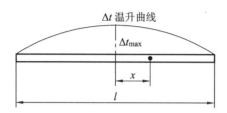

图 1.18　Δt 的变化规律

[例 1-2]　平面封装的集成电路安装在铝导热条式印制板上（见图 1.19），每个集成电路的功耗为 100 mW，热量通过导热条传至印制板边缘，导热条的宽度为 5 mm，厚度为 0.07 mm。每个导热条上有 6 个集成电路，计算印制板中心至边缘的温升为多少？

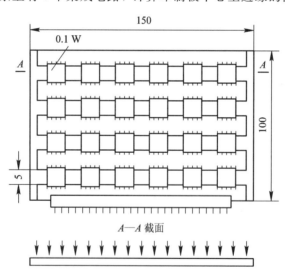

图 1.19　热负荷均布的导热条式 PCB

解　$l = 0.15$ m，$x = 0$（中心位置），铝的导热系数 $k = 204$ W/(m·℃)

$$A = 5 \times 10^{-3} \times 0.07 \times 10^{-3} = 0.35 \times 10^{-6} \text{ m}^2$$

1 个导热条上有 6 个集成块，导热条传递的热量为

$$\Phi = 6 \times 0.1 = 0.6 \text{ W}$$

导热条的热流量

$$\varphi_1 = \frac{\Phi}{l} = \frac{0.6}{0.15} = 4 \text{ W/m}$$

则温升 Δt 为

$$\Delta t = \frac{\varphi_1}{8kA}l^2 = \frac{4 \times 0.15^2}{8 \times 204 \times 0.35 \times 10^{-6}} = 157.6 \text{℃}$$

显然此温度偏高，可采取更换导热条材料(增大 k，如用铜)和增加导热条厚度(增大 A)使温度降下来。如用铜，厚度为 0.125 mm，则

$$\Delta t' = \frac{4 \times 0.15^2}{8 \times 330 \times 5 \times 0.125 \times 10^{-6}} = 54.5 \text{℃}$$

此方法可使温度明显降下来。

1.2.3　半导体器件用散热器的热计算

半导体器件既是热源，又是热敏感器件，它的散热问题是电子设备热设计要重点考虑的问题。半导体器件特别是大功率器件要安装专门的散热器进行散热以形成散热的微气候，这就需要进行散热器的设计与热计算。

1. 晶体管的热分析

1) 晶体管的散热模型及热路图

晶体管结层上的热量通过不同途径传至周围介质时，将会遇到各种热阻，其过程可用电路模拟的方法进行分析。图 1.20(a)所示是带散热器的晶体管模型，晶体管与散热器之间有高导热性的绝缘片(如导热硅橡胶片)，以减小热阻。由晶体管 PN 结产生的热量(Φ)，经由晶体管内部的热传导(热阻为 R_j)传至管壳及引线上，传至管壳及引线的热量一小部分通过管壳和引线与周围介质(如大气，即热沉)进行对流、辐射热交换(热阻为 R_p)，大部分热量通过导热依次传至绝缘片(热阻为 R_s，此热阻称为安装界面热阻，它是管壳与绝缘片接触热阻、绝缘片自身热阻及绝缘片与散热器接触热阻的求和结果)、散热器(热阻为 R_f，由对流、辐射产生此热阻)，散热器再把热量传至周围介质。根据此传热路径，用电路进行模拟，可得晶体管的等效热路图或热路图，如图 1.20(b)所示。图 1.20(b)中，t_j 表示晶体管结温，t_c 表示晶体管壳温，t_f 表示散热器最高温度点的温度，t_a 表示环境(热沉大气)的温度。

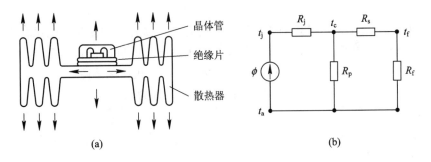

图 1.20　晶体管的散热模型及热路图

由图 1.20(b)所示可知，热路图的总热阻(由 PN 结产生的热量全部散发到热沉大气对应的热阻)R_t 为

$$R_t = R_j + \frac{R_p(R_s + R_f)}{R_p + R_s + R_f} \tag{1-14}$$

若 $R_p \gg R_s + R_f$，即管壳和引线的热阻 R_p 很大，这时只有很少一部分热量通过管壳和

引线散发到空气中,这相当于电路中的断路,热路图变为 R_j、R_s、R_f 三个热阻串联,则有

$$R_t = R_j + R_s + R_f \tag{1-15}$$

总热阻 R_t 求出后,若晶体管的功耗(发热量)Φ 也知,根据热阻定义,就可求出 PN 结到散热器周围环境的温差($t_j - t_a = R_t\Phi$)。下面介绍如何得到功耗 Φ 和热阻,即如何确定散热参数。

2)散热参数的确定

散热参数包括最高允许结温 t_{jm}(PN 结的温度称为结温)、最大耗散功率 Φ_{cm}、内部结(PN 结)热阻 R_j、安装界面热阻 R_s 和散热器热阻 R_f。

(1)最高允许结温 t_{jm}。晶体管的最高允许结温是根据可靠性要求,取决于晶体管的材料、结构形式、制造工艺及使用寿命等因素。如锗管一般取 $t_{jm} = 75 \sim 90℃$,硅管取 $t_{jm} = 125 \sim 200℃$。在电路设计时,为保证其性能的稳定性,通常 PN 结工作温度取为 $t_j = (0.5 \sim 0.8)t_{jm}$。

(2)最大耗散功率 Φ_{cm}。在保证晶体管的结温不超过最大允许值时,晶体管所耗散的功率称为最大耗散功率。此功率主要耗散在集电极结层附近。最大耗散功率与壳温的高低有直接关系,耗散功率大,则壳温高。使用时,壳温 t_c 应满足 $25℃ < t_c < t_{jm}$。晶体管手册中给出了在工作壳温为 25℃ 时的最大额定功率 P_{cm}(W)。当超过 25℃ 时,最大额定功率应相应减小。晶体管在壳温为 t_c 时的最大耗散功率 Φ_{cm} 为

$$\Phi_{cm} = \frac{t_{jm} - t_c}{t_{jm} - 25} P_{cm} \text{(W)}$$

(3)内部结热阻 R_j。结热阻 R_j 取决于晶体管内部结构、材料和制造工艺,其值可以从晶体管生产厂商的产品手册中查到,也可以通过晶体管内热阻测试得到。

(4)安装界面热阻 R_s。界面热阻包括绝缘衬垫(片)的导热热阻和接触面之间的接触热阻。这些热阻以串联形式形成安装界面热阻。安装界面热阻由下式求取

$$R_s = \sum_{i=1}^{n} R_{di} + \sum_{i=1}^{m} R_{ci}$$

式中:n 为衬垫层数;R_{di} 为每层衬垫的导热热阻;m 为接触面数;R_{ci} 为每一接触面的接触热阻。

表 1.3 所示列出了衬垫导热面积为 6 cm^2 的各种绝缘片的热阻值。绝缘片愈薄,热阻就愈小。为减小接触热阻,可在接触面上涂一层薄的导热硅脂或硅油。但是,它们在长期工作后,易挥发变成一种油雾沉积在一些插件表面上,造成接触故障。

表 1.3　几种晶体管用绝缘片的热阻

绝缘片	热阻/(℃·W^{-1})	
	无硅脂(平均值)	有硅脂(平均值)
无绝缘片	0.50	0.43
氧化铍片(厚 2.5 mm)	0.87	0.57
氧化铝片(厚 0.56 mm)	0.92	0.54
云母片(厚 0.05 mm)	1.10	0.59
聚酯片(厚 0.05 mm)	1.40	0.80

（5）散热器热阻 R_f。散热器热阻由对流热阻和辐射热阻并联而成。一般情况下，可用下式进行估算：

$$R_f = \frac{1}{hA\eta}$$

$$h = \frac{h_c A_c + h_r A_r}{A}$$

式中：A 为散热器的总散热面积（m^2）；η 为散热器的效率；h 为综合换热系数（$W/(m^2 \cdot ℃)$）；h_c 为对流换热系数，A_c 为对流换热面积；h_r 为辐射换热系数，A_r 为对流换热面积。

3）散热器热阻的测试

散热器的热阻也可以通过测试获得，见图 1.20(b)，按热阻定义 $R_f = (t_f - t_a)/P$ 来求取，其中 P 为施加于散热器的功率，近似取为晶体管的耗散功率。这 3 个参数中，散热器的温度 t_f、环境温度 t_a 可用热电偶测量获取，而耗散功率 P 则需要借助图 1.21 的电路测量计算。图 1.21(a)所示为测量 PNP 晶体管耗散功率的电路，图 1.21(b)所示为测量 NPN 晶体管耗散功率的电路。

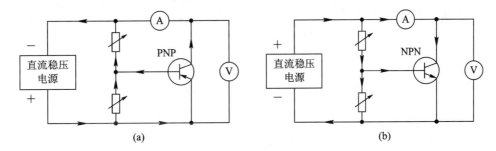

图 1.21　晶体管功率测试电路图

前面提到，晶体管的功耗主要发生在集电极结层。按照图 1.21 所示的电路，用电压表测出的主要是集电极电压（因发射极电阻、电压很小），用电流表测出的是集电极电流，则晶体管的功率 P 可由测出的电压和电流相乘得到。

2. 散热器的种类、选用与设计

1）散热器的种类

电子设备中，最普遍应用的散热器有平板散热器（见图 1.22(a)）、型材（肋片）散热器（见图 1.22(b)）、叉指散热器（图 1.22(c)）和针形散热器（图 1.22(d)）。散热器彼此之间的差别表现在散热片的形状、实现热接触的方法和散热功率上。

平板散热器由厚度为 2～6 mm 的薄钢板或铝合金制成，由于散热效率较低，常用于功率不大的散热场合。型材（肋片）散热器的材料为铝合金或镁合金，采用铸造并加工接触面而成，在同样尺寸情况下的散热效率比平板散热器高。叉指散热器大多数用铝板冲压制成，由于散热器之间的"烟囱效应"利于热对流，它比型材（肋片）散热器有更大的换热系数，在相同热阻下，叉指散热器体积小而且质量轻。针形散热器的散热效率比叉指散热器要高几倍，由于制造复杂和成本较高，因而其应用范围受到限制。

型材（肋片）散热器使用较多。在设计时，肋片的最小厚度由铸造工艺性决定；要在肋片壁面上形成最小厚度的冷却空气边界层，相邻肋片表面之间的最小距离建议不小于

4～6 mm。同时，为了使肋片之间不发生冷却空气边界层的停滞以及保证冷却空气的紊流性，肋片表面应氧化或涂有光泽的油漆。

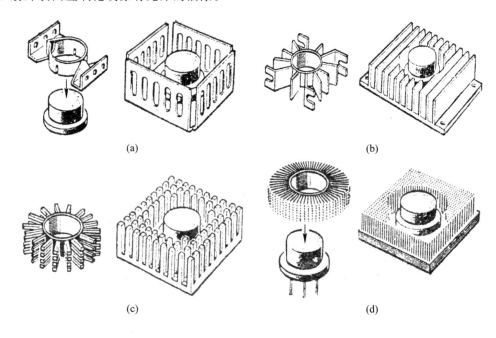

图 1.22　散热器的典型结构

2）散热器的选用

散热器有相应的国家标准，设计时应优先选用。国家标准 GB 7423.2—87 和 GB 7423.3—87 分别规定了半导体器件散热器中的型材散热器和叉指形散热器的型号、形状、尺寸、质量和热阻特性曲线。型材散热器的材料为铝合金，肋的分布有全肋、凹形布局肋、单面肋、双面肋和辐射肋，安装孔有单孔、十字分布的四孔和菱形分布的四孔。叉指形散热器的材料为铝合金或硬铝合金，外形有正方形、长方形、菱形和 L 形，叉指的形态有冲槽指、撕裂指，安装孔有单孔、十字分布的四孔和菱形分布的四孔。国家标准 GB 7423.2 提供了 SRX-01S ～ SRX-07S、SRX-08SQ、SRX-01D ～ SRX-08D、SRX-09DQ、SRX-10DQ、SRX-01SF、SRX-02SF 等 20 种型号的型材散热器供选用。国家标准 GB7423.3 提供了 SRZ101 ～ SRZ106、SRZ111 ～ SRZ119、SRZ201 ～ SRZ203、SRZ211 ～ SRZ219、SRZ213A～SRZ219A、SRZ301～SRZ304、SRZ411、SRZ412、SRZ501、SRZ601、SRZ602、SRZ701、SRZ801 等 45 种型号的叉指形散热器供选用。

图 1.23 所示是叉指形散热器 SRZ106 的结构及热阻特性曲线，热阻曲线分自然冷却和强迫空气冷却两种使用情况，且自然冷却时曲线（1）表示散热器仰放（垂直放置）时的热阻特性，曲线（2）表示散热器侧放（水平放置）时的热阻特性。图 1.24 所示是型材散热器 SRX-10DQ 的结构及强迫空气冷却时的热阻特性曲线，其长度有 80 mm、125 mm、170 mm、215 mm 四个规格。两图中，P_c 为半导体器件的耗散功率，单位为 W；R_{Tf} 为散热器的热阻，单位为 K/W 或 ℃/W；ΔT_{fa} 为散热器最高温度点的温度与周围环境平均温度之差，单位为 K 或 ℃；强迫空气冷却的强度用风速 v 衡量，单位为 m/s。

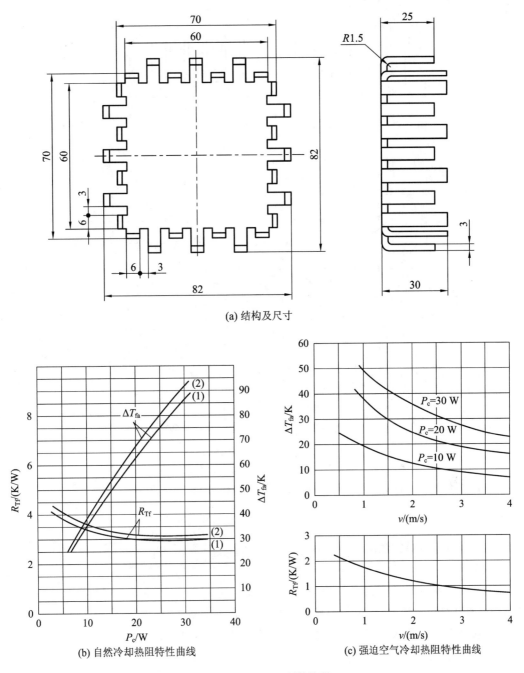

(a) 结构及尺寸

(b) 自然冷却热阻特性曲线

(c) 强迫空气冷却热阻特性曲线

图 1.23　SRZ106 型散热器

下面通过一个例子介绍散热器的选用方法。

[**例 1 - 3**]　已知某电路使用 3DD157A 晶体管，其耗散功率为 20 W，环境温度为 30℃，管壳与散热器直接接触且接触热阻为 0.5℃/W，试选用合适的散热器。

解　确定散热器型号的步骤：

(1) 由晶体管手册查得 3DD157A 的最高允许结温 $t_{jm} = 175℃$，内部结热阻 $R_j =$ 3.3 ℃/W，为设计保守起见，这里 PN 结工作温度 t_j 取 t_{jm}。

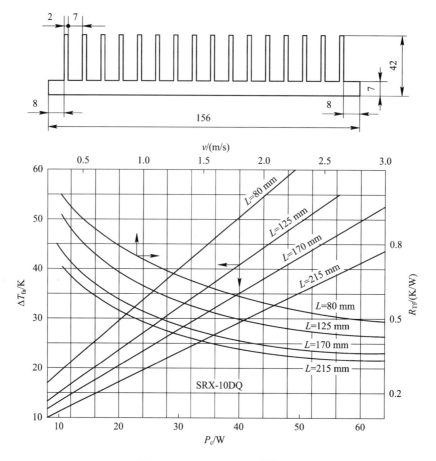

图 1.24   SRX-10DQ 型散热器

（2）由图 1.20(b)所示并按热阻定义，求出总热阻为

$$R_t = \frac{t_j - t_a}{\Phi} = \frac{175 - 30}{20} = 7.25 ℃/W$$

（3）求出散热器的热阻 R_f，由式（1-15）得到

$$R_f = R_t - R_j - R_s = 7.25 - 3.3 - 0.5 = 3.45 ℃/W$$

因此，只要选择的散热器热阻低于 $3.45℃/W$，就能使晶体管结温小于 175℃。从图 1.23 所示可看出，$P_c = 20$ W 且自然冷却时，叉指散热器 SRZ106 的热阻为 $3.1℃/W$，满足热阻设计要求，故选用的散热器型号为叉指散热器 SRZ106。

3）散热器的设计

当国家标准中的散热器不能满足使用要求时，可自行设计散热器。散热器的热计算可应用肋片传热计算公式进行计算，也可以利用扩展表面的传热计算方法进行分析计算（参见有关专业书籍）。散热器设计的基本准则：

（1）选用导热系数大的材料（如铜和铝等）制作散热器。

（2）尽可能增加散热器的垂直散热面积，肋片间距不宜过小，以免影响对流换热；同时要尽可能地减小辐射的遮蔽，以便提高其辐射换热的效果。

（3）散热器上用于安装晶体管的安装平面要平整和光洁，以减小其接触热阻。

（4）散热器的结构工艺性和经济性要好。

图 1.25 所示是电子设备中用到的散热器实物，是按照散热需求设计的非标准散热器。

图 1.25　电子设备用散热器的实物

3. 集成电路的热分析

集成电路分为数字集成电路和模拟集成电路，按工艺原理分为厚膜集成电路、薄膜集成电路和半导体集成电路。

厚膜集成电路的膜厚大于 1 μm，采用丝网漏印法制作，它是将导电的电阻性膏剂和绝缘剂加压透过漏印模板沉积到基片上；用作引线的导电薄膜膏剂用银粉和金粉制成，用作电阻的电阻性薄膜膏剂用银粉和钯粉的混合物制成，而用作外壳的绝缘薄膜膏剂则用粉状陶瓷制成，在膏剂的组成中还包含有散玻璃粉，对膏剂作烧结处理后，玻璃便保证基材微粒彼此之间有所需的附着力以及保证微粒黏附在基片上；电路简单、便宜，难获得大容量电容器、导电元件电阻率大，丝网漏印法几何尺寸精度低。

薄膜集成电路的膜厚小于 1 μm，其电路的元件是将厚度为 0.1～1 μm 的导电材料、半导体材料和非导电材料的薄膜淀积在绝缘基片上。集成电路的薄膜多层覆盖物是借助于图形漏印模板将铬、铝、银、二氧化硅、钽、钛等用真空喷涂依次淀积上。采用此法形成所有的无源元器件、接触面和连接导线，有源元器件则像榫接元件那样装在基片上。

半导体集成电路是在半导体片预定的位置上引入一些杂质来制造，通过熔合、扩散、氧化、沉积和其他一些工序，杂质将改变材料的结构。通过形成不同的 PN 结，可制造出电阻、电容、二极管、三极管等。

1）离散热源产生的热收缩效应

在印制板上安装多个集成电路芯片，每个芯片就是一个离散热源。每个芯片下面的导热介质的温度要比周围其他部位的温度要高，因为热传导是将热量从高温处传至低温处。将在一个恒热源下的导热介质的温度要高于其他部位温度的这种现象称为热收缩效应。

热收缩效应满足下面的温度关系

$$t_{\mathrm{j}} = t_0 + \Delta t_{\mathrm{c}} \tag{1-16}$$

式中：t_{j} 为热源下导热介质的温度；t_0 为热量全部扩散到整个导热介质面上的温度；Δt_{c} 为热收缩效应产生的温升。热收缩效应由于产生温差，故存在热收缩效应热阻。

2）热收缩效应的温升 Δt_{c} 的计算方法

Δt_{c} 的计算与热源分布及导热介质的形状有关，分以下 4 种情况。

（1）无限大导热介质上的圆形热源（见图 1.26(a)）。

$$\Delta t_{\mathrm{c}} = \frac{\Phi}{2\sqrt{\pi} r_1 k}$$

式中：Φ 为热源热量；r_1 为热源半径；k 为介质的导热系数。

（2）圆柱导热介质上的圆形热源（见图 1.26(b)）。

$$\Delta t_c = \frac{\Phi}{2\sqrt{\pi} r_1 k} \left(1 - \frac{r_1}{r_2}\right)^{1.5}$$

式中：r_2 为导热介质半径。

（3）长方体导热介质上的长窄条热源（见图 1.26(c)）。

$$\Delta t_c = \frac{\Phi}{\pi l k} \ln\left[\frac{1}{\sin(\pi a/2b)}\right]$$

式中：$2a$ 为热源宽度；l 为导热介质长；$2b$ 为导热介质宽。

（4）长方体导热介质上的短而窄的热源（图 1.26(d)）。

$$\Delta t_c = \Delta t_{c1} + \Delta t_{c2} + \Delta t_{c3} \tag{1-17}$$

$$\Delta t_{c1} = \frac{\Phi}{2\pi^2 k} \cdot \frac{b}{ac} \sum_{m=1}^{\infty} \frac{\sin(m\pi a/b)}{m^2} \tag{1-18}$$

$$\Delta t_{c2} = \frac{\Phi}{2\pi^2 k} \cdot \frac{c}{ab} \sum_{m=1}^{\infty} \frac{\sin(m\pi d/b)}{m^2} \tag{1-19}$$

$$\Delta t_{c3} = \frac{\Phi}{2\pi^2 k} \cdot \frac{2}{ad} \sum_{m=1}^{\infty} \sum_{n=1}^{\infty} \frac{\sin(n\pi d/c)\sin(m\pi a/b)}{m \cdot n\left[(m\pi/b)^2 + (n\pi/c)^2\right]^{0.5}} \tag{1-20}$$

式中：$2d$、$2a$ 分别为热源的长与宽；$2c$、$2b$ 分别为介质的长与宽。

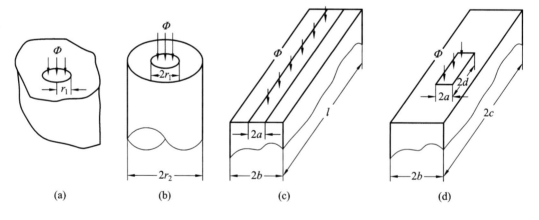

图 1.26　热源及介质的形状和尺寸

3）从芯片结到外壳的传热计算

图 1.27 所示是在一块 2.032 mm×1.524 mm 铝基板上，有四块 0.127 mm×0.127 mm 的半导体芯片以共晶结合到基板上，芯片 A 的功耗为 3.24 W、芯片 B 的功耗为 2.81 W、芯片 C 的功耗为 2.52 W、芯片 D 的功耗为 3.03 W，对称布置。各部分的厚度及安装剖面图如图 1.27(b)所示，其中可伐合金是热膨胀系数介于铝和陶瓷等硬质非金属之间的合金，用于金属与硬质非金属的匹配封接，铝散热器保持 55℃。忽略空气隙的导热、对流和辐射的影响。

对于图 1.27 所示的微电路，分析下面几个问题。

（1）微电路的等效热路图。根据图 1.27 所示的微电路安装结构及传热路径，可得其等

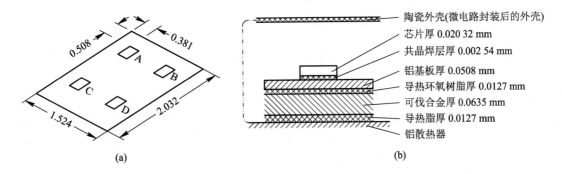

图 1.27　微电路组装示意图

效热路图，如图 1.28 所示。其中，55℃是陶瓷外壳或铝散热器的温度。

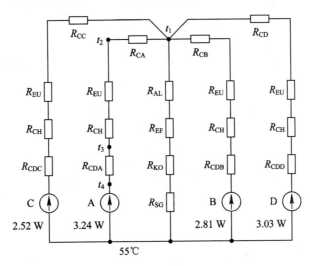

图 1.28　微电路的等效热路图

图 1.28 中，t_1 代表铝基板的表面温度，它是四块芯片 A、B、C、D 发热共同作用的结果，每块芯片对基板表面温度的贡献途径是相同的。以芯片 A 为例，芯片 A 的功耗即 PN 结发出的热量为 3.24 W，该热量通过厚膜电阻、芯片内部到达芯片外部，再通过共晶焊层传至铝基板上，这一传热途径涉及 4 个热阻：由厚膜电阻离散热源热收缩效应产生的热阻 R_{CDA}、芯片热阻（内热阻）R_{CH}、共晶焊层热阻 R_{EU}、芯片热收缩效应产生的热阻 R_{CA}。

那么，铝基板表面的热量又如何传到外壳上呢？根据图 1.27(b) 和图 1.28 所示中间的热路，铝基板表面的热量经过铝基板、导热环氧树脂、可伐合金、导热脂传至组装电路外壳，这个传热途径涉及 4 个热阻：铝基板热阻 R_{AL}、环氧树脂热阻 R_{EF}、可伐合金热阻 R_{KO}、导热脂热阻 R_{SG}。

（2）铝基板的表面温度计算。参见图 1.28 中部，结合上述分析并根据热阻定义可得

$$t_1 - 55 = (R_{AL} + R_{EF} + R_{KO} + R_{SG}) \cdot \Phi \tag{1-21}$$

Φ 为要传送的热量，近似为 A、B、C、D 4 个芯片的总功耗 11.6 W。4 个热阻可按 $R_t = \delta/(kA)$ 计算（δ 为材料厚度，k 为材料导热系数，A 为材料表面积），各热阻计算如下：

$$R_{AL} = \frac{0.0508}{0.294 \times (2.032 \times 1.524)} = 0.0558 \ ℃/W$$

$$R_{EF} = \frac{0.0127}{0.018 \times (2.032 \times 1.524)} = 0.2278 \ ℃/W$$

$$R_{KO} = \frac{0.0635}{0.1419 \times (2.032 \times 1.524)} = 0.1445 \ ℃/W$$

$$R_{SG} = \frac{0.0127}{0.0209 \times (2.032 \times 1.524)} = 0.1962 \ ℃/W$$

由式(1-21)求得铝基板表面温度 $t_1 = 62.2℃$。

（3）芯片的表面温度计算。由于芯片 A 的功耗最大，现在就分析它的温度。图1.29所示是芯片 A 的表面温度计算模型，设芯片 A 的表面温度为 t_3、芯片下方基板表面的温度为 t_2、基板其他部位表面的温度为 t_1。

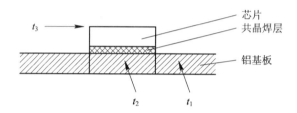

芯片
共晶焊层
铝基板
t_3
t_2
t_1

图1.29　芯片 A 的表面温度计算模型

芯片热收缩效应产生的温升 $\Delta t_c = t_2 - t_1$ 按式(1-17)~式(1-20)计算，此处 $a = d = 0.0635$ mm，$b = 0.381$ mm，$c = 0.508$ mm，则有

$$\Delta t_{c1} = \frac{3.24}{2\pi^2 (0.294)} \frac{0.381}{(0.0635)(0.508)} \sum_{m=1}^{50} \frac{\sin(0.0635\pi m/0.381)}{m^2} = 5.7 \ ℃$$

$$\Delta t_{c2} = \frac{3.24}{2\pi^2 (0.294)} \frac{0.381}{(0.0635)(0.381)} \sum_{m=1}^{50} \frac{\sin(0.0635\pi m/0.381)}{m^2} = 8.91 \ ℃$$

$$\Delta t_{c3} = \frac{3.24}{2\pi^2 (0.294)} \frac{2}{(0.0635)(0.0635)} \sum_{m=1}^{12} \sum_{n=1}^{35} \frac{\sin(0.0635\pi n/0.508)\sin(0.0635\pi m/0.381)}{mn[(\pi m/0.381)^2 + (\pi n/0.508)^2]^{0.5}}$$
$$= 25.84 \ ℃$$

$$\Delta t_c = \Delta t_1 + \Delta t_2 + \Delta t_3 = 40.5 \ ℃$$

于是 $t_2 = \Delta t_c + t_1 = 40.5 + 62.6 = 102.7 \ ℃$。

参照图1.28和图1.29，依据热阻定义有 $t_3 - t_2 = (R_{CH} + R_{EU})\Phi$，为设计保守起见，$\Phi$ 取芯片 A 的功耗3.24 W，R_{CH} 和 R_{EU}（整个基板的共晶焊层热阻）计算如下：

$$R_{CH} = \frac{0.02032}{1.137 \times (0.127 \times 0.127)} = 1.108 \ ℃/W$$

$$R_{EU} = \frac{0.00254}{0.2958 \times (2.032 \times 1.524)} = 0.003 \ ℃/W$$

则有

$$t_3 = t_2 + (R_{CH} + R_{EU})\Phi = 102.7 + (1.108 + 0.003) \times 3.24 = 106.3 \ ℃$$

1.3　电子设备的强迫空气冷却

当自然冷却不能满足电子设备散热要求时，可以考虑强迫空气冷却。强迫空气冷却

（简称强迫风冷），是利用通风机（风扇）驱使冷却空气流经发热部件或设备，把热量带走的一种冷却方法。它的冷却能力比自然冷却约大十倍左右，所以适用于中等热流密度的设备或部件的冷却。但是，强迫风冷系统与自然冷却系统相比较，成本、噪声和复杂性增加了。

在强迫风冷系统中，冷却气体可以在层流状态、过渡状态或紊流状态下实现强迫对流。判断流体流动状态的依据是雷诺数 Re（惯性力与黏性力的比值），当 $Re<2200$ 时，流动属层流，此时气体的质点互不交叉、相互平行地流动；当 $2200<Re<10\,000$ 时，流动由层流向紊流过渡，此过渡状态发生在气体流过平直表面和柱面的场合；当 $Re>10\,000$ 时，流动属紊流，紊流的特点是旋涡高速流动，这种状态的热交换最强烈。从冷却效果考虑，希望处于紊流状态，因为紊流时，冷却效果好。但是紊流时空气流速较高，由于被冷却部件或管道的阻力，通过系统的压力损失比较大而影响对流换热效果，这就要求通风机的驱动功率较大，从而增加了通风机的尺寸和重量。

通风机应安装在设备内最大散热点或进风口或出风口。通风机安装在进风口会形成进气（鼓风）通风模式，通风机安装在出风口会形成排气（抽风）通风模式，在进风口和出风口均安装通风机则形成进气排气通风模式。这三种通风模式的换热效率由高到低依次为进气排气通风、排气通风模式、进气通风模式。对于强迫通风的设备，其机壳所有接合处和顶盖应有可靠的密封，以防空气紊乱进入设备或使冷却空气从设备泄漏出来。

1.3.1　强迫空气冷却的基本形式

这里介绍四种强迫空气冷却形式：单个元器件冷却、整机抽风冷却、整机鼓风冷却和空芯印制板的通风冷却。

1. 单个电子元器件的强迫空气冷却

在整机机柜中只有单个电子元器件（如雷达发射机中的大功率磁控管、行波管、调制管、阻尼二极管等）需要冷却时，可以根据发热元器件的结构形状和气流流动方向与发热元器件的相应关系，采用沿平板流动或横向流过圆柱体的换热准则方程进行热计算。

为了提高冷却效果，可设计一个专用风道，把发热元器件装入风道内，如图 1.30 所示，气流沿发热器件轴线流动，因为有风道，不能用沿平板流动的准则方程，应采用下式计算紊流换热的努谢尔特数 Nu_{f}（表示温度梯度之比）。

$$Nu_{\mathrm{f}} = 0.313Re_{\mathrm{f}}^{0.6}$$

式中：雷诺数 Re_{f} 的范围是 $180<Re_{\mathrm{f}}<8000$，定性温度取流体温度，特征尺寸取 2δ（δ 为环形通道的间隙）。定性温度和特征尺寸是流体计算中设定的代表温度和尺寸。

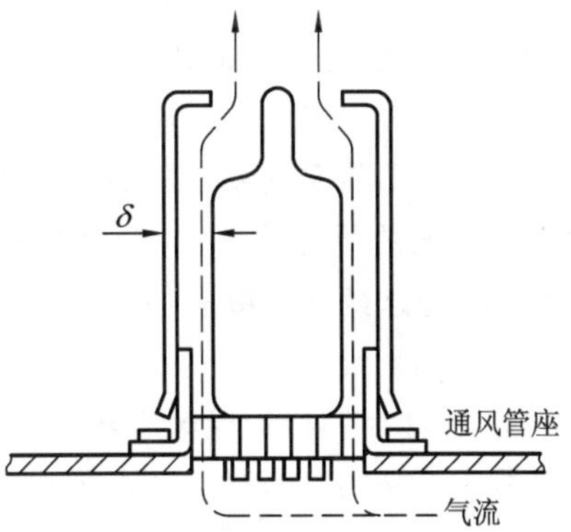

图 1.30　单个元件通风冷却

为保证气流在环形间隙通道中呈紊流状态，必须设计一个比较合适的间隙。通常认为在环形通道中 $Re \geqslant 4000$ 时，就有足够的紊流，则

$$\delta \geqslant 2000\frac{\gamma}{\omega}$$

式中：γ 为空气的运动黏度，单位为 $\mathrm{m^2/s}$；ω 为环形通道中气流速度，单位为 $\mathrm{m/s}$。

2. 整机抽风冷却

整机的抽风可分为有风管和无风管两种形式。抽风管可以装在机柜的后侧,也可装在机柜的两侧,视具体情况而定。风道口的大小可根据每个分机或插箱的发热量来确定。

抽风冷却主要适用于热量比较分散的整机或机箱。热量经专门的风道或直接排到设备周围的大气中。整机抽风的特点是风量大、风压小,各部分风量比较均匀。因此,整机抽风冷却常用在机柜中各单元热量分布比较均匀、各元器件所需冷却表面的风阻较小的情况。由于热空气的密度较小,它有一个浮升力,因此,抽风机一般都装在机柜的顶部或上侧面,出风口面向设备周围的大气。

当各单元有热敏元器件时,为防止上升气流流过热敏元器件,就需要有专用的抽风管道。此时,上下各单元互不通气。为防止吸入灰尘,可在进风口处装滤尘装置。

当机柜中部或顶部各单元需要风冷,但没有热敏元器件时,可采用设有专用抽风道的形式。为了便于气流流通,机柜底板以及中层各底板均需要开孔、开槽。为防止气流短路,只允许在机柜底侧开百叶窗或通风孔等。

3. 整机鼓风冷却

整机鼓风冷却可以分为有鼓风管道和无鼓风管道两种形式。

整机鼓风的特点是风压大,风量比较集中。整机鼓风冷却通常用在单元内热量分布不均匀,各单元需要专门风道冷却,风阻较大、元器件较多的情况。建议采用有鼓风管道的形式,这样便于控制各单元的风量。

整机抽风或鼓风所需的风量应等于各个单元发热元器件所需风量之和。根据热平衡(各单元放热总量等于空气吸热量)方程,可得到整机的通风量 Q_f 为

$$Q_f = \frac{\Phi}{\rho C_p \Delta t} \ (\mathrm{m^3/s}) \tag{1-22}$$

式中:ρ 为空气的密度,单位为 $\mathrm{kg/m^3}$;C_p 为空气的比热,单位为 $\mathrm{J/(kg \cdot ℃)}$;Φ 为电子设备的总损耗功率(热流量),单位为 W;Δt 为冷却空气的出口与进口的温差,单位为℃。

空气的出口温度应根据单元内各元器件允许的表面温度确定,而元器件的表面温度与冷却效果有关。Δt 的确定涉及一系列的迭代计算,含有印制板的风冷系统,Δt 可取 10℃左右。

这种风量计算方法比较保守,因为它已经忽略了机柜四周对大气的辐射和自然对流换热所散去的热量(假设机柜表面温度高于周围环境温度),因此,所得风量偏大。在精确计算时,应把这两项所散去的热量从总热量中减去,再求所需的风量。一般在强迫风冷时,辐射与自然对流散热量约占总散热量的 10% 左右。

4. 空芯印制板的通风冷却

强迫通风时,潮湿空气将影响印制板的电气性能。因此,有的电子设备技术条件规定,不允许冷却空气直接与电子元器件或电子线路接触,风扇驱动的冷却空气通过由电子机箱壁形成的热交换器,以及由印制板背靠背形成的空芯冷却空气通道。如图 1.31 所示,印制板用金属板或导热条作为导热材料,这样可以缩短从电子元器件至冷却空气的热流路径的长度,减小元器件的温升;印制板上元器件的引线不宜伸入空芯通道,以免增加风阻。空芯印制板风冷设计的主要问题是密封,用密封垫或 O 形密封圈进行密封。

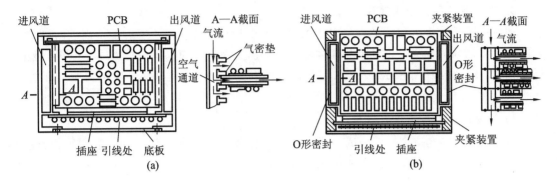

图 1.31 空芯印制板结构

1.3.2 通风管道设计及压力损失计算

1. 通风管道设计

对于有专门通风管道的强迫通风系统，正确地设计和安装通风管道对散热效果有较大的影响。通风管道设计应注意以下几个问题：

（1）通风管道应尽量短，缩短管道长度可以降低风道的阻力损失，且制造和安装简单。

（2）避免采用急剧弯曲的管道，可采用气体分离器和导流器，以减少阻力损失。

（3）避免骤然扩展或骤然收缩。扩展的张角不得超过 20°，收缩的锥角不得大于 60°。

（4）为了取得最大的空气输送能力，应尽量使管道截面为矩形的接近于正方形或截面矩形的长边与短边之比不得大于 6∶1。

（5）尽量使管道密封，所有搭接台阶都应顺着流动方向。

（6）对一些大机柜尽可能采用直的锥形风道。直管不仅容易加工，且局部阻力小；锥形直管能保证气流在风道中不产生回流（负压），可达到等量送风的要求。例如，大型计算机静压室等量送风管道就属这一类型。图 1.32 所示是某电子设备的通风管道图，它能对每个含有印制板的单元实现等量送风的要求。

（7）进风口结构应使其气流的阻力最小，且要起到滤尘作用。

（8）应采用光滑材料做通风道，以减小摩擦损失。

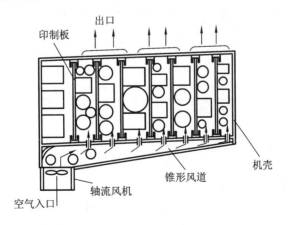

图 1.32 锥形风道送风系统

2. 通风系统压力损失计算

通风系统压力损失包括沿程阻力产生的压力损失和局部阻力产生的压力损失两种。沿程阻力产生的压力损失是由气流相互运动产生的阻力及气流与系统或管道的摩擦所引起的压力损失。局部阻力产生的压力损失是气流方向发生变化或管道截面发生突变所引起的压力损失。

1) 沿程阻力产生的压力损失

对于气体，除在速度特别低的情况下产生层流外，多数均为紊流。实验证明，紊流的沿程阻力产生的压力损失 ΔP_l 与气体的密度(ρ)及其速度(ω)的平方成正比，即

$$\Delta P_l = f \frac{l}{d_c} \frac{\omega^2 \rho}{2} \text{ (Pa)} \tag{1-23}$$

式中：f 为沿程阻力系数，与 Re 数及相对粗糙度有关，其值可查有关资料得到，对于完全光滑管道，f 可按式(1-24)～式(1-26)计算；l 为管道长度，单位为 m；ω 为空气流速(在长度 l 内空气的平均流速)，单位为 m/s；ρ 为空气密度，单位为 kg/m³；d_c 为当量直径，单位为 m。

对完全光滑的管道，其沿程阻力系数 f 只是雷诺数 Re 的函数，可应用下列公式计算：

层流时：$\qquad\qquad f = 64/Re \tag{1-24}$

紊流且 $Re \leqslant 10^5$ 时：$\qquad f = 0.314Re^{-0.25} \tag{1-25}$

紊流且 $10^5 < Re < 10^6$ 时：$f = 0.184Re^{0.2} \tag{1-26}$

2) 局部阻力产生的压力损失

当流体的速度和方向发生变化时所引起的局部阻力产生的压力损失 ΔP_c 由下式计算

$$\Delta P_c = \sum \zeta \frac{\omega^2 \rho}{2} \tag{1-27}$$

式中：$\sum \zeta$ 为局部阻力系数或几个局部阻力系数之和，ζ 值见表1.4；ω 为空气流速(在长度 l 内空气的平均流速)，单位为 m/s；ρ 为空气密度，单位为 kg/m³。

表 1.4 分支管局部阻力系数 ζ

形式及流向						
局部阻力系数 ζ	1.5	0.1	0.5	3	0.05	0.15

注：各种分流及合流情况，可按表中进行组合来确定阻力系数；计算公式中的流速应为主管道内流体的平均流速。

1.3.3 通风机(风扇)的选择及应用

1. 通风机的分类

通风机按工作原理及结构形式可以分为两类：轴流式通风机和离心式通风机。

所谓轴流式通风机就是空气进、出口的流动方向与轴线平行，其特点是风量大、风压小。根据结构形式，它又可分为螺旋桨式、圆筒式和导叶式三种。

（1）螺旋桨式风扇。普通用的电风扇（送风、鼓风）或排风扇（抽风）均属这种类型，一般都作流通空气用，也有作散热器的冷却风扇用的。

（2）圆筒式轴流通风机。FZJ 系列、DZJ 系列通风机均属此类，如图 1.33 所示。其特点是在螺旋桨形叶轮的外面围有圆筒，其叶尖漏损小，效率比螺旋桨式风扇高。

（3）导叶式轴流通风机。其结构与圆筒式相同，仅在出口或进口处加装导风叶，用以引导气流，减少涡流损失。此种风机效率高，静压效率一般可达 95%。

离心式通风机由螺壳（包括空气的入口和出口）、转动的叶轮及外部的驱动电机等三个主要部件组成，如图 1.34 所示（图中不包括电机）。空气从轴向进入，然后转 90°，在叶轮内作径向流动，并在叶轮外周压缩，再经螺壳由出风口排出。叶轮由很多叶片组成，其风压由离心力产生。这类通风机的特点是风压高、风量小，常用于对气流阻力较大的发热元器件或机柜的通风冷却。

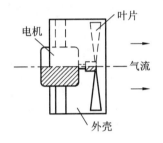

图 1.33　轴流式通风机

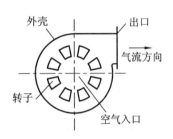

图 1.34　离心式通风机

离心式通风机按叶片形状，可分为前向式、径向式和后向式三种，如图 1.35 所示。在叶轮速度和直径相同的条件下，前向式叶片产生的风压最大但风机能效不是很高，而后向式叶片产生的风压最小但风机能效高。当通风机尺寸受限制时，应采用前向式叶片的通风机，只是其工作稳定性稍差。径向式通风机介于这两种通风机之间，其机械强度比前两种都好。径向式和前向式最适用于电子设备的冷却。在给定转速和尺寸的条件下，前向式通风机最好，因为它的压力最大，但在使用时应防止电机过载。

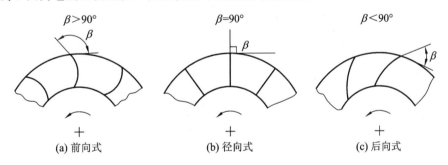

图 1.35　各种叶轮形式

2. 通风机特性曲线

通风机的特性曲线，是指通风机在固定转速工作时，其压力、效率与功率随风量而变化的关系，一般以风量为横坐标，压力、功率或效率为纵坐标。图 1.36 所示是前向式离心式通风机的特性曲线，可以看出，风量随风压而定：当通风机不与任何风道连接时（即自由送风），其静压为零，风量达最大值；当通风机出口完全被堵住时，风量为零，静压最高。

在此曲线中间有一点，其效率最高。欲使功率消耗最小，通风机应在效率最高这一点附近工作。前向式离心式通风机在效率最高时，总压力最大。

由于空气密度随海拔的增加而减小，所以在飞机上采用通风机时，其性能会随高度而变化。宜采用具有不随高度变化的恒定质量流量的特殊通风机，一般以控制通风机的转速达到质量流量不变的目的。

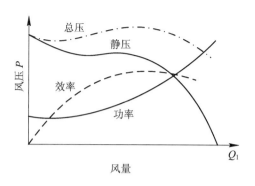

图 1.36　前向式通风机特性曲线

3. 通风机的选择

选择通风机时，需要考虑的因素有很多，如空气的流量、风压、通风机效率、空气的速度、通风系统的阻力特征、环境条件、噪声、体积和质量等，其中主要参数是通风机的风量和风压。根据电子设备通风冷却系统所需的风量、风压及环境条件（包括空间大小）选定通风机的类型。要求风量大、风压低的电子设备通风可采用轴流式通风机，反之可选用离心式通风机。

在使用通风机时，应使其噪声控制在允许的强度范围内，以免影响操作人员的正常工作。通风机安装在机柜上时，可在通风机下面安装减振器，并在通风机出口处与风管之间接一段软管（如帆布制成的风管），进行隔振，减小噪声。

4. 通风机的串、并联

当通风系统所选通风机的风量或风压不能满足要求时，可用风机的串联或并联解决。

1）通风机的串联

当通风机的风量能满足需要、但风压小于风道的阻力时，可采用通风机串联，以提高其工作风压。通风机串联时，风量基本上等于每台风机的风量，风压相当于两台风机压力之和，如图 1.37 所示。

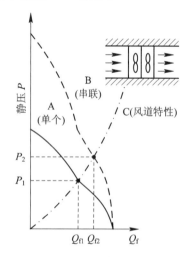

图 1.37　通风机串联特性曲线

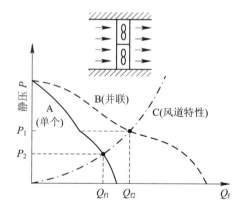

图 1.38　通风机并联特性曲线

2）通风机的并联

通风机并联后的风压是单个风机的风压，总风量为各风机风量之和，如图 1.38 所示。

从图中可以看出，当风道特性曲线平坦、需增大风量时，可采用并联系统。并联使用的优点是气流路径短，阻力产生的风压损失小，气流分布比较均匀，但效率低。

1.3.4　结构因素对风冷效果的影响

1. 通风机的位置

强迫通风冷却时，气流的方向及通风机的位置等将影响冷却效果。轴流式鼓风系统，风机位于冷空气的入口处，把冷空气直接吹进机箱内，可以提高机箱内的空气压力，并产生一部分涡流，改善换热性能。但是，在鼓风系统中，通风机电机的热量也被冷空气带入机箱，影响散热效果。非密封式设备，还有漏风现象。轴流式抽风系统，由于是从机箱内抽出受热的空气，故将减小机箱内的空气压力。通风机电机的热量不仅不会进入机箱内，而且还可以从机箱的其他缝隙中吸入一部分冷空气，提高冷却效果。轴流式通风机叶片安装位置也将影响其冷却效果。由气流流场分布测量结果可知，叶片应装在通风道的下游，这时风道较长，气流速度分布可以得到改善。图 1.39 所示是两种不同位置的速度分布。

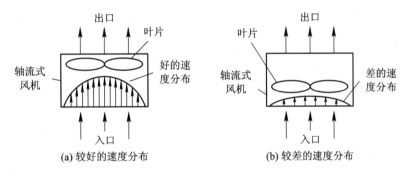

图 1.39　叶片不同位置的速度分布

如果通风机安装在一个受限制的位置，如风道 90°的弯曲处，则叶片应装在气流的下游。如果安装在气流的上游，则在出口处容易形成涡流，而影响冷却效果。图 1.40 所示是两种不同的安装形式的比较：图(a)所示是叶片安装在气流的下游，速度分布较好，冷却效果也较好；图(b)所示是叶片安装在气流的上游，速度分布和冷却效果较差。

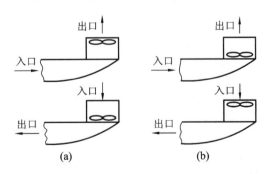

图 1.40　两种风机安装形式的比较

2. 风道结构形式

为了合理地分配和组织气流沿预定的方向流动，以达到最佳冷却效果，需要进行风道的设计。风道的结构形式主要有四种：

（1）射流式风道。风机输送出来的气流以自由扩散的形式对发热元器件进行冷却，如图 1.41 所示。因气流没有导向板或固定边界的约束，因此这种风道冷却效果差。

（2）水平风道。风机输送出的冷气流沿印制电路板所形成的风道做水平方向流动，如图 1.42 所示。采用这种风道时，应注意将耗散功率大的印制电路板放在下面，耗散功率小的印制电路板放在上面，或者根据印制电路板耗散功率大小，在通往各印制电路板的供气支路中加一个相应的限流孔，由限流孔的尺寸来控制各支路气流的大小。

（3）隔板式风道。为避免进入下面支路中的风量大而进入上面支路中的风量小，在风道的进口处设置隔板，以使风量在各支路中基本均匀分配，如图 1.43 所示。

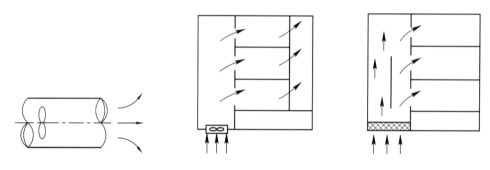

图 1.41　射流式风道　　　图 1.42　水平风道　　　图 1.43　隔板式风道

（4）变截面（锥形）风道。具有平行风道的冷却系统，要求气流进入机箱后，形成高的静压和低的动压，以便提高冷却效果、降低出口和弯曲处的压力损失。如果电子机箱比较长，功耗较大，而风道截面不增加时，则必须增加冷却空气的流速。图 1.44（a）所示的结构，上、下风道截面不变而且相等时，气体流至下风道岔口处膨胀，使压力上升，而且可能产生下风道岔口处的压力大于上风道岔口处的压力，将导致气流回流。即使支管存在阻力损失 ΔP，可以缓和这种现象，但仍可能出现下风道岔口处的压力大于上风道岔口处压力与支管阻力损失之和，而产生回流现象。为防止气流回流，可采用图 1.44（b）所示的锥形风道结构形式，风道从左到右截面积越来越小，气流也越来越小，使流入各支路的气流速度基本相同、风压相等，达到等量送风的目的。

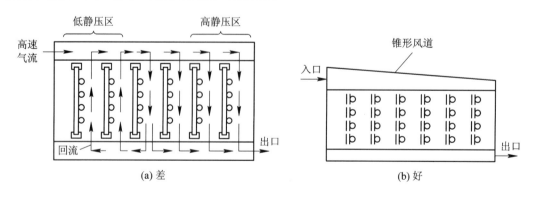

图 1.44　风道结构形式的影响

3. 元器件的排列

为了提高冷却效果,在冷却气流流速不大的情况下(Re 数不大),元器件应按交错方式排列,这样可以提高气流的紊流程度,增加散热能力。集成元器件较多的印制板,可以在集成元器件之间加紊流器,以提高气流紊流的程度。

4. 热源位置

由发热元器件组成的发热区的中心线,应与入风口的中心线相一致或略低于入风口的中心线,这样可以使电子机箱内受热而上升的热空气由冷却空气迅速带走,并直接冷却发热元器件。分层结构的大型电子设备,可将耐热性能好的热源插箱放在冷却气流的下游,耐热性能差的插箱应放在冷却气流的上游。

5. 漏风的影响

大型机柜在强迫通风时,机柜缝隙的漏风会直接影响散热效果。图 1.45(a)所示是机柜四周密封不漏风的情况,风机位置对通风冷却效果没有影响,沿机柜高度方向任意一个发热区断面,风量基本是相同的。

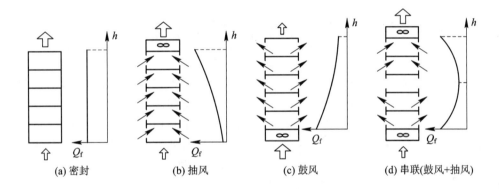

图 1.45　机柜漏风的影响

如果机柜四侧存在缝隙,当通风机安装在出口处抽风时,外界空气从缝隙进入机柜,风量从入口到出口是逐渐增加的,如图 1.45(b)所示。当通风机装在入口处鼓风时,机柜内静压较高,气流将从缝隙漏出,风量沿机柜高度方向是逐渐减少的,如图 1.45(c)所示。若采用串联通风(鼓风+抽风)形式,机柜内部气压分成正压区和负压区两部分,既有气流从缝隙流入,也有从缝隙流出,沿机柜高度方向风量分布如图 1.45(d)所示。

从试验效果来看,当有缝隙存在时,抽风形式的冷却效果比鼓风形式好。缝隙大小对冷却效果也有影响,缝隙小的冷却效果比缝隙大的冷却效果好。因此,设计强迫通风冷却系统时,应特别注意缝隙气流的泄漏问题。

6. 紊流器

当风冷系统的冷却气流经多块印制板组件时,印制板的间距应控制在 13 mm 左右,为防止气流在印制板组件表面形成边界层,影响换热效果,应在印制板组装件气流流动方向的适当位置,加装紊流器,破坏边界层的生成,提高紊流程度,改善对流换热性能。图1.46所示是印制板安装紊流器的情况。

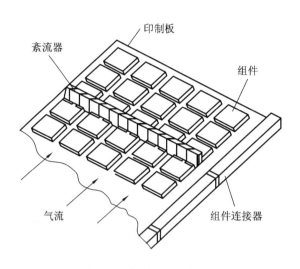

图 1.46　印制板加装紊流器

1.4　计算机机箱散热的仿真分析

　　前面介绍的散热分析与计算采用解析法,适合于简单的热工况情况。对于较为复杂的结构或自然冷却和强迫空气冷却结合等复合热工况情况,就需要用数值求解的方法进行散热分析和温度计算。Icepak 或 ANSYS-Icepak 软件是由美国 Fluent 公司开发的专业电子产品热分析软件,可以解决不同层次的散热问题,如机房与外太空等环境级的热分析、电子机箱机柜及方舱等系统级的热分析、电子模块组件级的热分析、PCB 电路板级的热分析、散热器及芯片等元器件级热分析等,分析的热控制技术包括自然冷却、强迫风冷即强迫空气冷却、PCB 各向异性导热率计算、液冷模拟等,研究的热状态包括稳态和非稳态(如瞬态),其求解采用基于有限元体积法的 Fluent 计算流体力学(CFD)求解器,提高了热分析的计算精度,保证了设计师进行热设计与优化的合理性。

　　本节以计算机机箱为例,介绍用 Icepak 软件进行散热仿真分析的方法。机箱结构关系较为复杂,在网格划分时可能会出现网格质量差、效率低等问题,通过运用 Icepak 软件进行网格划分,可以自动得到结构化及非结构化的网格,并进行网格检查与优化,可以提高网格质量;由于该机箱的热分析问题涉及强迫对流、自然对流、热传导和热辐射等散热方式,散热方式比较多,分析相对复杂,Icepak 软件提供的各种热问题物理模型能有效地解决这个问题;Fluent 求解器可以解决求解的计算精度问题。

1.4.1　机箱仿真建模及热参数设置

1. 机箱简化建模

　　为使机箱小型化,本案例对计算机机箱内的电源、主板、显卡、硬盘等部件的空间位置做了优化调整,在满足通风散热的要求下使其体积变小。图 1.47 所示是用 CAD 软件设计的机箱结构模型。一般来说,结构模型是不能直接导入 CAE 软件进行工程分析的,主要原因是细小结构导致网格划分出现畸形网格而使网格划分失败,或求解不收敛,或出现奇异解。因此需要对结构设计模型进行简化，可以在 CAD 软件内部简化模型再导入 CAE 软件，也可以在 CAE 软件内部参照结构及尺寸建立简化的模型，结构模型不是很复杂时采用后者会方便些。建立简化模型时，机箱顶部倾角、各部分倒角、螺纹孔等都可以做出简化而忽略掉。简化模型还可提高求解速度、缩短仿真分析的时间。

本案例对机箱进行散热仿真时，底部存储仓由于在计算机使用时，前盖打开，与大气直接交换空气，可以直接忽略掉。此外，由于机箱仿真主要目的是估计机箱高负荷工作时，内部发热器件的最高温度，无需对所有零件都求出详细数据，此外，由于电源内部有独立的风道设计，不会影响内部散热，同时硬盘几乎不发热，可以直接用几何体进行代替。最终建立的 Icepak 热分析模型如图 1.48 所示。

 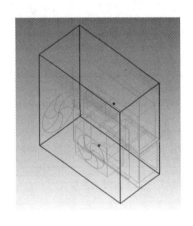

图 1.47　机箱结构设计模型　　　　　图 1.48　机箱热分析模型

2. 散热条件与模型参数设置

机箱设计采用强迫风冷散热，与其相比，辐射散热的散热量可以忽略不计，故散热仿真不考虑辐射散热，事实上，辐射散热会增加机箱的热量溢散，是保守设计的体现，实际使用中会得到更好的散热效果，如果散热仿真结果符合要求，则实际使用中便不会在散热出现大问题。在图 1.48 所示的热分析模型中，有两个风扇，一个是中间位置靠下的 CPU 自带风扇，另一个是在机箱下部侧面进风口位置设置的用于强迫风冷的风扇。图 1.49 所示为风扇参数设置，其中进风模式为吸入模式，亦即鼓风模式。

机箱的内部热量即热源主要来自 CPU 和独立显卡，其他部分如主板、电源、硬盘等发热量小，可以忽略。CPU 和独立显卡的热源参数设置如图 1.50 所示。

这里显卡采用英特尔 11 代酷睿 i9-11900K，独立显卡由于不同系列功率差距较大，此处采用七彩虹 GTX1080 的数据进行仿真。

设置相关环境参数、流体及模型材料属性等，如图 1.51 所示。此模型流速较低，经软件自动检测，流态选择层流选项，环境温度为室温 20℃，表压为 −9.8 N/m²（表压是物体所受压强与大气压强之差，是以大气压强为参照的相对压强，表压值为负值，说明设备工作地有海拔），其余参数保持缺省值。

此外还要设置收敛条件，包括迭代次数、模型求解计算的各变量方程的残差设置等，如图 1.52 所示。将计算的迭代次数设为 100，可保证计算能够收敛。

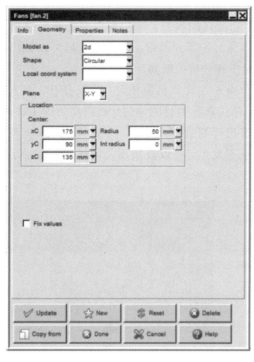
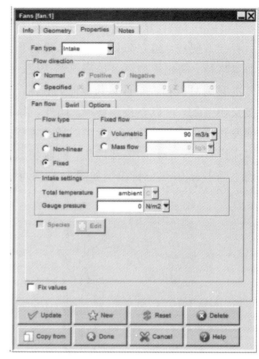

(a) 风扇半径设置　　　　　　　　　　　　　(b) 风扇进风量设置

图 1.49　风扇参数设置

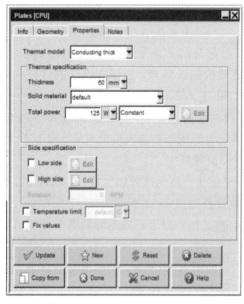
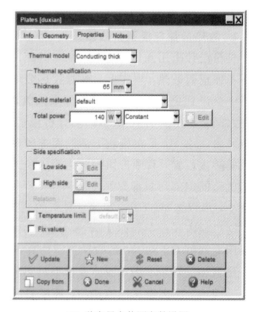

(a) CPU 热源参数设置　　　　　　　　　　　(b) 独立显卡热源参数设置

图 1.50　热源参数设置

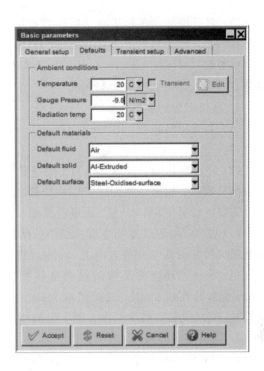

图 1.51　环境参数设置

图 1.52　收敛条件设置

1.4.2　模型网格划分及网格质量检查

网格划分是整个散热仿真的第二步，也是所有仿真的求解基础，网格质量的好坏直接决定了求解计算的精度和最终的收敛性。优质的网格可以提高计算的精度，其主要表现在以下几个方面：

（1）网格必须贴体，即划分的网格必须将模型本身的几何形状描述出来，以保证模型的几何形状不失真。

（2）可以对固体壁面附近的网格进行局部加密，这是因为任何物理变量在固体壁面附近的梯度都比较大，壁面附近网格由疏到密，才能够将不同物理量的梯度进行合理的反映。

（3）划分网格的各种质量指标还需满足 Icepak 软件的计算的要求。为了得到更优质的网格，Icepak 软件提供了包括 Mesher-HD（六面体占优网格，包含六面体、四面体及多面体网格类型）、Hexa Unstructured（六面体非结构化网格）、Hexa Cartesian（六面体结构化网格）在内的多种网格划分形式。

1. 网格划分的步骤

（1）生成粗糙网格，用 Hexa Unstructured 网格划分器及 Coarse 的默认设置进行网格划分；

（2）评估网格划分结果，得到的网格能够充分表示模型几何体并满足网格划分规定的最小网格数量，粗网格划分后可以用得到的网格结果求解一次，快速查看结果是否合理，估计需要的计算时间。作为下面进行更细的网格划分，求解更精确结果的评估依据；

（3）使用 Normal 选项生成更细小的网格，设置 Max X size、Max Y size、Max Z size 网格最大尺寸分别为在各方向上 cabinet（机箱外形尺寸，即计算区域）尺寸的 1/20；

（4）检查网格，看是否满足两实体面之间的网格单元最少为 2 个、每个流体对象（openings（开孔），grilles（过滤网），resistances（阻尼，用于模拟类似多孔介质的三维阻尼模型），fans（风扇））最少包含 4 到 5 个网格单元。

2. 网格划分的结果

本案例网格划分结果及 X、Y、Z 方向截图（分别对应俯视图、左视图和主视图方向）如图 1.53 所示。

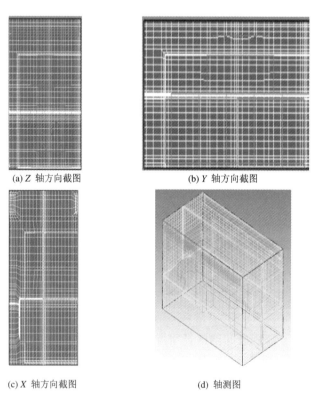

(a) Z 轴方向截图　　　　(b) Y 轴方向截图

(c) X 轴方向截图　　　　(d) 轴测图

图 1.53　网格划分结果

1.4.3　热仿真计算与分析

所有参数设定完毕并完成网格划分后,就可以进行迭代计算了。本案例设定迭代次数为 100,点击"Solution"按钮,即可启动 Fluent 求解器进行求解计算,计算过程中同时生成残差曲线,如图 1.54 所示。残差是每次计算后的结果和前一次计算结果的差值,它反映迭代计算的收敛程度。将迭代次数作为横坐标,每次迭代的残差作为纵坐标,由此绘制的曲线称为残差曲线。残差曲线一般默认的设置为 10^{-3},通过残差曲线就会看见各项值在每次计算之后的变化情况,当残差值低于设定值后,计算就收敛了。从图中可以看出,对模型进行 100 步迭代计算后,各个参数的残差曲线区域平缓,各个参数监控点也不随计算时间的变化而变化,故可认为该计算迭代收敛,结果具有可参考性。

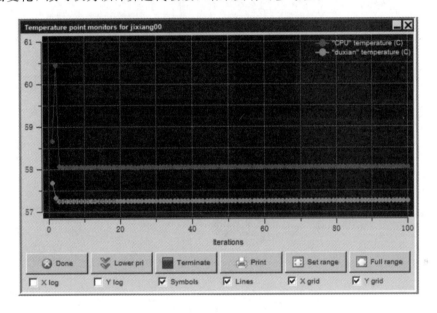

图 1.54　残差曲线

图 1.55 所示为 CPU 功率设定为 125 W、独立显卡功率设定为 140 W 的机箱温度分布彩色云图(红色表示温度最高、蓝色表示温度最低),机箱最高温度为 57.2718℃,其位置出现在 CPU 上。

图 1.56 所示为 CPU 功率设定为 125 W、独立显卡功率设定为 225 W 的机箱温度分布彩色云图,机箱最高温度为 67.1690℃,其位置出现在独立显卡上。

图 1.57 所示为 CPU 功率设定为 125 W、独立显卡功率设定为 300 W 的机箱温度分布彩色云图,机箱最高温度为 90.6857℃,其位置出现在独立显卡上。

机箱内部粒子云图(表示气流路径)如图 1.58 所示,满足冷空气由底部吸入,热空气从顶部排出的原则。

经过调研,市面上 GTX1080 显卡的功率约为 100 W,RTX2060 显卡功率为 160~180 W,RTX2080 显卡功率约为 225 W,RTX3080 显卡功率则达到了 320 W。由上面仿真可知,在 200 W 左右时,机箱内温度最高发生在显卡为 67℃,机箱在此温度下工作,不会因为过热而导致内部硬件不正常工作,符合安全性原则,而在此条件下,RTX2080 系列显卡、

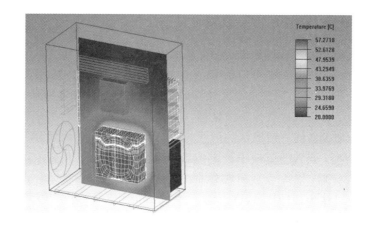

图 1.55　温度数据(一)

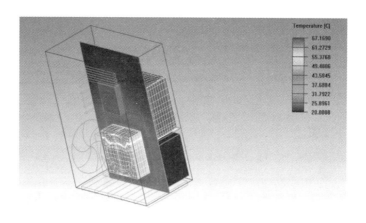

图 1.56　温度数据(二)

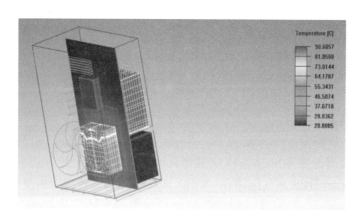

图 1.57　温度数据(三)

RTX2060 系列显卡、GTX1080 系列显卡都符合要求。曾有硬件测试团队,在实验室条件下(液氮覆盖加强迫风冷),将显卡超频运行,使其温度达到了 90℃以上并成功运行,但是

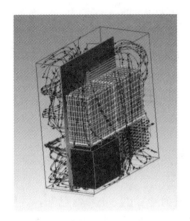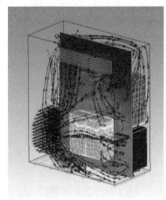

图 1.58　粒子云图

这显然不适合日常条件下的操作，所以本案例计算机机箱设计推荐显卡功率约为 225 W，虽然很难适配最新的 RTX3080 系列显卡，但是可以适配的 RTX2080 及之前系列的显卡，在进行图形运算上的能力完全足够。

 习题

1. 提高电子设备导热能力有哪些方法？
2. 提高电子设备对流换热能力有哪些手段？
3. 提高电子设备辐射换热能力有哪些措施？
4. 按一般情况对液体、金属、气体、非金属物质导热能力由高到低排序；试对铁、铝、银、铜、不锈钢的导热能力由高到低排序。
5. 什么是热阻？给出热阻的定义。
6. 什么是热沉？给出可做热沉的物质。
7. 热设计的基本任务是什么？
8. 试述热设计的五个步骤。
9. 试述热设计的基本原则。
10. 给出七种冷却方法的名称，并简述其应用特点。
11. 试述电子设备自然冷却的传热途径。
12. 电子设备自然冷却的结构措施有哪些？
13. 试述电子设备通风孔的开设原则。
14. 某电子设备的损耗功率为 120 W，通过壁面自然对流和辐射散去的热流量为 80 W，还有 40 W 需经通风孔进行对流散热。假设设备的高度为 100 cm，内部空气与周围环境空气温度的温差为 10℃，试计算进风孔的面积。
15. 简述热安装的基本原则。
16. 印制板上印制线热设计时，在导线宽度和布线密度一定时，有哪些措施可以提高印制板的散热能力？

17. 印制板上电子元器件热安装的要求有哪些？

18. 假设某铜制导热条长 150 mm、宽 5 mm、厚 0.125 mm，该导热条热负荷均匀并传递的热量为 600 mW，试计算导热条中心至边缘的温升。已知铜的导热系数为 330 W/(m·℃)。

19. 如何对大功率半导体器件进行散热？

20. 用于电子元器件的散热器有哪几种？如何选用标准散热器？

21. 简述散热器的设计原则。

22. 什么是离散热源的热收缩效应？

23. 在如图 1.59 所示热路图中，热量 Φ 及热阻 R_1、R_2、R_3、R_4 已知，按下述条件进行求解：

（1）若热阻 R_1、R_2、R_3、R_4 分别传递的热量为 Φ_1、Φ_2、Φ_3、Φ_4 已知，t_e 已知，求 t_0、t_1、t_2；

（2）若 t_0、t_1、t_2、t_e 已知，求热阻 R_1、R_2、R_3、R_4 分别传递的热量 Φ_1、Φ_2、Φ_3、Φ_4。

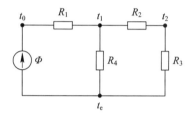

图 1.59　第 23 题图

24. 强迫空气冷却有哪几种通风模式？各有何特点？

25. 强迫空气冷却需要的通风量如何计算？

26. 通风机有哪些类型？如何选用通风机？

27. 试述影响强迫风冷效果的结构因素。

28. 如何建立热仿真分析模型？

29. 热仿真分析对网格划分有什么要求？

30. 什么是热仿真分析的收敛条件？残差曲线的作用是什么？

31. 练习用 IcePak 软件进行机箱、机柜的散热分析。

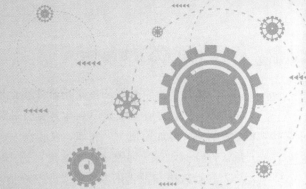

第 2 章　机械振动与减振设计

　　振动是指任何物理量交替增减的变化，如机械振动是位移量交替变化，电磁振荡是电流、电压的交替变化，光的波动体现为干涉、衍射，分子和原子的振动会释放能量、发出射线等。本章以机械系统的振动为研究对象，研究电子设备的振动问题。

　　本章内容包括电子设备周围的振动环境、机械振动基础、减振器设计中的固有频率与去耦合振动、减振器中的弹簧、减振器设计、防止振动对设备影响的措施和复杂结构的模态仿真分析。共振是减振设计的关注点，避开共振是减振设计要抓的主要矛盾。

2.1　电子设备周围的振动环境与机械振动基础

2.1.1　电子设备周围的振动环境

1. 机械环境分类

　　电子设备在运输和使用过程中会受到各种机械力的干扰，这些机械力的形式包括振动、冲击、离心力、机构运动所产生的摩擦力等。在设备所处的场所，这些对设备构成影响和干扰的机械力通常统称为设备的机械环境。根据机械环境对设备的作用性质，可将其分为四种类型。

　　1）周期性振动

　　周期性振动是指机械力的周期性运动对设备产生的振动干扰，并引起设备作周期性往复运动。产生这一干扰的主要原因是运载工具的发动机振动。例如，汽车、舰船、飞机、导弹等发动机工作时产生的强烈振动；设备内部的电动机、通风机、泵产生的振动等等。

　　表征周期性振动的主要参数有振动幅度和振动频率。

　　2）非周期性干扰造成的碰撞和冲击

　　非周期性干扰造成的碰撞和冲击是指机械力作非周期性扰动对设备的作用。其特点是作用时间短暂，但加速度很大。根据对设备作用的频繁程度和强度大小，非周期性扰动力又可以分为以下两种：

　　（1）碰撞。碰撞是设备或元器件在运输和使用过程中经常遇到的一种冲击力。例如，车辆在坑洼不平道路上的行驶、飞机的降落、船舶的抛锚等。这种冲击作用的特点是次数较多，具有重复性，波形一般是正弦波。

（2）冲击。冲击是设备或元器件在运输和使用过程中遇到的非经常性的、非重复性的冲击力。例如，撞车或紧急刹车、舰船触礁、炸弹爆炸、设备跌落等。其特点是次数少，不经常遇到，但加速度大。例如，舰船在一般环境条件下受到的加速度并不大，但在炸弹或鱼雷爆炸时，它受到的冲击加速度可达 $1000 \sim 5000g$（g 为重力加速度）。

表征碰撞和冲击的参数有波形、峰值加速度、碰撞或冲击的持续时间、碰撞次数等。

3）离心加速度

离心加速度是指运载工具作非直线运动时设备受到的加速度。例如，飞机在急剧转弯时，除受到振动、冲击等机械力的作用外，还受到离心加速度的作用。一般来说，受离心力作用最大的是机载电子设备，而地面或水面一切移动设备都不会超过它。离心力所造成的破坏是严重的。例如，具有电接触点之类的电器产品，如继电器、开关等，当离心力作用方向恰好与电接触点的开、合方向一致时，若离心力大于电接触点间的接触压力，触点将自动脱开或闭合，将造成系统误动作、信号中断或电气线路断路等故障。

4）随机振动

随机振动是指机械力的无规则运动对设备产生的振动干扰。随机振动在数学分析上不能用确切的函数来表示，只能用概率和统计的方法来描述其规律。随机振动主要是外力的随机性引起的，例如，路面的凹凸不平使汽车产生随机振动，大气湍流使机翼产生随机振动，海浪使船舶产生随机振动，以及火箭点火时由于燃烧不均匀引起部件的随机振动等等。

表 2.1 所示列出了一些运载工具振动、冲击和离心加速度的部分参数。表中的数据仅作为参考值，因为同一种运载工具，如汽车，随其车种（卡车、公共汽车、小轿车）、载重量、行驶速度、路面情况的不同，振动和冲击参数均有较大的差异，即使同一辆汽车上不同部位的振动和冲击也不相同。此外，应注意的是运载工具本身受到的冲击和设备安装部位以及设备内部零部件所受到的冲击并不完全相同。这是因为冲击载荷通过支承结构传到设备及元器件时，由于结构本身的弹性作用，使元器件所受冲击犹如瞬时振动，故它们受

表 2.1　各种运载工具振动、冲击和离心加速度参数　单位：$g(9.8\ \mathrm{m/s^2})$

参数		火车	汽车	坦克	飞　机			舰　船		导弹	火箭飞船	炸弹爆炸处 1 m 范围
					低速	高速	歼击机	潜艇	水面舰艇			
振动	加速度极值	1.25	5.6	5.6	20	15		6				
	频率/Hz	2~80	2~100	5~300	5~500	5~1000	5~2000	5~80				
冲击	加速度极值	25~30	50	200	15~20，特殊时 30~60	7~200（水下爆炸时 >1000）		7~80（同时发炮时 最 大，水下爆炸时>1000）	8~20（发射和爆炸时达 1000）	启动时 200，喷发推进时 50	1000	
	持续时间 /ms	6~11	11~20	11~25	6~11					25~100	0.1~0.2	
离心加速度					11	11		<10²				

到的冲击脉冲与运载工具受到的冲击脉冲并不相同。严格地说，只有对设备中元器件本身所受到的冲击进行测量，才能反映真实情况。

2. 环境条件界限和强度下限

恶劣的机械环境将直接影响到电子设备的可靠性。为了评价电子设备对机械环境的承受能力，通常是根据设备的使用场合，将作用于设备或系统的机械环境条件划分成不同的严酷程度对设备进行环境试验，以检查设备或系统在机械环境中可能出现的失灵、失效，以及可靠性下降。设备在实际工况中所遭遇的最严酷的环境条件称为环境条件界限。在此环境条件中，设备及其元器件所能承受的最低振动(或冲击)强度称为强度下限。例如，将多次试验的某通信设备在运输和使用过程中所受到的振动情况，绘制成图 2.1(a)所示的振动环境分布曲线。在多数情况下，作用于设备的振动加速度是 $15g$，其中最大值 $25g$ 则称为该通信设备的环境条件界限。假如设备中使用某一型号的集成电路模块，将一批这种型号的模块采用随机抽样来检查其耐振强度，图 2.1(b)所示的振动强度分布曲线表示检查结果。由图 2.1(b)所示可知，多数模块能承受 $25g$ 的振动，但其中还有少数模块仅能承受 $15g$ 的振动。因此 $15g$ 就是这批模块所能承受的最小加速度，称为该型号集成电路模块的振动强度下限。

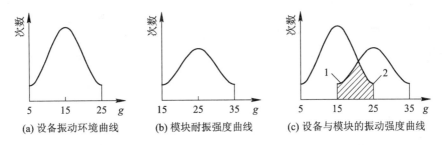

图 2.1 设备与模块的振动强度分布曲线

将上述两条曲线合并成图 2.1(c)所示，图中"1"为强度下限、"2"为环境界限。显然，落入曲线重叠部分(图中阴影部分)的集成电路模块是不能用来装机的。因为它能承受的振动加速度低于环境条件界限，很容易在此机械环境中失效。如果采取减振措施，使集成模块受到的加速度小于 $15g$，这批集成模块就可以充分发挥它们的作用了。

国家有关标准和规范规定了不同使用场合的环境条件界限，称为环境条件的严酷度等级，对各种元器件规定了相应的强度下限。在进行电子设备结构设计时，应根据设备的使用场合，了解环境条件界限及其对设备造成的影响。

2.1.2 振动系统中的元件及特性参数

振动系统中的元件有惯性元件、弹性元件和阻尼元件三种，这三种元件的不同组合形成了不同的振动系统。振动系统的特性参数有质量、刚度和阻尼。

刚度是物体抵抗变形的能力。物体的刚度越大，变形就越小。在结构分析中，提高构件刚度是常用的结构设计手段。从胡克定律一般形式 $\sigma = E\varepsilon$(σ 为应力，ε 为纵向应变，E 为材料的弹性模量)并结合应力、纵向应变的定义，可得出构件的刚度 $k = ES/l$(S 为构件的截面积，l 为构件的长度)。由此可知，提高构件刚度的措施有减小构件长度、增大构件截面积和采用弹性模量值大的材料，即设计短、粗、硬的构件。例如，短、粗、硬的金属弹簧，其刚度大，不易变形。

  振动过程中的阻力称为阻尼。阻尼分为介质阻尼、内阻尼、干摩擦阻尼和电磁阻尼。在介质中振动时的阻尼称为介质阻尼，如空气阻尼（图2.2所示为空气阻尼器实例）；材料自身的内摩擦造成的阻尼称为内阻尼（或称为滞后阻尼），如橡胶阻尼、铸铁阻尼等，内阻尼比较大，吸振性好，如铸铁常用作基座；振动物体与另一物体表面直接接触产生的摩擦阻尼称为干摩擦阻尼（图2.3所示为干摩擦阻尼器实例），也称为库仑阻尼。电磁阻尼是由固定在运动设备上的线圈在固定于基础上的磁铁中运动产生感生电流，该电流在线圈周围形成的感生磁场与固定磁场产生排斥力，这个力阻止设备运动，此阻力就是电磁阻尼。阻尼会不断地消耗振动的能量，使振幅不断地减小。

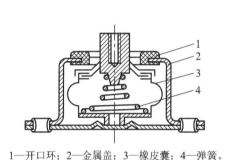

1—开口环；2—金属盖；3—橡皮囊；4—弹簧。

图2.2 空气阻尼器实例

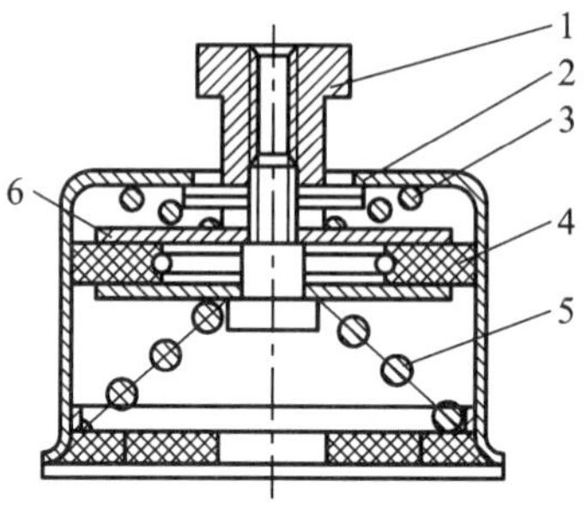

1—芯柱；2—外壳；3—上弹簧；
4—摩擦片；5—下弹簧；6—侧压弹簧。

图2.3 干摩擦阻尼器实例

  当物体振动速度不大时，介质阻尼的阻力可简化为 $\boldsymbol{R} = -c\boldsymbol{v}$，其中，$v$ 为振动物体的运动速度，c 称为介质的粘性阻尼系数（此时的介质阻尼称为粘性阻尼），负号表示阻力方向与速度方向相反。图2.4所示的液体阻尼器产生的阻尼就是粘性阻尼。

  振动的物体称为惯性元件，其特性参数用质量 m 表示，符号如表2.2所示。忽略了质量的弹簧或弹性梁称为弹性元件，其特性参数用刚度系数 k 表示，符号如表2.2所示。振动系统中存在粘性阻尼时，其力学模型称为阻尼元件，符号如表2.2所示，其中 c 为粘性阻尼系数。

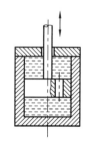

图2.4 液体阻尼器

表 2.2 振动系统中的元件及符号

元件名称	元件符号	特性参数
惯性元件	m	质量 m
弹性元件	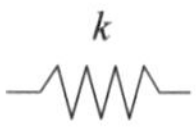 k	刚度系数 k
阻尼元件	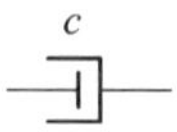 c	粘性阻尼系数 c

在工程中，弹性元件、阻尼元件都可以分别通过串联、并联组合使用。以弹性元件为例，图 2.5 所示是两个弹性元件串联的情况，图 2.6 所示是两个弹性元件并联的情况（有两种并联形式）。

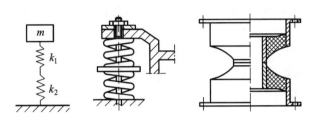

图 2.5　弹性元件串联使用

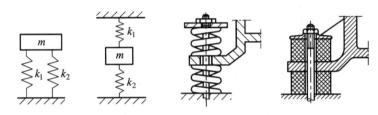

图 2.6　弹性元件并联使用

图 2.5 所示两个弹性元件（其刚度系数分别为 k_1、k_2）串联后，可看作是一个串联组合弹性元件，给一个小变形量后，经过受力分析并利用胡克定律 $F = kx$，可求出串联组合弹性元件的总刚度系数 $k = k_1 k_2 / (k_1 + k_2)$。这说明，弹性元件（或减振器）串联时，系统刚度会降低（相当于弹性元件的长度增加导致刚度降低）。

图 2.6 所示两个弹性元件（其刚度系数分别为 k_1、k_2）串联后，可看作是一个并联组合弹性元件，给一个小变形量后，经过受力分析并利用胡克定律 $F = kx$，可求出并联组合弹性元件的总刚度系数 $k = k_1 + k_2$。这说明，弹性元件（或减振器）并联时，系统刚度会增加（相当于弹性元件的截面积增加导致刚度增加）。

2.1.3　振动系统的类型及响应特性

1. 振动系统的类型

按有无阻尼元件，振动系统分为无阻尼振动系统和有阻尼振动系统。由惯性元件和弹性元件组成的振动系统称为无阻尼振动系统，其力学模型如图 2.7 所示。由惯性元件、弹性元件和阻尼元件组成的振动系统称为有阻尼振动系统，其力学模型如图 2.8 所示。

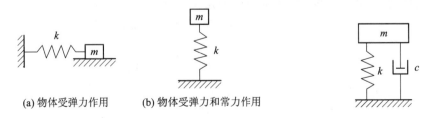

(a) 物体受弹力作用　　(b) 物体受弹力和常力作用

图 2.7　无阻尼振动系统　　　　　　　　图 2.8　有阻尼振动系统

按振动系统的自由度（物体的自由度最多有 6 个，包括 3 个移动和 3 个转动自由度）多少的不同，振动系统有单自由度振动系统、两自由度振动系统和多自由度振动系统。振动物体的位置只需要一个自由度就可确定，称为单自由度振动系统，图 2.7 和图 2.8 所示就是单自由度振动系统。振动物体的位置确定需要两个自由度，称为两自由度振动系统。它又分为单物体两自由度振动系统（如图 2.9（a）所示，物体的位置确定需要 1 个移动和 1 个转动，上下颠簸行驶的汽车就是单物体两自由度振动系统）和两物体两自由度振动系统（如图 2.9（b）所示）。振动物体的位置确定需要 3 个或 3 个以上的自由度，称为多自由度振动系统。它也分为单物体多自由度振动系统和多物体多自由度振动系统，情况与两自由度振动系统类似。

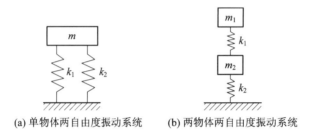

(a) 单物体两自由度振动系统　　(b) 两物体两自由度振动系统

图 2.9　两自由度振动系统

按是否受外加激振（干扰）作用，振动系统分为自由振动、受迫振动和自激振动。每一种振动又分为无阻尼和有阻尼两种情况。没有外加激振的振动称为自由振动。有外加激振的振动称为受迫振动。工程实际中的自由振动，都会由于阻力的存在而逐渐衰减，最后完全停止。因此，自由振动不会长期持续下去，这是因为没有外力对系统做正功，以补充阻尼所消耗的能量。而工程实际中存在大量的持续振动，是因为有外加的激振作用在系统上。

外加激振主要有力激振和位移激振。其中，力激振包括力直接激振和加速度引起的惯性力激振。力直接激振就是激振力直接作用在振动物体上，如风载荷作用在雷达天线上引起天线系统振动；车辆、飞行器、舰船等发动机的振动引起运载体的振动。加速度引起的惯性力激振是由于振动物体受到加速度而引起惯性力使物体振动，如旋转机械偏心导致的向心加速度会产生离心惯性力而引起振动等。位移激振是指力没有直接作用在振动系统上，而是由于系统支撑体的运动，通过弹性元件和阻尼元件间接作用在系统上，并引起系统作受迫振动。例如，车辆驶过崎岖不平的路面引起车厢的振动；采用减振器安装在车辆、飞行器、舰船等运载器中的电子设备，因运载器的运动而引起的振动等。

自激振动是在没有外加激励作用的情况下，由系统自身激发所产生的一种振动。典型的自激振动为钟摆（机械手表和闹钟里面的钟摆）。自激振动系统除有振动元件外，还有非振荡性的能源、调节环节和反馈环节。自激振动的频率等于或接近系统的固有频率。自激振动与受迫振动的区别：一是能量输入给振动系统的方式不同，受迫振动的能量是周期性的输入给振动系统，如打地基的电夯，能量由电动机周期性地输入；自激振动的能量是非周期性地持续输入，振动系统消耗能量，然后再补充能量，再消耗、再补充，振动才维持成周期性运动。二是引起自激振动的前提是有初始运动，而受迫振动可有也可没有初始运动。

2. 几种典型振动系统及其响应特性

下面以单自由度振动系统为对象，介绍无阻尼自由振动、有阻尼自由振动、无阻尼受迫振动和有阻尼受迫振动四种典型振动系统及其响应特性。

1）无阻尼自由振动

物体仅在弹性恢复力（简称弹力）作用下，或仅在弹力和常力（重力）作用下的振动，称为无阻尼自由振动（简称自由振动）。图 2.7 所示就是无阻尼自由振动。无阻尼自由振动首先要有一个初速度（即初始扰动），振动才能发生并继续。

设振动物体的位移为 x（取物体的平衡位置为测量位移的起点），此位移即弹性元件的变形量，则 $\ddot{x}$ 为物体的加速度，根据牛顿第二定律可列出物体运动的微分方程，利用初始条件求解此微分方程，得到位移方程 x 和加速度方程 $\ddot{x}$：

$$x = A\sin(\omega_n t + \phi)$$
$$\ddot{x} = -A\omega_n^2\sin(\omega_n t + \phi)$$

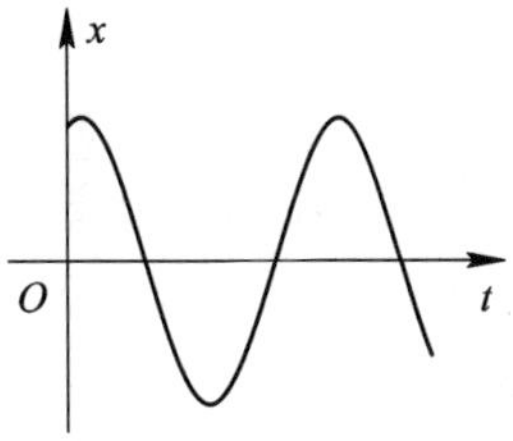

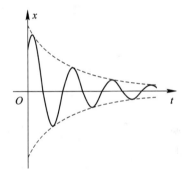

图 2.10　自由振动位移曲线

无阻尼自由振动是简谐振动（周期性等幅振荡），物体以平衡位置为中心来回运动，其位移曲线如图 2.10 所示。简谐振动的振幅为 A、初相角为 ϕ，均由初始条件来决定；称 ω_n 为振动系统的固有频率（角频率，单位为 rad/s），其值为

$$\omega_n = \sqrt{\frac{k}{m}} \tag{2-1}$$

可见，ω_n 仅与系统本身的物质特性 m、k 有关。

2）有阻尼自由振动

物体在弹力（包括常力）和粘性阻尼力作用下的振动称为有阻尼自由振动。图 2.8 所示就是有阻尼自由振动。参照自由振动求解位移的方法，可得到有阻尼自由振动的位移曲线。定义阻尼比 ξ 为

$$\xi = \frac{c}{2\sqrt{mk}}$$

有阻尼自由振动分下面三种情况。

（1）小（欠）阻尼（$\xi<1$）情况。物体做周期性衰减运

动，位移曲线如图 2.11 所示。此时系统固有频率 $\omega_d = \omega_n\sqrt{1-\xi^2}$。

图 2.11　小阻尼自由振动位移曲线

（2）过阻尼（大阻尼）（$\xi>1$）情况。物体做非周期性运动，位移曲线如图 2.12 所示。

（3）临界阻尼（$\xi=1$）情况。物体做非周期性运动，位移曲线如图 2.13 所示。

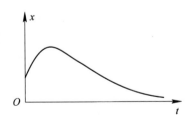

图 2.12　过阻尼自由振动位移曲线

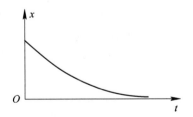

图 2.13　临界阻尼自由振动位移曲线

3）无阻尼受迫振动

典型的激振力（包括直接激振力和加速度引起的惯性力）为简谐激振力 $S = H\sin(\omega t + \delta)$，

H 为激振力的力幅，ω 为激振力的角频率，δ 为激振力的初相位。参照自由振动求解位移的方法，可得到无阻尼受迫振动的位移。无阻尼受迫振动的位移 x 为

$$x = A\sin(\omega_n t + \phi) + \frac{H/m}{\omega_n^2 - \omega^2}\sin(\omega t + \delta)$$

这时物体的运动由两个简谐振动合成，前一部分是频率为固有频率 ω_n 的自由振动，后一部分是频率为激振力频率 ω 的振动，即受迫振动。合成运动的振幅变化主要取决于 b

$$b = \left| \frac{H/m}{\omega_n^2 - \omega^2} \right| \qquad (2-2)$$

称 b 为受迫振动的振幅，其曲线如图 2.14 所示。

当 $\omega = \omega_n$ 时，即激振力频率等于系统的固有频率时，振幅 b 理论上趋于无穷大，这种现象称为共振。实际中，共振是 ω_n 前后的一个频段区，在这个频段区的振幅都比较大。共振往往使设备产生过大的变形，甚至造成破坏。因此，避免共振是减振设计的一个非常重要的课题。

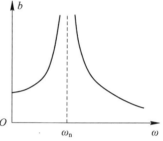

图 2.14　共振曲线

4）有阻尼受迫振动

有阻尼受迫振动的位移 x 为

$$\begin{cases} x = Ae^{-\frac{c}{2m}t}\sin\left(\sqrt{\omega_n^2 - \left(\frac{c}{2m}\right)^2}\,t + \phi\right) + \frac{H/m}{\sqrt{(\omega_n^2 - \omega^2)^2 + \frac{c^2}{m^2}\omega^2}}\sin(\omega t - \varepsilon) \\ \tan\varepsilon = \frac{c\omega}{m(\omega_n^2 - \omega^2)} \end{cases}$$

从位移 x 的表达式可看出，有阻尼受迫振动由两部分合成，第一部分是衰减运动，第二部分是频率为激振力频率 ω 的受迫振动，ε 表示受迫振动的相位落后于激振力的相位角。

当位移 x 的表达式中第二部分根号下的值最小时，合成运动的振幅最大，即系统发生共振。利用求极值的方法，可以得出共振的条件为 $\omega = \omega_n\sqrt{1-2\xi^2}$。一般情况下，阻尼比 $\xi \ll 1$，这时可认为 $\omega = \omega_n$，即当激振力频率等于系统固有频率时，系统发生共振。

2.1.4　复杂振动系统的固有频率和主振型（主模态）

复杂振动系统是由多个质量组成的质点系或受到非均布载荷作用的结构（如战斗机驾驶员座舱罩受到高速气流作用）。结构分析软件（如 ANSYS、Creo/Simulate 等）数值求解复杂振动系统固有频率和主振型的工作称为模态分析。对有 n 个质点、n 个自由度的无阻尼自由振动的质点系（连续结构可通过有限元方法离散为质点（网格结点）系）而言，各质点运动的微分方程求解可表示为下述方程组

$$[B]\{A\} = \{0\}, \qquad [B] = [K] - \omega^2[M] \qquad (2-3)$$

式（2-3）中，$[B]$ 为 n 阶方阵，称为质点系的特征矩阵；$[K]$ 为 n 阶方阵，称为质点系的刚度矩阵；$[M]$ 为 n 阶方阵，称为质点系的质量矩阵；ω 为质点系振动的频率；$\{A\} = [A_1, A_2, \cdots, A_n]^T$ 为各质点自由振动的振幅向量或振幅列阵（A 的下标为质点编号）；$\{0\} = [0, 0, \cdots, 0]^T$ 是值为 n 个 0 的列矩阵。

方程组(2-3)有非零解的条件是

$$|\boldsymbol{B}| = 0$$

即

$$\begin{vmatrix} k_{11} - m_{11}\omega^2 & k_{12} - m_{12}\omega^2 & \cdots & k_{1n} - m_{1n}\omega^2 \\ k_{21} - m_{21}\omega^2 & k_{22} - m_{22}\omega^2 & \cdots & k_{2n} - m_{2n}\omega^2 \\ \vdots & \vdots & & \vdots \\ k_{n1} - m_{n1}\omega^2 & k_{n2} - m_{n2}\omega^2 & \cdots & k_{nn} - m_{nn}\omega^2 \end{vmatrix} = 0 \qquad (2-4)$$

式(2-4)称为特征方程或频率方程。

解此方程可得 n 个根：$\omega_1^2, \omega_2^2, \cdots, \omega_n^2$，称其为特征值。这 n 个根被开方后，由小到大排列得到 n 个固有频率

$$\omega_1 < \omega_2 < \cdots < \omega_n$$

分别称为一阶(基本)固有频率、二阶固有频率，$\cdots$，n 阶固有频率。每个固有频率对应一个共振频率，也就是减振设计时激振力要避开的频率！

从式(2-4)可看出，固有频率仅与振动系统的质量 m 和刚度 k 有关。质量取决于振动物体的材料(如密度)、几何形状及尺寸，刚度也取决于振动物体的材料(如弹性模量)、几何形状(如截面形状)及尺寸(长短、粗细等)，刚度还与振动物体的固定方式即约束有关(参见 5.9 节)，这些因素是我们进行模态分析时要充分考虑到的。

将任一固有频率 $\omega_i (i=1, 2, \cdots, n)$ 代入 $[B]\{A\} = \{0\}$，就可求得在该固有频率时的振幅向量 $\{A^i\}$ (也就是每个质点的相对振幅即振幅比值 A_k^i(下标 k 是质点的编号，$k=1, 2, \cdots, n$)，绝对振幅值需要用初始条件确定)

$$\{A^i\} = \{A_1^i, A_2^i, \cdots, A_n^i\}$$

此振幅向量称为特征向量，又称为主振型、主模态或固有振型。

固有频率和其相应的主振型的物理意义：每个自由度对应一个固有频率，每个质点仅在某个固有频率下振幅绝对值最大，所有质点在某个固有频率下都振动但只有一个质点振幅绝对值是最大的。

任一质点 $j(j=1, 2, \cdots, n)$ 的位移 x_j 等于其各阶主振型振动的线性组合

$$x_j = \sum_{i=1}^{n} B_i A_j^i \omega^i 2_i \sin(\omega_i t + \varphi_i)$$

式中：ω_i、A_j^i 为第 i 阶固有频率和主振型振幅；B_i、φ_i 由初始条件和特性参数决定。

任一质点 j 的加速度为

$$\ddot{x}_j = \sum_{i=1}^{n} -B_i A_j^i \omega_i^2 \sin(\omega_i t + \varphi_i)$$

主振型可以用图形可视化表示，这就是主振型图的绘制。与数据相比，主振型图具有形象、直观、能快速判断振幅较大部位的优点，在模态仿真分析中广泛使用。下面通过一个简单例子说明主振型图的绘制方法。

假设图 2.15(a)所示的三质点(物体)三自由度系统的一阶、二阶、三阶固有频率分别为 $\omega_1 = 3.73087$，$\omega_2 = 13.21324$，$\omega_3 = 20.28524$；在 ω_1 时的主振型为 A_1^1、$A_2^1 = 1.86086 A_1^1$、$A_3^1 = 2.161702 A_1^1$；在 ω_2 时的主振型为 A_1^2、$A_2^2 = 0.254102 A_1^2$、$A_3^2 = -0.340665 A_1^2$；在 ω_3 时的主振型为 A_1^3、$A_2^3 = -2.114908 A_1^3$、$A_3^3 = 0.678963 A_1^3$。

如前所述,主振型是振幅比值,反映的是在某一固有频率下各质点的振幅比例关系,分别令 $A_1^1=1$、$A_1^2=1$、$A_1^3=1$,按比例分别画出固有频率 ω_1、ω_2、ω_3 下的振型图,其分别对应图 2.15(b)、图 2.15(c)、图 2.15(d)。从图 2.15(b)可看出,在 ω_1 固有频率下,三个质点同方向振动,质点 3(m_3)振幅最大;从图 2.15(c)可看出,在 ω_2 固有频率下,质点 1(m_1)和质点 2(m_2)的振动方向相同,而质点 3 的振动方向则与质点 1、质点 2 相反,质点 1 的振幅最大;从图 2.15(d)可看出,在 ω_3 固有频率下,质点 1 和质点 3 的振动方向相同,而质点 2 的振动方向则与质点 1、质点 3 相反,质点 2 的振幅最大。

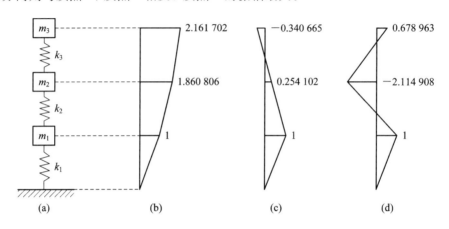

图 2.15 三质点三自由度振动系统的主振型图

2.1.5 减振(隔振)方式

装载电子设备的飞行器、地面车辆和舰船,通常都会因它们的机动性而使设备受到强烈的振动干扰。电子机柜因散热需要,常在机柜内部装有风机、冷却泵等动力机械,它们产生的振动不仅干扰设备自身的正常工作,还会将振动传递到支承基础,并对基础和周围设备产生振动干扰。避免振动的最好方法是消除振源,但通常是不现实的,比较可行的方法是采取措施将防护对象(如设备和基础)与振源进行隔离,使振源传递给防护对象的振动得以减弱甚至消除。这种将振源与防护对象用弹性元件和阻尼元件进行隔离的方法称为隔振或减振。对电子设备减振而言,需要防振的对象就是电子设备,弹性元件和阻尼元件由设备的支撑装置提供。用于减弱振动传递的支撑装置称为减振器。

根据振源的不同,隔振分为主动隔振和被动隔振。

1) 主动隔振

如图 2.16 所示,当机器或设备本身是振源时,将其与支承基础隔离开,以减少对基础的影响,称为主动隔振。主动隔振是消除或减弱振动向外传播的隔振方式。例如,电动机的振动会直接传到安装电动机的机架上,若在电动机和机架之间安装减振器,则可以消除或减弱振动向机架传递,这就是主动隔振。主动隔振体现了因果关系论中无因不会有果的思想。

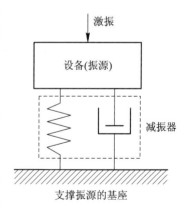

图 2.16 主动隔振

2）被动隔振

如图 2.17 所示，当振源来自基础运动，将设备与基础隔离，以减小基础对设备的影响，称为被动隔振。被动隔振是消除或减弱振动传向设备的隔振方式。例如，在精密仪器的底部垫上橡胶或泡沫塑料，就属于被动隔振。

被动隔振是工程中经常采用的防振方式。主动隔振与被动隔振的隔振规律相同，只是振动传递的方向相反。下面的减振分析与计算主要针对的是被动隔振。为便于隔振计算，现引入频率比和隔振传递率（隔振系数）的概念。

激振频率与振动系统固有频率之比称为频率比，记作 γ。

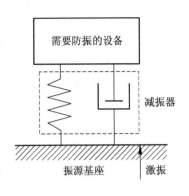

图 2.17　被动隔振

$$\gamma = \frac{\omega}{\omega_n}$$

式中：ω 为激振的频率；ω_n 为振动系统的固有频率。

被减振设备的振幅（响应振幅）与振源基座振幅（激振振幅）之比称为隔振传递率或隔振系数，记作 η，对图 2.17 所示的有阻尼受迫振动按牛顿第二定律列微分方程，求解并推导得 η（也适用于主动隔振）。

$$\eta = \sqrt{\frac{1+(2\xi\gamma)^2}{(1-\gamma^2)^2+(2\xi\gamma)^2}} \tag{2-5}$$

图 2.18 所示是对应于式（2-5）的隔振传递率曲线。下面讨论该曲线的几个重要特性。

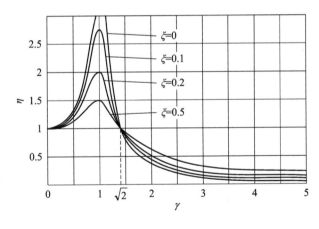

图 2.18　隔振传递率曲线

（1）当频率比 $\gamma > \sqrt{2}$ 时，$\eta < 1$。此时，设备振幅小于激励振幅，系统做衰减振动，这就是隔振现象，这也是将 η 称为隔振传递率或隔振系数的原因。从图中的曲线可以看到，随着激振频率的升高，设备振幅迅速衰减；但在同一个频率点上，较大的阻尼比 ξ 却使衰减量降低，这说明盲目增加阻尼不利于提高隔振效果。

（2）当频率比 $\gamma < \sqrt{2}$ 时，$\eta > 1$。此时，设备振幅大于激励振幅，系统发生共振，其峰值出现在系统的固有频率附近，即 $\gamma \approx 1$ 的位置。在此情况下，隔振系统反而放大了振动干扰。从曲线中可以看到，共振时设备振幅被放大的幅度取决于阻尼比 ξ，较大的阻尼比有利于降低共振峰值。这个结论说明,在隔振和共振这两个频率区间,阻尼比的取值是相互抵触的。

(3) 当频率比 $\gamma = \sqrt{2}$ 时,无论阻尼大小,均有 $\eta = 1$。此时设备振幅等于激励振幅。因此,这个频率就成为系统隔振和不隔振的分界点。

实际上,对于减振系统来说,频率比处在 $2\sim5$ 范围内,便能满足隔振条件,再提高频率比也是无益的,因为这时隔振效率仍然不变。

无阻尼($\xi = 0$)且 $\gamma \gg 1$ 时,式(2-5)变为

$$\eta = \frac{1}{\gamma^2 - 1} \tag{2-6}$$

[例 2-1] 重量为 400 N 的仪器安装在处于仪器底部四角的 4 个减振器上,仪器的重心与几何中心一致。假设激振频率为 24 Hz,仪器做简谐运动且作用在仪器上的加速度为 $4g$,试确定减振器的频率比、隔振传递率和隔振效率。

解 仪器作简谐运动时的最大加速度为 $A\omega^2$,令其等于作用的加速度 $4g$,则可求出仪器简谐运动的振幅 A。

$$A = \frac{4g}{\omega^2} = \frac{4g}{(2\pi f)^2} = \frac{4 \times 9.8}{(2 \times 3.14 \times 24)^2} = 1.73 \times 10^{-3} \text{ m}$$

减振系统的总刚度为

$$K = \frac{G}{A} = \frac{400}{1.73 \times 10^{-3}} = 2.31 \times 10^5 \text{ N/m}$$

这样每个减振器的刚度为 $2.31 \times 10^5 / 4 = 5.78 \times 10^4$ N/m,每个减振器所负荷的质量为 $\frac{400/4}{9.8} = 10.2$ kg,则减振器的固有频率为

$$\omega_n = \sqrt{\frac{5.78 \times 10^4}{10.2}} = 75.3 \text{ rad/s}$$

于是

$$\gamma = \frac{2 \times 3.14 \times 24}{75.3} = 2$$

$$\eta = \frac{1}{\gamma^2 - 1} = \frac{1}{2^2 - 1} = 0.33$$

则隔振效率为 $1 - \eta = 1 - 0.33 = 67\%$。

[例 2-2] 一台车载微型计算机重 250 N(含打印机等设备),采用四个减振器支承,如图 2.19(a)所示。每个减振器的弹簧刚度为 23 000 N/m,阻尼比为 $\xi = 0.08$。已知汽车行驶时,车厢垂直方向的运动规律为 $x = A_0 \sin 2.2\pi vt$,其中 A_0 为位移振幅。当行驶速度 $v \leqslant 27$ km/h 时,$A_0 = 5.5$ mm 为常数;而当 $v > 27$ km/h 时,车厢的加速度振幅为 $1.5g(g = 9.8 \text{ m/s}^2)$。求:

(1) 汽车行驶速度 $v = 60$ km/h 时,微机系统的位移和加速度振幅;

(2) 在行驶途中,若汽车速度 v 在 $20 \sim 120$ km/h 范围变化,讨论系统的响应特性。

解 (1) 将系统简化为如图 2.19(b)所示的力学模型,系统无阻尼固有频率为

$$\omega_n = \sqrt{\frac{4k}{m}} = \sqrt{4 \times \frac{23\,000}{250/9.8}} \text{ rad/s} = 60.05 \text{ rad/s}$$

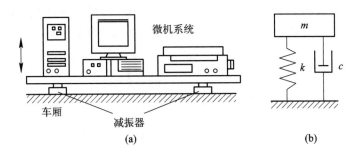

图 2.19 车载微机隔振系统

行驶速度 $v = 60$ km/h 时，车厢的振动频率为

$$\omega = 2.2\pi v = 2.2 \times 3.142 \times \frac{60\,000}{3600} \text{ rad/s} = 115.21 \text{ rad/s}$$

车厢（激振源）与隔振系统的频率比为

$$\gamma = \frac{\omega}{\omega_n} = \frac{115.21}{60.05} = 1.91$$

由于此时的行驶速度 $v > 27$ km/h，由已知条件可算出车厢的位移振幅

$$A_0 = \frac{1.5g}{\omega^2} = \frac{1.5 \times 9.8}{115.21^2} \text{ m} = 0.001\,107 \text{ m} = 1.11 \text{ mm}$$

系统的隔振系数

$$\eta = \sqrt{\frac{1 + (2\xi\gamma)^2}{(1 - \gamma^2)^2 + (2\xi\gamma)^2}} = \sqrt{\frac{1 + (2 \times 0.08 \times 1.91)^2}{(1 - 1.91^2)^2 + (2 \times 0.08 \times 1.91)^2}} = 0.37$$

因此，微机系统的位移振幅为

$$b = \eta \times A_0 = 0.37 \times 1.11 \text{ mm} = 0.42 \text{ mm}$$

微机系统的加速度振幅为

$$a_m = \eta \times 1.5g = 0.37 \times 1.5 \times 9.8 \text{ m/s}^2 = 5.44 \text{ m/s}^2$$

（2）当汽车的行驶速度在 $v = 20 \sim 120$ km/h（即 $5.56 \sim 33.33$ m/s）变化时，车厢的振动频率范围是 $\omega = 12.22\pi \sim 73.33\pi$ rad/s $= 38.37 \sim 230.37$ rad/s。当 $\gamma = \sqrt{2}$ 时，车厢的振动频率是 $\omega = \sqrt{2}\omega_n = \sqrt{2} \times 60.05 = 84.92$ rad/s，对应汽车的行驶速度为

$$v = \frac{\omega}{2.2\pi} = \frac{84.92}{2.2 \times 3.142} \text{ ms/} = 12.285 \text{ m/s} = 44.23 \text{ km/h}$$

由隔振原理可知，只有当 $\omega > 84.92$ rad/s，即行驶速度 $v > 44.23$ km/h 时，才有隔振效果。

若汽车以时速 120 km/h 行驶，车厢的频率比是 $\gamma = 230.37/60.05 = 3.84$，将其代入式 （2-5）中可得系统的隔振传递率为 $\eta = 0.085$。此时车厢的位移振幅为

$$A_0 = \frac{1.5g}{\omega^2} = \frac{1.5 \times 9.8}{230.37^2} \text{ m} = 0.000\,28 \text{ m} = 0.28 \text{ mm}$$

于是可得微机系统的位移和加速度振幅分别为

$$b = \eta \times A_0 = 0.085 \times 0.28 \text{ mm} = 0.023 \text{ mm}$$

$$a_m = \eta \times 1.5g = 0.085 \times 1.5 \times 9.8 \text{ m/s}^2 = 1.25 \text{ m/s}^2$$

可见，随着激振频率的升高，系统呈现显著的隔振效果。

但是，当汽车时速在 $v=20\sim44.23$ km/h 时，相应的振动频率处于隔振曲线的放大区，系统将发生共振。为求得共振时的位移振幅，对式(2-5)求极值，令 $\mathrm{d}\eta/\mathrm{d}\gamma=0$，得

$$\gamma=\frac{\sqrt{-1+\sqrt{1+8\xi^2}}}{2\xi}=\frac{\sqrt{-1+\sqrt{1+8\times0.08^2}}}{2\times0.08}=0.99$$

将上式代入式(2-5)中，得到

$$\eta_{\max}=\sqrt{\frac{1+(2\xi\gamma)^2}{(1-\gamma^2)^2+(2\xi\gamma)^2}}=\sqrt{\frac{1+(2\times0.08\times0.99)^2}{(1-0.99^2)^2+(2\times0.08\times0.99)^2}}=6.35$$

系统共振时，微机系统的位移振幅峰值为

$$b=\eta\times A_0=6.35\times5.5 \text{ mm}=34.92 \text{ mm}$$

此时汽车的行驶速度为

$$v=\frac{\gamma\omega_n}{2.2\pi}=\frac{0.99\times60.05}{2.2\times3.142} \text{ m/s}=8.6 \text{ m/s}=30.97 \text{ km/h}$$

这就是说，当汽车的行驶速度在 31 km/h 左右时，系统发生峰值共振，振幅将达35 mm。如果汽车因某种原因较长时间以此速度行驶时，将造成系统的永久性损坏。因此，必须采取有效的措施抑制系统的共振，才能在汽车低速行驶时使微机系统的工作可靠性得到保障。

2.1.6　减振技术的发展

阻尼材料和阻尼技术是减振技术的一个重要发展方向。ACF(Artificial Cartilage Foam，人工软骨泡沫材料)是由王博伟博士带领团队在 21 世纪初开发的一种新型阻尼材料。该材料采用三维打印技术制备出多层次、连续可调的微纳复合结构，在机械性质方面模拟了天然软骨的高韧性、弹性模量低等特性，相比于传统材料如橡胶或者其他聚合物基质产品，ACF 显示出更高的能量吸收效率和更低的制造成本。这种新材料不仅在仿生学上取得了突破，而且其独特的多孔结构使其具有优异的阻尼性能和抗冲击能力，为减振提供了新的解决方案，被广泛应用于人体防护、体育器材的安全垫、建筑抗震系统、装备防冲击体系、航天航空抗冲击、电子元器件防护、轨道交通、工业减振等多个领域。

 ## 2.2　减振器设计中的固有频率与去耦合振动

减振设计大致有两条技术路线：先振动后结构和先结构后振动。先振动后结构就是先确定系统固有频率 ω_n，由 ω_n 确定系统的刚度 k，再由刚度确定结构几何尺寸 $(S、l)$。先结构后振动就是先进行常规结构设计，然后计算或模态分析得到系统各阶固有频率，将其与干扰频率比较，若固有频率靠近干扰频率，修改结构尺寸(如增加截面积、缩短长度等)，再计算或分析，直到两频率远离。在不得已的情况下(如质量、刚度不能改变过大或干扰频段较宽，这些措施可能收效甚微甚至难以奏效)，系统要经过共振区，可采用 2.5 节介绍的阻尼减振技术实现减振。

2.2.1　减振系统固有频率的确定

确定减振系统固有频率的方法有下面三种。

(1) 由激振频率和振幅衰减量确定固有频率 ω_n。

在激振频率带宽(频率变化范围)内，减振系统响应的最小振幅要小于设备能够承受的振幅，这是减振系统设计的基本要求。根据这一原则，可以确定减振系统应达到的振幅最小衰减量 e_{min}。于是，$\eta_{max}=1-e_{min}$，由式(2-6)和 γ 的定义得

$$\omega_n = \sqrt{\frac{1-e_{min}}{2-e_{min}}}\,\omega \tag{2-7}$$

(2) 由隔振传递率曲线和激振频率确定固有频率 ω_n。

参见图 2.18，当频率比 $\gamma \geqslant 2.5$ 时，就可得到满足工程需要的隔振传递率，于是

$$\omega_n \leqslant 0.4\omega_{min}$$

式中，ω_{min} 为激振频率的最小值。最差情况是 $\gamma \geqslant \sqrt{2}$，即 $\omega_n \leqslant 0.7\omega_{min}$。

(3) 由激振频率确定固有频率 ω_n。

当设计不能按 e_{min} 计算，频率比按 $\gamma \geqslant 2.5$ 或 $\gamma \geqslant \sqrt{2}$ 也难以满足时，则应考虑实际工况中经常出现的激振频率，设计时应尽可能使 ω_n 远离这些激振频率或采用无谐振特性减振器。电子设备的激振频率与加速度有关，一般情况下，对于地面用电子设备，当加速度为 $1\sim4g$ 时，激振频率为 $10\sim70$ Hz；对于舰载电子设备，当加速度为 $1.5\sim2g$ 时，激振频率为 $0\sim120$ Hz；对于机载电子设备，当加速度小于 $20g$ 时，激振频率为 $5\sim2000$ Hz。

减振器系统的固有频率不可任意取值，它与减振器的材料有关。常用材料的固有频率大致为：金属弹簧 $3\sim8$ Hz，橡胶 $7\sim32$ Hz，压缩空气 $1\sim4$ Hz，软木、复合垫料 $22\sim42$ Hz。

2.2.2　耦合振动与去耦合振动

图 2.20 中，四个减振器安装在电子设备底部四角，这是一个单物体 6 自由度振动系统。

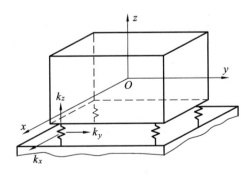

图 2.20　单物体 6 自由度振动系统

6 个自由度包括沿 3 个坐标轴的平移振动和绕 3 个坐标轴的回转振动。平移振动和回转振动是振动的两种基本方式。系统的每一种平移振动或回转振动都有其固有频率，因此该振动系统有 6 个固有频率。

这些自由度之间可能是耦合振动,也可能是非耦合振动。在振动物体自由度之间,如果一种振动方式对另一种振动方式产生影响,则称为耦合振动;反之,称为非耦合振动。图 2.20 中,绕 X 轴回转振动与 Y 轴平移振动、绕 Y 轴回转振动与 X 轴平移振动均为耦合振动,而 Z 轴平移振动、绕 Z 轴回转振动则为非耦合振动。耦合振动将使系统固有频率分布很宽(带宽变大),增加了设计时避开共振区的难度。因此,要尽可能避免振动耦合,形成非耦合振动。一般来说,减少减振器间距可减少耦合,但间距不宜过小,否则会影响系统的稳定性。

形成非耦合振动需同时满足以下两个条件:

(1)当设备从平衡位置沿坐标轴平移微小距离时,各减振器对设备作用力的合力必须通过设备的中心,即平移时不转动;

(2)当设备从平衡位置绕任一坐标轴转动微小角度时,各减振器对设备的作用力合成为一力偶,且该力偶的作用平面垂直于该坐标轴,即转动时不平移。

采用减振器支撑电子设备时,振动的耦合情况取决于设备的重心位置、减振器的安装方式、各减振器的弹簧刚度等。下面通过实例进行说明。

[**例 2 - 3**] 证明图 2.21(a)和图 2.21(b)所示的振动系统为非耦合振动系统。

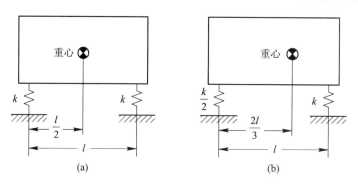

图 2.21 非耦合振动系统

证明 以图 2.21(a)所示的振动系统为例予以证明。依据是上述非耦合振动的两个条件,若两个条件均满足,则该振动系统就是非耦合振动系统。以设备为对象进行受力分析,因重力和设备受到的弹力已构成平衡系,故只考虑设备从平衡位置沿坐标轴平移微小距离或绕坐标轴转动微小角度时受到的弹力变化。

(1)设备从平衡位置沿坐标轴下移微小距离 Δx 的受力分析。

图 2.22(a)所示是系统所受作用力的情况,图 2.22(b)所示是左端弹力平移到重心位置的等效力,图 2.22(c)所示是右端弹力平移到重心位置的等效力,图 2.22(d)所示是系统所受合力的情况。可以看出,两个减振器对设备作用力的合力为集中力且通过设备的中心,即满足平移时不转动的条件。

(2)设备从平衡位置绕坐标轴逆时针转动微小角度 $\Delta \phi$ 的受力分析。

图 2.22(e)所示是系统所受作用力的情况。可以看出,两个减振器对设备作用力的合成为一力偶,且力偶的作用平面垂直于该坐标轴,即满足转动时不平移的条件。

因图 2.21(a)所示的振动系统同时满足非耦合振动的两个条件,故该系统是非耦合振动系统。

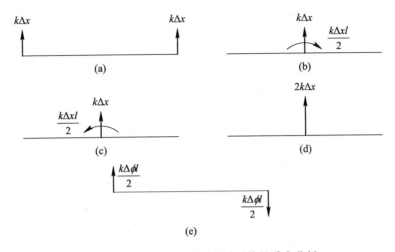

图 2.22 图 2.21(a)所示振动系统的受力分析

同理可证图 2.21(b)所示的振动系统也是非耦合振动系统。

[**例 2 - 4**] 证明图 2.23(a)和图 2.23(b)所示的振动系统为耦合振动系统。

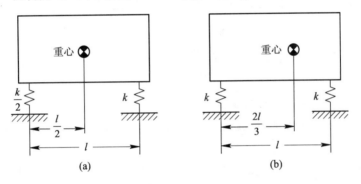

图 2.23 耦合振动系统

证明 以图 2.23(a)所示的振动系统为例予以证明。依据同样是上述非耦合振动的两个条件，若两个条件有一个不满足，则该振动系统就是耦合振动系统。以设备为对象进行受力分析，因重力和设备受到的弹力已构成平衡力系，故只考虑设备从平衡位置沿坐标轴平移微小距离或绕坐标轴转动微小角度时受到的弹力变化。

（1）设备从平衡位置沿坐标轴下移微小距离 Δx 的受力分析。

图 2.24(a)所示是系统所受作用力的情况，图 2.24(b)所示是左端弹力平移到重心位置的等效力，图 2.24(c)所示是右端弹力平移到重心位置的等效力，图 2.24(d)所示是系统所受合力的情况。可以看出，两个减振器对设备作用力的合力为一集中力和力矩，即不满足平移时不转动的条件。

（2）设备从平衡位置绕坐标轴逆时针转动微小角度 $\Delta \phi$ 的受力分析。

图 2.24(e)所示是系统所受作用力的情况，图 2.24(f)所示是左端弹力平移到重心位置的等效力，图 2.24(g)所示是右端弹力平移到重心位置的等效力，图 2.24(h)所示是系统所受合力的情况。可以看出，两个减振器对设备作用力的合力为一集中力和力矩，即不满足转动时不平移的条件。

因图 2.23(a)所示的振动系统不满足非耦合振动的条件，故该系统是耦合振动系统。

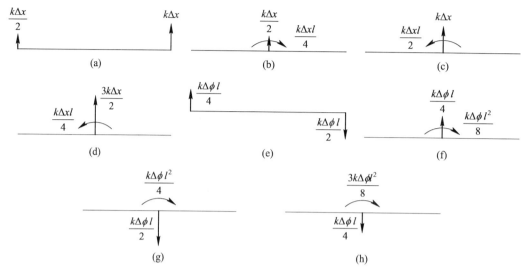

图 2.24　图 2.23(a)所示振动系统的受力分析

同理可证图 2.23(b)所示的振动系统也是耦合振动系统。

2.3　减振器中的弹簧

　　隔振系统的刚度是由减振器中的弹簧决定的。一般来说，减振器中的弹簧可分为承载型和非承载型。承载型弹簧不仅具有系统运动的刚度特性，而且还起着支撑和平衡设备静态重力的作用；非承载型弹簧则仅在系统运动时提供弹性恢复力。例如，一些重心较高的电子设备除了在底部用减振器支撑之外，一般都要在设备的背面或侧面等非承载方向安装减振器，以防止设备在运动中倾覆，或者减弱系统的耦合振动。本章中，除非另有说明，凡涉及减振器中的弹簧，均指承载型弹簧。减振器所用的弹簧种类繁多，按提供弹性恢复力的材料划分，一般有橡胶弹簧、金属弹簧、空气弹簧、泡沫材料、软木、毛毡等。相比较而言，用橡胶弹簧和金属弹簧制作的减振器结构紧凑、工艺成熟、生产成本低、适用性强、可靠性比较高。因此，这两种弹簧的减振器被广泛应用于电子设备的振动隔离。以下分别介绍橡胶弹簧和金属弹簧的一些基本特性。

　　1. 静载荷与动载荷

　　作用于弹簧上的载荷类型有静载荷和动载荷。静载荷是指载荷缓慢由零增长至最后值，加载加速度略去不计。动载荷是指载荷加载过程具有加速度或研究对象在运动状态并具有加速度(惯性力也是载荷)。

　　2. 橡胶弹簧特点

　　(1) 取型和制造比较方便，根据需要可随意选择三个相互垂直方向上的刚度，改变橡胶的内部构造，可以大幅度改变弹簧的刚度。

　　(2) 橡胶自身具有较大的阻尼，对高频振动(50~60 Hz 以上)的能量吸收有显著效果。使用橡胶减振器的动力机器在通过共振区时，不致产生过大的振幅，故不需另加阻尼器。

　　(3) 阻尼比 ξ 随橡胶硬度的增大而增加。长时间处于共振状态时，橡胶会发生蠕变而使阻尼失效，故橡胶减振器适合于系统偶尔发生共振的情况，也适合于静位移小而瞬时位移可能很大的冲击。

（4）在动载荷下的弹性模量比静载荷大，两者比值一般在 1～2 之间。随着硬度的增加以及频率的升高，动态弹性模量也会变大。采用橡胶减振器的系统，其动态固有频率与静态力学性质求得的固有频率不同，这是由于橡胶具有弹性后效特性之故。当橡胶受力时，变形总是滞后于作用力，即作用力改变时橡胶的变形并不同时改变。所以橡胶的动刚度比静刚度大，设计或选用减振器时必须考虑这一因素。动刚度 k_d 和静刚度 k_s 的关系如下：

$$k_d = n_k k_s \tag{2-8}$$

式中：n_k 为动刚度系数，它随橡胶硬度的增加而增加。橡胶材料的动刚度系数见表 2.3。

（5）天然橡胶的性质受环境条件影响大，当温度低至 $-50～-60℃$ 时，橡胶硬度显著增加，失去隔振作用；当温度高于 $60℃$，橡胶表面产生裂纹并逐渐加深，最后失去强度。此外，天然橡胶耐油性差，对酸、臭氧和光等的反应敏感，容易老化，故用天然橡胶制作的减振器要定期更换。上述缺点一部分已被人工合成橡胶所克服，例如，丁腈橡胶可在油中使用；氯丁橡胶可防臭氧龟裂；硅橡胶使用温度可达 $115℃$ 等。

表 2.3　橡胶材料、钢材的阻尼比和动刚度系数

材　　料	阻尼比 ζ	动刚度系数 n_k
钢	0.005	接近 1
天然橡胶	0.025～0.075	1.2～1.6
氯丁橡胶	0.075～0.15	1.5～2.5
丁腈橡胶	0.075～0.15	1.4～2.8

3. 金属弹簧特点

（1）材料的性能稳定，对环境条件反应不敏感，可在油污、高低温等恶劣环境下工作，不易老化。

（2）动刚度和静刚度基本相同，而且刚度的取值范围很大，故适用于静态位移要求较大的减振器；弹簧不但能做得很柔软（小于 2 Hz），亦能做得非常硬。当工作应力低于屈服应力时，弹簧不会产生蠕变。但是，应力超过屈服应力时，即使是瞬时，也会使弹簧产生永久变形，因此，使用时应保证动态应力不超过弹性极限。

（3）材料自身几乎无阻尼（$\xi < 0.05$），容易传递高频振动，或者由于自激振动（如在 150～400 Hz 之间）而传递中频振动。在经过共振区时，设备会产生过大的振幅，有时需要另加阻尼器或在金属减振器中加入橡胶垫层、金属丝网等（作为摩擦元件，不承受载荷），以克服这一缺点。

（4）弹簧的设计与计算资料比较成熟，刚度可以制造得相当准确。金属弹簧种类很多，如圆柱形弹簧、板形弹簧、圆锥形弹簧、盘形弹簧等，其中圆柱形弹簧应用最广。

2.4　减振器设计

在电子设备的隔振设计中，应尽量选用已颁布的标准产品，对于一些有特殊要求而又无标准产品可用的场合，则可根据需要自行设计减振器。

按隔振材料划分，减振器有橡胶减振器、金属弹簧减振器、橡胶-金属减振器（两端支承安装部分为金属件，中间是橡胶）和钢丝减振器。金属弹簧减振器的刚度大、承载能力高、性能稳定、寿命长，但金属存在腐蚀的缺点。橡胶减振器的刚度和承载能力一般，其固有频率随负荷的变化而变化，在高温和直接辐射下易老化。橡胶-金属减振器的刚度、承载能力和耐腐蚀性介于两种减振器之间。钢丝减振器是将直径 $\phi4$ 或 $\phi6$ 的不锈钢螺旋钢丝绕在夹板（材料为铝合金或不锈钢）上而形成的，优点是工作温度范围宽，耐油脂、盐雾和其他有机溶液的腐蚀，重量轻、安装方便、使用寿命长。在设计和选用减振器时，应根据刚度、承载能力和寿命等要求确定采用哪一种减振器。

减振器分为低频减振器、中频减振器和高频减振器，其在负荷状态下的固有振动频率分别不超过 4 Hz、8～12 Hz 和 20～30 Hz，能隔振的激振频率分别为 5～600 Hz、15～600 Hz 和 35～2000 Hz。隔离振动的减振器（软基座）的固有频率低于激振频率，隔离冲击的减振器（硬基座）的固有频率高于激振频率。一般使用隔振的减振器，因为其既能减振，也能防单次冲击。而使用防冲击的减振器是不能减振的，即设备不能承受振动。

2.4.1　减振器设计的原则和流程

设计和选用减振器的一般原则：结构紧凑、材料适宜、形状合理、尺寸尽量小、隔振效率高。

单个减振器的设计流程：

（1）由干扰频率 ω、减振幅度要求 e_{min} 确定系统固有频率 ω_n；

（2）根据固有频率 ω_n 和减振器刚度的要求，决定减振器的形状和几何尺寸；

（3）根据对减振系统通过隔振区的振幅要求，决定阻尼系数 c 或阻尼比 ξ；

（4）根据减振系统所处的环境和使用期限，选取弹性元件材料以及阻尼材料。如果设备使用场合的温度变化不大，基本处于常温状态，并且在规定的期限内包括油类、溶剂污染以及潮湿、霉菌的侵蚀等不至于使性能产生明显的改变，则可选用橡胶减振器；否则应考虑选用金属型减振器。

多个减振器的设计流程：

（1）对电子设备进行受力分析，确定系统总刚度和总阻尼的要求。例如，电子设备的支撑大多采用几何对称布置，而设备的重心却往往偏离其几何对称轴。设计和选用减振器时，不仅要考虑其总重量，还应考虑各支撑部位重力的大小，以确定每个减振器的实际承载量，使设备安装减振器后，其安装平面与基础平行。减振器的总刚度应满足隔振系数的要求。此外，无论设备的支撑布置是否与几何中心对称，均应使各支撑部位的减振器刚度对称于系统的惯性主轴；减振器的总阻尼既要考虑系统通过隔振区时对振幅的要求，也要考虑隔振区隔振效率，尤其是频率较高时对振动衰减的要求；

（2）通过力系计算、弹性元件和阻尼元件的串、并联计算，确定每个减振器的载荷、刚度、阻尼等；

（3）按上述流程进行单个减振器的设计。

如果实际工况中或规定的激振频率范围很宽，经上述设计后仍不能避开共振，或者即使计算得出的各自由度的固有频率远离了那些经常出现的激振频率，但电子产品的设计要求中规定了必须在可能出现的共振频率上进行较长时间的共振检查，则共振频率上的特性就是选择减振器必须考虑的重要参数。在这种情况下，选用具有"无谐振"特性的减振器可以较好地解决上述问题。

2.4.2　标准减(隔)振器的选用

适合电子设备用的标准减振器为原第四机械工业部的标准 SJ2608-85、SJ2609-85、SJ2610-85、SJ93-78 等。

SJ2609-85 规定了 JP(平板形隔振器)、JW(碗形隔振器)两型隔振器的结构、参数和尺寸。JP 型(17 个型号)和 JW 型(17 个型号)均为橡胶-金属隔振器，两者性能基本上相同，结构外形有区别，JP 型价格便宜、结构紧凑、连接简便。这两种隔振器的固有频率为 13.5 ± 1.5 Hz，阻尼比 ξ 在 $0.02\sim0.12$ 的多个子区间内，还规定了承载方向的静刚度和动刚度。根据承载能力的大小，JP 型和 JW 型分为三组：第一组公称载荷为 $4.4\sim22.0$ N；第二组公称载荷为 $8.8\sim52.8$ N；第三组公称载荷为 $44\sim154$ N。JP 型和 JW 型的工作温度为 $-40\sim85$℃，在常温、极限高温、极限低温情况下，在公称载荷下的位移分别为 $1.2\sim2.0$ mm、$1.0\sim2.0$ mm、$0.8\sim1.8$ mm。

图 2.25(a)所示是 JP 型隔振器的几何形状及尺寸；图 2.25(b)所示是 JP 型隔振器与设备安装情况，图中有设备接地线。

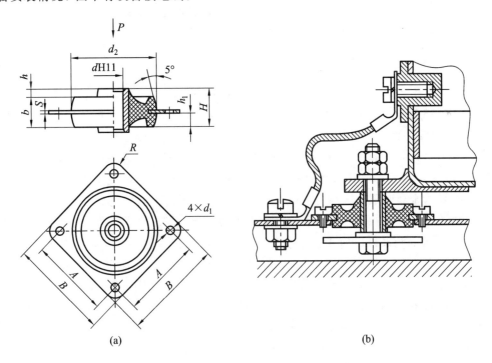

(a)　　　　　　　　　　　　　　　(b)

图 2.25　JP 型隔振器及其安装

图 2.26(a)所示是 JW 型隔振器的几何形状及尺寸；图 2.26(b)所示是 JW 型隔振器与设备安装情况，图中有防止弹性元件遭到意外破坏时导致设备脱落的保护装置。

安装隔振器时，隔振器的一头借助螺钉、螺柱、螺栓被固定在设备的刚性基座和底盘上，另一头直接放在支撑面(如地面)上或用螺钉、螺柱、螺栓与支撑面连接。与被隔振设备连接的电缆、波导组合构件、接地线、通风系统的空气管道等构件，可能显著改变隔振系统的刚度。为避免出现这一现象，可以采用弹性连接方式，如将电缆做成一个环圈，波导使用一段波纹管连接，接地线用铜制软搭接线或编织线，通风管道采用橡皮套管或帆布套管。

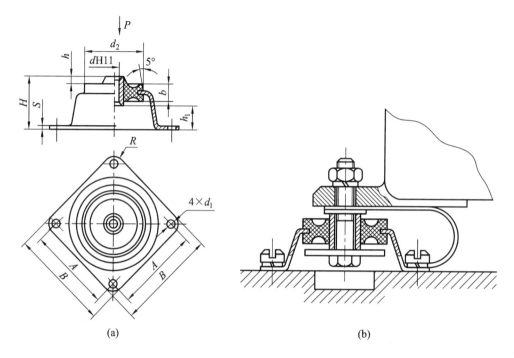

(a)　　　　　　　　　　　　　　　(b)

图 2.26　JW 型隔振器及其安装

SJ 2610-85 规定了 JQZ、JWZ 两型隔振器的结构、参数和尺寸。JQZ 型（9 个型号）为空气阻尼隔振器，以锥形螺旋弹簧等金属零件和橡胶件组装而成。橡胶囊在伸张和压缩过程中，通过气孔吸进和排出空气产生摩擦获得阻尼。其性能特点为静变位大，固有频率为 7～8.8 Hz，具有良好的减振和缓冲效果，这种隔振器主要用于承受垂直方向负荷。JWZ 型（6 个型号）为金属网阻尼隔振器，是柱形螺旋弹簧、不锈钢丝网柱、网垫等金属元件组成的金属隔振器，固有频率为 6.5 Hz，对各种精密仪器仪表、电子设备等垂直方向低频干扰的隔离和缓冲具有良好的效果。与橡胶-金属隔振器比较，它对环境温度的适应能力强、工作温度范围宽，而且不受机油、燃油、海水和光线的影响。水平刚度比铅垂刚度更低，所以只限于平直式安装，承受铅垂方向载荷，而不能做斜直式或侧向式安装。

SJ 2608-85 规定了金属干摩擦式隔振器的结构、参数和尺寸。该隔振器主要用连接螺栓对实现隔振及缓冲的三个组件，分别调节其弹性。这三个组件为阻尼特性的隔振簧组件、鼓状弧形阻尼缓冲簧组件、水平刚度调节簧组件。阻尼特性组合为理想的变刚度、变阻尼特性，可以实现在三个坐标轴线方向进行扫频激励时，在其全频带（如 0～5000 Hz）内无谐振峰。金属干摩擦式隔振器能在较小的变形空间内吸收储存较大的冲击能量，兼顾隔振与缓冲两种功能。GMK 型常用于空用，GMH 型常用于海用。

SJ 93-78 规定了 JF（封闭型隔振器）、JF-A（封闭型耐油隔振器）、JF-B（封闭型耐油隔振器）、JH（弧型隔振器）、JZ（支柱型隔振器）、JJ（支脚型隔振器）等多型隔振器的结构、参数和尺寸。JF、JF-A、JF-B 型三种都是封闭结构，其弓形金属外壳可提高隔振器水平方向上的强度和刚度，并保护被隔振装置不致因金属衬套与橡胶脱开时而脱离防振架，可用于安装在水平、倾斜或垂直基础上的仪器仪表、电气设备或机件上，使之不受其他机械振动影响，且具有良好的缓冲作用。JH 型弧形隔振器为剪切型隔振器，承载方向变位量大，对低频振动有良好的隔离作用，水平刚度大，稳定性好，可用于电子设备和动力机械中。JZ 型支柱形隔振器是由金属零件和橡胶黏合而成的圆柱形隔振器，结构简单，使用方便，可在电子设备、仪器仪表中保护设备免受外部振动干扰，并具有良好的缓冲作用；JJ 型支脚形隔振器是单端约束减振元件，作为支脚用于可移动的仪器仪表上。该隔振器对漆片、氨基漆、聚氯乙烯塑料、聚乙烯塑料以及木料无污染作用。

2.4.3　金属弹簧减振器设计

金属弹簧减振器所用的弹簧为圆柱螺旋压缩弹簧，且弹簧必须工作在弹性变形范围内，即载荷与变形遵循胡克定律($F=kx$)。金属弹簧减振器的主要设计工作是根据每个弹簧承受的静载荷、最大动载荷、激振振幅的衰减幅度(弹簧变形量)等要求，计算并确定弹簧的材料和几何尺寸(簧丝直径、外径、节距、有效圈数、总圈数、螺旋升角、旋向)，并进行必要的稳定性、强度和振动验算。对于金属弹簧的详细设计，可参考文献 7(《机械设计》)进行。

2.4.4　橡胶弹簧减振器设计

橡胶减振器的设计参数包括弹性模量和几何尺寸，其中弹性模量是橡胶减振器设计中的主要参数。橡胶的弹性模量受许多因素的影响，如橡胶的种类、硬度、工作温度、形状尺寸和相对变形的大小等。

1. 影响橡胶弹性模量的因素

1) 硬度

橡胶的硬度常用肖氏度 HS 表示。温度为 15℃ 时，标准橡胶试片的拉压弹性模量 E 与肖氏硬度之间的关系可以表示为(对应曲线见图 2.27(a))

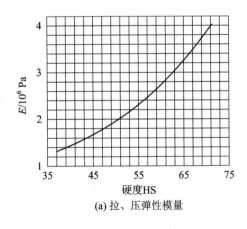
(a) 拉、压弹性模量

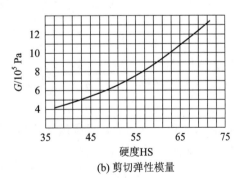
(b) 剪切弹性模量

图 2.27　橡胶的弹性模量

$$E = 3.57 \times 10^5 \, \mathrm{e}^{0.034 \text{-} HS} \, \mathrm{N/m^2} \qquad (2-9)$$

由于橡胶具有不可压缩的性质（其变形完全是几何形状的改变），泊松比 μ 接近 0.5，故橡胶材料的剪切弹性模量为（对应曲线见图 2.27(b)）

$$G = \frac{1}{2(1+\mu)} E = \frac{E}{3} = 1.19 \times 10^5 \, \mathrm{e}^{0.034 HS} \, \mathrm{N/m^2} \qquad (2-10)$$

由图可知，当橡胶硬度变化范围为 $\pm 3° \sim \pm 5°$ 时，弹性模量的变化约为 $\pm 15\% \sim \pm 20\%$。橡胶的疲劳现象不明显。实验表明，经 30 万次振动后，其弹性模量几乎没有变化。

用于减振器的橡胶肖氏硬度范围为 $30° \sim 70°$，以 $40° \sim 55°$ 最佳。

2）温度

橡胶材料对温度比较敏感，在不同的温度下橡胶的弹性模量会发生变化。当电子设备及其隔振系统的温度变化范围较宽时，尤其要注意弹性模量的改变对隔振性能的影响。橡胶材料的弹性模量通常是在常温下给出的，如果设备的环境温度变化较大，在计算弹性模量或刚度时，应将求得的参数乘以温度影响系数，所得修正参数才是橡胶材料在实际环境中的性能参数。然后根据材料受温度影响的程度，判断其是否适应设备在不同环境中的使用要求。

3）形状系数与形状倍率

弹性模量与橡胶的相对变形、外形尺寸有关。根据橡胶的使用状态，将其表面分为约束面与自由面。约束面为加载面，在加载过程中，该面不变形；自由面是非加载面，该面在橡胶加载时产生变形。若约束面积为 A_L，自由面积为 A_F，则两者的比值

$$S = \frac{A_\mathrm{L}}{A_\mathrm{F}} \qquad (2-11)$$

称为形状系数。

相同的橡胶材料，形状系数不同，其弹性模量也不同。在实验中，将测量所得的与形状系数有关的弹性模量称为表观弹性模量 E_ap。以纯压缩型橡胶减振器为例，表观弹性模量 E_ap 要比不考虑形状系数时的弹性模量 E 值大。两者的比值 $m_z = E_\mathrm{ap}/E$ 称为形状倍率（z 为承载方向）。对纯压缩型橡胶减振器来说，其形状倍率 $m_z > 1$。当橡胶材料受剪切变形时，自由面还会产生弯曲变形，使表观剪切模量 G_ap 低于剪切模量 G，因此其形状倍率为

$$m_z = \frac{E_\mathrm{ap}}{E} = \frac{G_\mathrm{ap}}{G} < 1$$

形状系数愈大，则橡胶的总硬度愈大。表 2.4 中给出了几种常见橡胶减振器的形状系数以及各种形状倍率的 m_x、m_y、m_z 计算方法，其中下标 x、y、z 表示作用力和变形的方向。

2. 常见橡胶减振器的几何参数和静刚度

当橡胶减振器形状不太复杂时，其弹簧刚度可直接用计算方法求得。表 2.4 中列出了几种橡胶减振器三个相互垂直方向的弹簧刚度。当形状复杂时，一般是将其分解成若干简单形状，分别求出各简单形状的刚度值 k_i，然后将 k_i 组合成减振器的刚度 k。

表 2.4　橡胶减振器的几何参数和静刚度计算公式

简　　图	静　刚　度	参　数　说　明
圆柱形	$k_x = k_y$ $k_y = \dfrac{A_L m_y}{H} G$ $k_z = \dfrac{A_L m_z}{H} E$	$A_L = \dfrac{\pi D^2}{4}$, $A_F = \pi DH$, $S = \dfrac{A_L}{A_F}$ $m_x = m_y$, $m_y = \dfrac{1}{1+0.38\left(\dfrac{H}{D}\right)^2}$, $m_z = 1+1.65S^2$ $\left(\text{一般 } \dfrac{1}{4} \leqslant \dfrac{H}{D} \leqslant \dfrac{3}{4}\right)$
矩形	$k_x = \dfrac{A_L m_x}{H} G$ $k_y = \dfrac{A_L m_y}{H} G$ $k_z = \dfrac{A_L m_z}{H} E$	$A_L = L \times B$, $A_F = 2(L+B)H$, $S = \dfrac{A_L}{A_F}$ $m_x = \dfrac{1}{1+0.29\left(\dfrac{H}{B}\right)^2}$, $m_y = \dfrac{1}{1+0.29\left(\dfrac{H}{L}\right)^2}$ $m_z = 1+2.2S^2$
环柱形	$k_x = k_y$ $k_y = \dfrac{A_L m_y}{H} G$ $k_z = \dfrac{A_L m_z}{H} E$	$A_L = \dfrac{\pi(D^2-d^2)}{4}$, $A_F = \pi(D+d)H$, $S = \dfrac{A_L}{A_F}$ $m_x = m_y$, $m_y = \dfrac{1}{1+\dfrac{4}{9}\left(\dfrac{H}{D}\right)^2}$ $m_z = 1.2(1+1.65S^2)$
剪切形	$k_x = 2k_r$ $k_y = 2k_p(\sin^2\alpha + K\cos^2\alpha)$ $k_z = 2k_p(\cos^2\alpha + K\sin^2\alpha)$	$A_L = L \times B$, $A_F = 2(L+B)H$, $S = \dfrac{A_L}{A_F}$ $k_p = \dfrac{A_L m_p}{H} E$, $k_q = \dfrac{A_L m_q}{H} G$, $k_r = \dfrac{A_L m_r}{H} G$ $m_p = 1+2.2S^2$, $m_q = \dfrac{1}{1+0.29\left(\dfrac{H}{B}\right)^2}$ $m_r = \dfrac{1}{1+0.29\left(\dfrac{H}{L}\right)^2}$, $K = \dfrac{k_p}{k_q}$ 压缩变形 $\delta_p = \delta\cos\alpha$ 剪切变形 $\delta_q = \delta\sin\alpha$；$\delta$：$z$ 方向的变形

[例 2-5]　有一台大型程控交换机重 1×10^4 N，工作时的环境温度在 20℃ 左右。由于交换机附近有一个 1800 r/min 的干扰源，现拟用四只圆柱形橡胶减振器支撑，要求传递到交换机上的振幅衰减 85% 以上。每个减振器的支撑面积不大于 5×10^{-3} m²，试设计橡胶减振器。

解　设计目标为几何尺寸 D、H 及材料参数——弹性模量 E。

（1）确定几何尺寸 D、H，见表 2.4 计算公式，每个减振器的支撑面积为

$$A_L = 5\times10^{-3} = \frac{\pi D^2}{4}，\text{则 } D = \sqrt{\frac{4\times5\times10^{-3}}{\pi}} \text{ m} \approx 0.08 \text{ m}$$

而由 $\dfrac{1}{4} \leqslant \dfrac{H}{D} \leqslant \dfrac{3}{4}$ 得 $0.02 \leqslant H \leqslant 0.08$，取 $H = 0.03$ m。

（2）求弹性模量 E。

分析：弹性模量可按表 2.4 圆柱形橡胶弹簧的静刚度公式 $k_z = \dfrac{A_L m_z}{H} E$ 求出，约束面积 A_L 是已知的，形状倍率可由 $m_z = 1 + 1.65 S^2$ 算出（因形状系数 S 可由 D、H 计算），若能求出静刚度 k_z，则 E 可求出。所以问题的关键是求静刚度。

由于静刚度与动刚度有一定的关系，求出动刚度就可得出静刚度。而动刚度等于 $m\omega_n^2$，求动刚度又需求出固有频率。因此，弹性模量 E 的求解顺序为固有频率→动刚度→静刚度→弹性模量。

① 确定固有频率。由题意可知激振力频率即干扰频率为

$$\omega = 2\pi \cdot \frac{1800}{60} \text{ rad/s} = 188.5 \text{ rad/s}$$

减振器的隔振传递率为

$$\eta = 1 - 0.85 = 0.15$$

则减振系统无阻尼时的频率比为

$$\gamma = \sqrt{1 + \frac{1}{\eta}} = 2.76$$

系统固有频率为

$$\omega_n = \frac{\omega}{\gamma} = \frac{188.5}{2.76} \text{ rad/s} = 68.3 \text{ rad/s}$$

② 求动刚度。

$$k_d = m\omega_n^2 = \frac{1 \times 10^4 / 4}{9.8} \times 68.3^2 \text{ N/m} = 1.19 \times 10^6 \text{ N/m}$$

③ 求静刚度。

$$k_s = \frac{k_d}{n_k} = \frac{1.19 \times 10^6}{1.4} \text{N/m} = 8.5 \times 10^5 \text{ N/m} \quad (n_k \text{ 由表 2.3 按天然橡胶选，取中间值})$$

④ 求形状系数和形状倍率。

形状系数 $S = \dfrac{A_L}{A_F} = \dfrac{D}{4H} = 0.67$，形状倍率 $m_z = 1 + 1.65 S^2 = 1.74$。

静刚度 k_s 为承载方向刚度即 k_z，则

$$k_s = k_z = \frac{A_L m_z}{H} E = \frac{\pi \times \left(\frac{0.08}{2}\right)^2 \times 1.74}{0.03} E = 0.2915 E \,(D \text{ 按上述计算值代入})$$

于是

$$E = \frac{k_s}{0.2915} = 2.92 \times 10^6 \text{ N/m}^2$$

查图 2.27(a) 或按式 (2-9) 计算可知，对应弹性模量 2.92×10^6 N/m^2 的肖氏硬度为 HS 62°，可按此硬度选橡胶材料。

2.5　防止振动对设备影响的措施

在电子设备中采用的防振和缓冲措施，可归纳为以下几个方面。

1. 消除或减弱振源

应采取措施消除或减弱振动的干扰源。例如，电机、通风机、运载器中的发动机等都应进行单独的主动隔振，对旋转部件应进行动平衡试验，以消除因制造、装配或材料缺陷造成的偏心引起的离心惯性力。

2. 结构刚性化

当激振频率较低时，应增强结构的刚性，进而提高设备及元器件的固有频率，以达到设备和元器件的固有频率远离共振区。例如，设备中的互连导线应尽可能编扎在一起，并用线夹分段固定在刚体结构上；安装在基板（如印制电路板）上的电阻、电容、晶体管、集成电路模块等尽量采用无引线元器件焊接，必须采用的带引线元器件也应最大限度地缩短引线，以提高其刚度；悬臂式结构的刚性最差，在振动激励下很容易引起结构损坏，这是结构设计中应避免的结构形式。

3. 隔离

当激振频率较高时，用提高结构刚度的方法避开共振会使设备笨重，成本提高。这时可在设备和基础之间安装减振器，采用被动隔振，以减少振动和冲击对设备的危害。对于陶瓷、玻璃等元器件（或其他脆性元器件）与金属零件的连接处，或者某些结构或设备内部因元器件排列密度高，空间有限而无法安装减振器时，可采用具有软弹性的胶状物充填在需要隔离的部位，以起到减振垫的作用。

4. 去耦

通常印制线路板插件上装有很多元器件，除了板本身的固有频率外，它上面的元器件都有各自的固有频率，因此在振动过程中相互间将出现耦合，从而使固有频率分布很宽。当受到激振干扰时，要想避开共振是很困难的。如果用诸如硅橡胶之类的物质封装整个印制线路板插件，使它成为一个整体，就从根本上消除了元器件与印制板之间的相互耦合振动。这样，再进行隔振也就比较容易了。

5. 阻尼减振技术

对于那些既要抗振而又不能通过增加重量提高刚度的结构，可利用黏弹性阻尼材料进行减振。黏弹性阻尼材料是由单体分子共聚或缩聚而成的高分子材料，如阻尼橡胶。当受到外力时，这些高分子呈现出既有固体弹性，又有流体黏性的中间状态。当聚合物受到拉伸外力时，其分子链一方面被拉伸，另一方面在分子与分子之间还会产生链段的滑移。外力消失后，被拉伸的分子要恢复原位，这就是黏弹性体具有的弹性。但是，链段间的滑移并不能迅速、完全地恢复到原位，从而造成聚合物产生永久变形，这就是黏弹性体具有的黏性。链段间滑移所做的功不能完全返回的部分，就以热能形式消耗在周围环境中。利用这一特性将机械振动或声振动转变成热能，从而可起到减振和降噪的作用。

进行结构设计时，阻尼材料要与振动物体的结构相结合，以形成减振复合结构。减振复合结构有自由阻尼结构和约束阻尼结构两种形式。将阻尼材料涂覆或喷涂在需要减振的结构物表面上，这种结构称为自由阻尼结构。将阻尼材料作为芯层镶嵌在振动体（称为基层）与覆盖层（称为约束层）之间，此结构称为约束阻尼结构。约束阻尼结构中的约束层材料与基层材料可以相同（如均为金属），也可以不同（如基层为金属，而约束层为复合材料）。基层和约束层统称为结构层，它为阻尼结构提供强度，阻尼层则吸收振动能量。减振复合结构在物体或结构发生振动时利用这些阻尼形式消耗大量的振动能，从而达到降低振幅的目的。阻尼减振对运载工具(如船舶、坦克、飞机)因发动机不平衡产生的激振,以及外界(水流、气流或道路)随机激励在设备中产生的宽带随机响应及二次激振噪声都能进行有效的抑制。

6. 其他措施

(1)调谐元件应有固定制动装置,使调谐元件在振动时不会自行移动。

(2)继电器是对动态机械环境比较敏感的元器件,为了保证可靠性,可在使用一个继电器的地方同时使用两个功能相同而固有频率不同的继电器。这样,如果其中一个在某一频率下失效,另一个可照常工作。

(3)在安装元器件之前,最好了解它的耐振性能。例如,显示器沿阴极方向能经受的加速度比垂直于阴极方向能经受的加速度大数倍。而像继电器和可变电容器之类的元器件等也同样具有方向性。因此,在结构设计时应考虑其最佳方向问题。

(4)可快速拆卸的元器件、部件(如电子管、接插件、熔断器等)应该采用专门的固定装置紧固,防止在振动下自行脱出。

(5)采用新型高分子轻质材料(如泡沫硅橡胶等)封装元器件,能对强振动下易损部件进行防护。对应力有严格要求的电子元器件,例如某些高频部件、计算机的高速 CPU 、大容量内存储器芯片等就要考虑这种措施。

(6)由弹性材料(多孔体、软木塞、纤维)做成的平板和衬垫以及金属网构件也可用于制作减振器。这些材料的固有频率随刚度而变化。当单位面积负荷降低时,材料刚度增大。刚度还与衬垫面积、厚度有关。当厚度与振动波长相比拟时,弹性材料便会失去隔振性。

(7)在便携式仪器中,可使用支脚减振器作为弹性支撑。

(8)在电视机、计算机等电子设备的运输过程中,可采用聚乙烯气垫薄膜等新型材料进行包装维护。

 # 2.6 复杂结构的静力学及模态仿真分析

复杂结构静力学及模态分析的方法是有限元方法。有限元方法的基本思想是将一个连续体分成一个个微小的单元,而且这些单元具有相互连续的结点,用通过结点连接的单元体组合成的整体代替实际的物体进行分析。它将无限自由度不可求解的问题划分为有限个自由度可求解的问题,将连续场函数的微分方程求解问题转化成有限多个代数方程组的求解问题,是一种非常重要的数值计算方法。目前,比较常用的有限元分析软件有 ANSYS、ABAQUS、MARC、Creo/Simulate 等。本节用 ANSYS 进行仿真分析。

2.6.1 ANSYS 及其分析过程

ANSYS 是大型通用有限元分析软件,它可以进行有限元分析的范围包括结构、热、流体、电磁、声学等。结构分析是 ANSYS 的一项重要内容,包括静力分析、模态分析、谐响应分析等。静力分析主要用于结构受到静态载荷的情况,考虑结构的线性及非线性行为。模态分析主要用于计算线性结构的固有频率及振型,通过得到的频率及振型图进而指导设计,并能够对已有设计进行优化。在进行结构分析之前,一般要进行热分析,ANSYS 热分析类型包括相变、内热源、热传导、热对流、热辐射。要确定流体的流动及热行为就要进行流体分析，包括 CFD(Computational Fluid Dynamics，计算流体力学)、声学分析、流体动力学耦合分析等。ANSYS 电磁分析需要考虑磁通量密度、磁场密度等物理量，包括静磁场分析、交变磁场分析、电场分析、高频电磁场分析等。此外，ANSYS 还可以进行两个或多个物理场间相互作用的耦合场分析。

ANSYS 公司推出了 ANSYS Mechanical APDL 经典版和 ANSYS Workbench 版两个版本。Workbench 是 ANSYS 公司提出的协同仿真环境，用于解决产品研发过程中 CAE 软件的异构问题。ANSYS 兼容性非常高，可在大多数计算机(小型计算机到巨型计算机)及操作系统中运行，而且其数据共享功能强大，可与许多 CAD 软件(如 Pro/E(Creo)、I-DEAS 等)实现数据共享。鉴于 ANSYS 强大的功能，其广泛应用于机械设计、机械制造、航天航空、汽车制造等领域。

ANSYS 分析过程包含 3 个主要步骤：前处理、加载并求解、后处理。

1．前处理

前处理是指创建实体模型以及有限元模型。它包含的内容有创建实体模型、定义单元属性、划分有限元网格、修正模型等。

创建 ANSYS 模型有 4 种途径：

(1) 直接使用 ANSYS 建立实体模型，然后进行网格划分，生成有限元模型。

(2) 在其他建模软件中建立实体模型(若是装配模型，则需要将其固连变成一个实体)，然后经由 ANSYS 的数据共享功能导入 ANSYS 中，使用 ANSYS 对实体模型进行修改与完善，再进行网格划分，生成有限元模型。

(3) 在 ANSYS 中直接建立有限元模型，有些结构的单元体比较简单，形状比较规则，可以直接在 ANSYS 中构建有限元模型。

(4) 利用其他软件将有限元模型绘制出来，然后将数据读入 ANSYS，再用 ANSYS 对模型进行修改与完善。

材料属性、单元类型、实常数等都是所分析对象的特征，这些特征的设置必须在进行网格划分前进行，因为网格划分需要这些参数的参与，为保证计算过程顺利进行并得到正确的结果，网格划分前必须进行检查。除了磁场分析以外，ANSYS 只要保证所有输入值的单位统一即可，不需要规定使用何种单位制。

2．加载并求解

加载主要包括施加约束与施加载荷。施加约束是指对结点自由度进行定义。载荷主要有面载荷和线载荷(即由压力形成的分布载荷)、体积载荷(热形成的体积膨胀)和惯性载荷(重力及由结构自身的加速度引起的惯性力)。

求解前，为了确保计算结果的准确性以及求解过程的顺利，应该对之前的过程进行检查。检查内容包括材料性质参数设置是否准确、模型是否有断开的点等，否则将无法求解。

3．后处理

以彩色等值线显示、梯度显示、矢量显示、透明及半透明云图等图像方式将计算结果显示出来，也可将计算结果以图表、曲线形式显示或输出。通过图像显示结果，分析者对结果的认识更加清晰。例如，在进行结构分析时，经过后处理可以得到结构的变形图、位移图、应力图、应变图等，这些可以让我们更加方便地发现结构中哪一部分受到的应力比较集中，哪一部分的位移更大等，让我们对结构的优化更有方向，对结构存在问题的部分更加明确。

本节使用 ANSYS Mechanical APDL 15.0 经典版进行机架结构静力学及模态分析。

2.6.2 机架结构的静力学分析

按下述过程进行结构静力学分析：

(1) 定义材料：主菜单 Preprocessor＞Element Type＞Add/Edit/Delete，选用机械领域常使用的实体材料模型(Solid)。

(2) 定义材料属性：杨氏弹性模量为 2×10^6 MPa，泊松比为 0.3，定义材料密度为 7.85 Mg/m^3，主菜单 Preprocessor＞Material Props＞Material Models，输入选择各向同性选项，其余参数默认。

(3) 生成关键点：主菜单 Preprocessor＞Modeling＞Creat＞Keypiont＞In Active CS；依次输入关键点编号以及三个坐标，连接关键点生成线，由线生成面，由面扩展成体，Extrude＞Areas＞Along Normal。

(4) 划分网格单元：主菜单 Preprocessor＞Meshing＞Meshing Tool，一般先划分成线单元，再由线自动划分为体单元。

(5) 定义边界条件(即施加约束)和载荷：机架在工作时固定于地面，故分析时边界条件是将其底部所有自由度全部约束。约束模型某一部分保持固定不变，即零位移或移动规定的位移量，机架受力情况按照所产生的最大工作载荷时加载，在横梁上施加 5600 N 的均布压力。

约束：主菜单 Solution＞Define Loads＞Apply＞Structural＞Displacement。

定义重力：主菜单 Solution＞Define loads＞Apply＞Structural＞Inertia＞Gravity＞Global。

施加载荷：主菜单 Solution＞Define Loads＞Apply＞Structural＞Pressure。

由此生成的有限元模型如图 2.28 所示。

(6) 求解：主菜单 Solution＞Solve＞Current LS，用当前载荷步求解，弹出对话框，单击"OK"，开始求解分析，分析完毕后，在信息窗口中提示计算完成，单击"Close"将其关闭。

(7) 变形图：运行主菜单 General Postproc＞Plot Results＞Deformed Shape 命令，出现机架变形示意图，如图 2.29 所示。

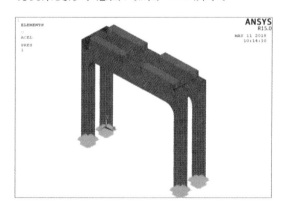

图 2.28　简化机架有限元模型

图 2.29　机架变形图

（8）位移云图：运行主菜单 General Postproc＞Plot Results＞Contour Plot＞Nodal Solu 命令，运行 DOF Solution＞Displacement vector sum，出现机架位移云图如图 2.30 所示。

在图 2.29 所示的机架变形图中，机架的最大变形部位为上横梁中部，其次为两立柱靠近横梁一侧，总的最大变形量为 0.062 mm，均符合正常条件，不会影响设备的正常工作。

在图 2.30 所示的机架在工作状态下的位移应变云图中，最大位移量为 0.62 mm，立柱在 Y 方向的最大位移量为 0.051 mm。从仿真结果可以看出，上横梁中部的应变最大；其次为侧立柱，变形较明显；机架在 Y 方向压力作用下，横梁向内弯曲。由于机架侧板为整体式厚钢板，在 Y 方向的变形量对设备影响较大，其中限制机架高度、减小上横梁部分高度尺寸，会对其刚度产生影响，可在立柱与横梁间增加辅助梁和肋，增加机架刚度。

图 2.31 所示为机架 Y 方向等效应力云图，最大应力出现在横梁中部与机架立柱外侧，最大应力值为 26.3 MPa，但整体上应力分布较均匀，而结构钢板的屈服极限是 235 MPa，强度方面满足设计要求。

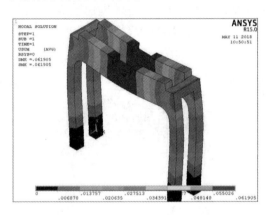
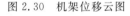

图 2.30　机架位移云图

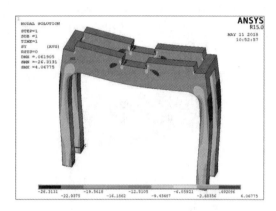

图 2.31　机架 Y 方向应力云图

2.6.3　机架结构的模态分析

在实际工程中，机器的结构设计不仅要分析其强度、刚度等方面的静态特性，更应该考虑结构弯曲和扭转等方面的动态性能。这是由于外界激励和机械结构的复杂性，绝大多数机器都会受到动载荷的作用，产生冲击和振动等现象，最终导致由内应力引起的结构损坏，严重时会使设备失效。ANSYS 动力学分析可分为随机振动分析、模态分析、瞬态结构分析和响应谱分析。本小节主要对机架整体进行模态分析。模态分析用于判断设计结构的稳定性和机械部件的振动特性，当机架结构模态频率即固有频率与外界激励频率重合时，机器会产生共振，严重时会发生使整个机器发生抖动和局部疲劳破坏的危险。

ANSYS 提供了 7 种模态提取方法，分别是 Block Lanczos 法（系统默认）、Subspace 法、Power Dynamics 法、Reduced 法、Unsymmetric 法、Damped 法和 QR Damped 法。其中，Block Lanczos 法、Subspace 法、Reduced 法是比较常用的分析方法，Damped 法和 QR Damped 法允许结构中包含阻尼。

Block Lanczos 法：用于大型模型、提取较多阶模态（40 阶以上）的场合，系统默认的一种方法；适用于实体单元形状较差和壳体单元的情况。

Subspace 法：用于类似中型到大型模型，提取较少阶模态(接近 40 阶)的场合；要注意单元的形状，实体单元和壳单元应该具有良好的单元形状；对内存的要求较低，在内存较少时也可使用。

Reduced 法：适用于小到中等规模的模型(小于 10 000 自由度)的模态提取；通过选择合适的主自由度可以提取大型模型的较多阶模态(接近 40 阶)，但频率值的精度取决于所选的主自由度。

固有频率和振型是设备结构设计中的重要参数，对于设备的机架，其模态分析指标如下：

(1) 设备上电机的工作频率与机架的低阶固有频率应错开；

(2) 在规定频率范围内工作精度影响最大的方向内振幅较小，设备出现的振型数目较少；

(3) 机架结构的工作振型变化应尽量平滑，避免有突变。

机架模态分析过程与上述结构静态分析过程相类似，通过计算可得到机架结构的低阶固有频率和振型，如图 2.32～图 2.37 所示。对于机架的优化，应尽量提高低阶模态频率以达到动态性能要求。设备上的电机采用低转速大扭矩的 Y 系列电机，额定转速为 720 r/min，即工作频率为 12.0 Hz。

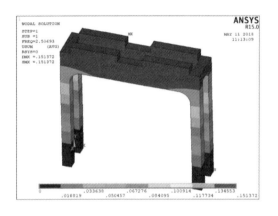

图 2.32　机架的一阶模态

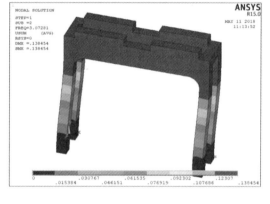

图 2.33　机架的二阶模态

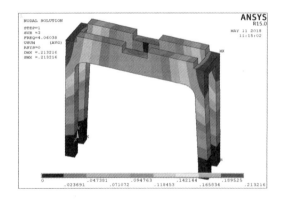

图 2.34　机架的三阶模态

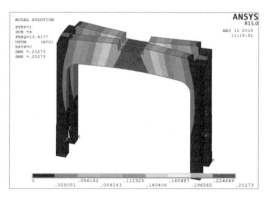

图 2.35　机架的四阶模态

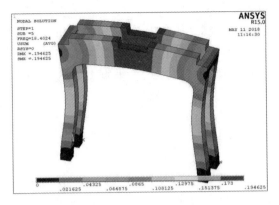

图 2.36 机架的五阶模态

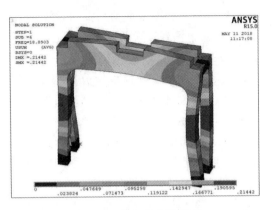

图 2.37 机架的六阶模态

从以上结果可以看出，通过对机架进行模态分析，可得到机架结构的低阶固有频率及振型，可通过分析其振型改进机架结构。一阶固有频率为 2.51 Hz，其振型变化并不明显；二阶固有频率为 3.07 Hz，其振型为前后微幅摆动变形；三阶固有频率为 4.06 Hz，其振型为整体微幅扭转变形；四阶固有频率为 13.42 Hz，其振型为前梁中部向内凹陷变形，这时会严重影响设备的传动装置工作；五阶模态、六阶模态及更高阶模态的振型变形均比较严重，设备难以正常工作。而在前三阶模态中机架变形比较弱，不会明显影响设备正常工作。从仿真结果及以上分析中可看出振动节点出现在机架横梁中部、立柱与梁连接处以及四根立柱中部的地方，这些部位的动应力会产生交替变化，容易造成材料的疲劳裂纹，甚至断裂。

结构改进措施：在立柱与横梁之间加肋和在立柱中部加横梁以增加机架刚度，提高机架固有频率。结构改进后，再进行模态分析，直至仿真的固有频率远离设备上电机的工作频率。

在对复杂结构进行模态分析时，有时会遇到仿真结果出现一阶固有频率为 0 的情况，其原因是约束不足，这时应检查约束设置，增加约束即减少自由度。

 习题

1. 振动系统中有哪些元件？

2. 振动系统的特性参数是什么？

3. 振动系统有哪些类型？

4. 单自由度振动系统的固有频率如何计算？

5. 已知一个弹簧质量系统的振动规律为 $x = 0.5\sin 10\pi t + \cos 10\pi t$，求系统的振幅、最大速度、最大加速度和初相位。

6. 如图 2.38 所示，继电器上有一根等截面的悬臂梁，梁的自由端固定两个电触头。设梁的质量可以忽略，刚度为 $k = 3EI/l^3$，其中 E、I 分别为弹性模量与惯性矩，l 为梁的长度；电触头的质量分别为 m_1 和 m_2，工作时 m_2 被电磁铁吸住。现在梁静止状态下打开电磁铁开关，使 m_2 突然释放，求 m_1 的振幅，并求系统的固有频率。

7. 图 2.39 所示为某电子仪器运输时防振包装的力学模型，仪器重 $W = 4900$ N。假如在图示位置时弹簧均不受力，各弹簧的刚度分别为 $k_1 = 9800$ N/m，$k_2 = k_3 = 4900$ N/m，

$k_4 = 19\ 600\ \text{N/m}$。求振动系统的等效弹簧刚度和固有频率。

8. 功率消耗较大的电子设备通常要采用强迫风冷。图 2.40 所示表示冷却风机固定在简支梁上的中点。已知风机重 W，与风机相比，简支梁的重量可忽略不计。梁相当于一根弹簧，其弹性模量和惯性矩分别为 E、I，长度为 l。梁的中点作用一垂直力时的挠度为 $Wl^3/(48EI)$，求系统固有频率与长度 l 的关系。

9. 共振发生的条件是什么？

10. 某大型电子设备附近有一个 2000 r/min 的干扰源，现拟用四只减振器支撑该设备，问所设计的减振器的固有频率应为多少？

11. 某大型电子设备附近有一个 1600 r/min 的干扰源，现拟用六只无阻尼减振器支撑该设备，要求干扰传递到电子设备上的振幅衰减 80% 以上，问所设计的减振器的固有频率应为多少赫兹？

12. 简述减振器的概念和组成。

13. 隔振有哪两种类型？

14. 在题 8 中，已知风机的转速为 n(r/min)，而该转速恰好使系统发生共振。为了避开共振，简便的方法是改变简支梁的长度。试分析增加还是缩短梁的长度对系统更有利？并求恰好能避开共振区的梁的长度 l_0。

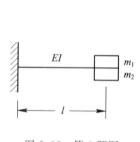

图 2.38　第 6 题图

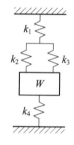

图 2.39　第 7 题图

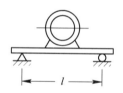

图 2.40　第 8 题图

15. 什么是橡胶的弹性后效特性？其有什么影响？

16. 某电子机柜内有一台离心式冷却风机重 170 N，支撑在机柜的钢架上。工作时风机的转速为 2000 r/min，环境温度在 25 ℃ 左右。现拟用四只圆柱形橡胶减振器支撑，要求传递到钢架上的振幅衰减 80% 以上，每个减振器的支撑面的直径不大于 20 mm。试设计橡胶减振器。

17. 试述防振措施中的结构刚性化方法。

18. 什么是耦合振动？

19. 根据图 2.41 所示振动系统，用力学分析确定是否存在耦合振动，给出分析过程。

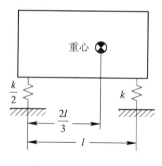

图 2.41　第 19 题图

第3章　电磁兼容性与屏蔽设计

随着微电子技术、半导体技术、模拟电子技术、数字电子技术的发展，电子设备越来越复杂，集成电路越来越精密，电路的工作频率越来越高，这也造成了电路之间的干扰越来越严重，加大了电子设备研发设计的困难，从而导致产品的开发周期过长，甚至研发失败。因而电磁兼容性已成为电子、电气产品的一项非常重要的质量指标。随着国家强制认证的出台和标准的不断完善，企业对电磁兼容的要求日益提高。所以，要使产品能占领市场，必须缩短产品的开发周期，并且要满足相应的电磁兼容标准。电磁兼容研究内容较多，本章主要介绍与结构设计密切相关的电磁屏蔽设计问题。屏蔽与通风散热是矛盾体，折中平衡是解决矛盾的方法，金属丝网、穿孔金属板、截止波导通风窗是平衡屏蔽与散热之间矛盾的典型结构；阻抗是电磁屏蔽的根本物理量，实现电气连续以减少阻抗是屏蔽设计要抓的主要矛盾。

本章内容包括电磁兼容概述、屏蔽技术基础、电场屏蔽原理及屏蔽结构、磁场屏蔽原理及屏蔽结构、电磁场屏蔽原理及屏蔽结构、薄膜屏蔽、屏蔽体上缝隙与孔洞的屏蔽、电缆和电缆连接器的屏蔽、实际屏蔽体的屏蔽效能计算、电磁屏蔽设计流程。

 ## 3.1　电磁兼容概述

3.1.1　电磁兼容定义

这里首先介绍几个与电磁兼容(EMC)有关的概念。需要说明的是，骚扰和发射、抗扰度和敏感度分别是相类似的概念。在民用国家标准中使用骚扰和抗扰度术语，而在军用国家标准中相应地使用发射和敏感度术语。本章使用骚扰和抗扰度术语。

1. 电磁骚扰

电磁骚扰(Electromagnetic disturbance)是指任何可能引起元器件、设备或系统性能降低的电磁现象。电磁骚扰可能是电磁噪声、无用信号或传播媒介本身的变化。

2. 电磁干扰

电磁干扰(ElectroMagnetic Interference，EMI)是指已引起元器件、设备或系统性能降低的电磁现象。电磁干扰是电磁骚扰造成的后果。一般对两者不严格区分，习惯上将两者统称为电磁干扰(EMI)。

3．抗扰度

抗扰度(Immunity)是指存在电磁骚扰的情况下，元器件、设备或系统在性能不降低条件下的正常运行能力。

4．电磁兼容(性)

电磁兼容(性)(ElectroMagnetic Compatibility，EMC)是指元器件、设备或系统在所处电磁环境中能正常工作，并且不对其所在环境中任何事物产生不能承受的电磁骚扰的能力。前者是对元器件、设备或系统抗扰度的要求，后者是对元器件、设备或系统产生电磁骚扰的要求。为实现系统内设备互不干扰、兼容运行，既要控制设备产生的电磁骚扰，又要提高设备对外部环境的抗扰度(抗干扰能力)。因此，EMC 涵盖了电磁干扰和抗干扰两个方面。

5．电磁环境效应

电磁环境是指存在于给定场所的所有电磁现象的总和。电磁环境效应(E³-Electromagnetic environment effects)是指电磁环境对设备、材料及生物体等产生的效应，其组成要素包括空间、时间和频谱，这些要素共同构成了电磁环境的复杂性和多样性，影响了电子设备、材料以及生物体的性能和行为。电磁环境效应对电子设备的影响包括干扰、误码率增加等。

3.1.2 EMC 中的物理量及单位

1．EMC 中的物理量及其相互关系

EMC 中的物理量主要有电压 U(单位为 V)、电流 I(单位为 A)、功率 P(单位为 W)、电场强度 $\boldsymbol{E}$(单位为 V/m)、磁场强度 $\boldsymbol{H}$(单位为 A/m)、阻抗 Z(单位为 Ω)。阻抗是一个矢量，它用矢量平面上的复数表示，实部称为电阻，虚部称为电抗，其中电容在电路中对交流电所起的阻碍作用称为容抗，电感在电路中对交流电所起的阻碍作用称为感抗，电容和电感在电路中对交流电引起的阻碍作用总称为电抗。

在电磁场中，U、I、P 等时谐物理量 $r\sin(\omega t+\phi)$ 常用复数 $re^{j\phi}$ 表示，其中 r 为 U、I、P 等的模(幅)值，ϕ 为其初相角。当然，复数的指数表示形式可转换为三角形式和代数形式。这些物理量用复数表示的优点一是可使复杂的计算变得简单，如多个信号合成，其数学运算就变为复数相加运算，即实部与实部相加、虚部与虚部相加；二是虚部的物理意义明显，它表示物理量有相位即延时。

物理量间的主要关系如下：

$$I = \frac{U}{Z}, \quad P = IU = I^2R = \frac{U^2}{R}$$

$$E_x = -\frac{\partial U}{\partial x}, \quad E_y = -\frac{\partial U}{\partial y}, \quad E_z = -\frac{\partial U}{\partial z} \quad \text{（其物理意义为交变电压产生电场）}$$

$$\oint_L \boldsymbol{H} \cdot \mathrm{d}\boldsymbol{l} = \sum I, \quad \boldsymbol{H} = \frac{\boldsymbol{B}}{\mu} \quad \text{（其物理意义为电流产生磁场）}$$

$$\text{波阻抗 } Z = \frac{E}{H} \quad \text{（}E\text{、}H \text{ 为复数形式）}$$

2．EMC 中物理量的分贝单位

由于 EMC 领域的物理量值偏小，而采用上述物理量的国际单位偏大，故采用适合表示小物理量的分贝（dB）单位。采用 dB 单位还有一个优势，就是不同量纲的物理量都换算为 dB 后就可直接相加减。

1）电压的分贝定义

$U_{dB} = 20\lg U$，如 $U_{dB\mu V} = 20\lg U_{\mu V}$。常用 dBμV 单位，dBμV 与 dBV 之间的关系为

$$U_{\mu V} = 10^6 U_V$$

$$20\lg U_{\mu V} = 20\lg 10^6 U_V = 120 + 20\lg U_V$$

即 $U_{dB\mu V} = U_{dBV} + 120\ dB$。

2）电流的分贝定义

$I_{dB} = 20\lg I$，如 $I_{dBmA} = 20\lg I_{mA}$。常用 dBmA 单位，dBmA 与 dBA 之间的关系为

$$I_{dBmA} = I_{dBA} + 60\ dB$$

3）功率的分贝定义

$P_{dB} = 10\lg P$，如 $P_{dBmW} = 10\lg P_{mW}$。常用 dBm（dBmW 的简称）单位，dBm 与 dBW 之间的关系为

$$P_{mW} = 10^3 P_W$$

$$10\lg P_{mW} = 10\lg 10^3 P_W = 30\ dB + 10\lg P_W$$

即 $P_{dBm} = P_{dBW} + 30\ dB$。

4）电场强度的分贝定义

$E_{dB} = 20\lg E$，如 $E_{dB\mu V/m} = 20\lg E_{\mu V/m}$。常用 dBμV/m 单位，dBμV/m 与 dBV/m 之间的关系为

$$E_{dB\mu V/m} = E_{dBV/m} + 120\ dB$$

5）磁场强度的分贝定义

$H_{dB} = 20\lg H$，如 $H_{dB\mu A/m} = 20\lg H_{\mu A/m}$。常用的是磁感应强度 B 的单位，为特斯拉（T）。磁感应强度的分贝单位有 dBμT、dBmT、dBT 等。

6）电压与功率的分贝单位转换

此转换与阻抗有关。50 Ω（或 75 Ω）是 EMC 系统的标准阻抗，一般按此值设计系统。

对于常见的 50 Ω 系统：

$$P = \frac{U^2}{R} = \frac{U^2}{50}$$

$$P_{mW} \times 10^{-3} = \frac{(U_{\mu V} \times 10^{-6})^2}{50}$$

即

$$U_{\mu V}^2 = 5 P_{mW} \times 10^{10}$$

两边取对数再乘以 10 得

$$10\lg U_{\mu V}^2 = 10\lg(5 P_{mW} \times 10^{10})$$

整理得

$$U_{dB\mu V} = P_{dBm} + 107\ dB$$

3.1.3　EMC 的研究内容与层次

1. EMC 的研究内容

（1）电磁骚扰的特性及传播方式的研究。为了有效地控制电磁骚扰，首先应摸清骚扰的频谱特性和它的传播方式，如根据骚扰频谱分布（利用频谱分析仪、测量接收机等可获得频谱分布）可以确定骚扰特性是属窄带的还是宽带的，根据作用的时间确定骚扰是稳态的（即周期性的）还是瞬态的；按传播方式确定骚扰为传导（包括共地阻抗耦合）、辐射（包括感应耦合）还是传导和辐射结合。

稳态干扰和瞬态干扰的控制技术是不同的，稳态干扰可采用常规的方法抑制消除，但瞬态干扰特别是强电磁脉冲（如雷电、高功率微波、核爆等）干扰是以防元器件毁伤为目标的。对于雷电，可以采取系统整体防护的方法以防直接雷击，如使用避雷针、引下线和接地装置三者配合防雷。对于感应雷、高功率微波、核爆等，可采用浪涌保护器（避雷器）、等离子限幅器、气体放电管等泄放能量的技术进行设备防护。

（2）电磁兼容设计的研究。它包括两方面：一方面是干扰控制技术的研究，干扰控制就是采用各种措施，从电路、结构、工艺和组装等方面控制电磁干扰，干扰控制技术的研究又必然会促进高性能元器件、功能模块和新型防护材料的研制；另一方面是效/费比的综合分析，所谓效/费比就是对采取的各种电磁兼容性措施进行成本和效能的分析比较，如果工程设计既满足高性能指标，又能达到花钱最少的目的，则就获得了很好的效/费比。

（3）电磁兼容频谱利用的研究。频域分析方法是 EMC 针对稳态干扰研究的主要方法。在频域分析方法中，许多干扰被认为是频率相同或相近、干扰量达到设备的干扰阈值、信号特征相同或相近等造成的。避免干扰的朴素想法是使设备的工作频率远离干扰频率，但无线电频谱是有限的资源，如何合理地利用无线电频谱、防止频谱污染、消除电磁骚扰对武器装备和人体的危害、预防电子系统之间和系统内设备间的相互干扰，已引起各国的高度重视。我国成立的无线电管理委员会专门负责频谱的分配与利用，如移动通信的使用频段为 806～960 MHz、1710～1880 MHz，陆军短波电台、超短波电台的使用频段分别为 1.6～30 MHz、30～88 MHz 等。

（4）电磁兼容规范、标准的研究。电磁兼容规范、标准是电磁兼容设计的主要依据。通过制订规范、标准来限制电子设备或系统的电磁发射，可提高敏感设备的抗扰度，从而使系统和设备相互干扰的可能性大大下降，力求防患于未然。如军用标准 GJB 151A/152A 规定了军用设备和分系统电磁发射和敏感度的要求及测量方法；民用标准 GB 9254 规定了信息技术设备无线电骚扰限值和测量方法。

（5）电磁兼容测试和模拟技术的研究。由于电磁环境复杂、频率范围宽广、干扰特性又各不相同，所以电磁兼容测试不但项目繁多，而且还在不断地深化和扩展之中。这就要求不断改进和完善测试技术，研制适合于电磁兼容测试用的各种模拟源和检测设备。

在生产、工程实施前，必须经过测试对 EMC 设计予以验证和确认，测试在 EMC 工程中占有很重要的地位。对电子产品研发而言，EMC 测试分为产品研制各阶段的摸底测试和产品定型的达标测试；按产品受试环境的不同，EMC 测试分为标准测试和现场测试；按标准测试的准确程度不同，EMC 测试分为屏蔽室测试、暗室测试和标准实验室测试。标准实验室测试的准确度最高，但成本高；屏蔽室测试的准确度最低，但成本低。屏蔽室或暗室的 EMC 测试适合于产品研制各阶段的摸底测试，标准实验室的 EMC 测试则适合于产品的定型测试。

2. EMC 的研究层次

根据设备或系统复杂程度的不同，EMC 的研究层次分为 5 个或 6 个，由低到高的研究层次依次为元器件 EMC、部件级 EMC、印制板级 EMC、单元（模块）级 EMC、设备级 EMC、系统级 EMC。对简单设备而言，印制板级 EMC 和单元（模块）级 EMC 是一个层次。各层次关注和解决的 EMC 问题是不同的，具体如下：

1）元器件 EMC

影响元器件 EMC 的因素有封装材料特性、内部封装结构和分布参数。封装材料和结构的不同，导致高频时由于场作用而产生无形电容（分布电容）和无形电感（分布电感），分布参数主要为分布电容、分布电感，分布参数对 EMC 是不利的。

2）部件级 EMC

部件是由元器件组装而成的。部件级 EMC 需要解决的问题有内部封装和分布参数。

3）印制板级 EMC

印制板由元器件、部件组装形成。印制板级 EMC 需要解决的问题有器件布局、回路面积、接地、解耦滤波等。理论上，回路面积越小，泄漏和耦合越小，EMC 性能越好。EMC 性能好的印制板能够对耦合进电路的干扰信号进行滤波。

4）单元（模块）级 EMC

单元（模块）由印制板组装而成，或由印制板与部件组装而成，它能独立完成一定的功能。单元（模块）级 EMC 需要解决的问题有印制板布局、部件布局、电源滤波、屏蔽、接地等。

5）设备级 EMC

设备由单元（模块）或印制板、电源、I/O 接口及电缆、机壳（箱）等组成。设备级 EMC 需要解决的问题有设备内各部分布局与电缆互连、外接电源线及信号线滤波、机壳屏蔽、设备接地等。

6）系统级 EMC

系统是由设备集成而成的。系统级 EMC 需要解决的问题主要有设备布局与互连、系统接地等。

EMC 问题的求解有解析法和电磁仿真分析法，前者适合简单 EMC 问题求解，后者适合复杂 EMC 问题求解。电磁仿真分析法需借助 EMC 软件求解，常用的 EMC 软件有 SimLab EMC、FLO/EMC、Ansoft High-Frequency and High-Speed Designers、HFSS、Feko、CST 等。

SimLab EMC 软件的全称为 SimLab EMC Simulation Software，是德国 SimLab 软件公司的产品，主要包括 PCBMod、CableMod、RaidaSim 模块，可进行 PCB 建模、信号模拟和信号完整性分析，电缆建模和信号模拟，以及 PCB、线束及设备的辐射计算。

FLO/EMC 软件的全称为 FLO/EMC Design Class Electromagnetic Analysis Software for Electronics，是 Flomerics 公司的产品，可单独或综合进行元器件、模块、系统、天线的 EMC 设计和分析。

Ansoft High-Frequency and High-Speed Designers 软件是 Ansoft 公司的产品，可进行高频设计、信号完整性设计和电磁设计。

HFSS 软件是美国 Ansoft 公司的产品，其数值求解方法为有限元方法，主要面向系统 EMC 分析。

Feko 软件是美国 ANSYS 公司的产品，基于矩量法和混合方法求解，混合方法包括快速多极子法、有限元法、高频的 PO（物理光学）法、一致性几何绕射理论，主要面向系统 EMC 分析。

CST 软件是德国 CST 公司的产品，功能很强，能够进行频域法和时域法分析，以及稳态和瞬态问题的分析，是目前使用最为广泛的电磁分析软件。

3.1.4　电磁干扰三要素

图 3.1 所示的骚扰源（干扰源）、耦合途径（传播途径）和感受器（敏感设备）是电磁干扰的三要素，三者缺一不可。

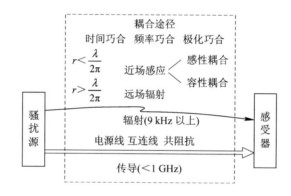

图 3.1　电磁干扰过程及三要素

1. 骚扰源

骚扰源是指产生电磁能量的物体或现象。骚扰源可分为自然骚扰源、人为骚扰源和静电。

骚扰源的特性是 EMC 设计首先要研究的问题。骚扰源特性包括发射电平、带宽（频谱宽度）、波形、出现率，以及辐射骚扰的极化特性和方向特性等。电磁骚扰场强矢量的方向随时间变化的特性就是辐射骚扰的极化特性，该特性取决于天线的极化特性。当骚扰源天线和感受器天线的极化特性相同时，辐射骚扰在感受器输入端产生的感应电压最强。电磁辐射骚扰源会向空间中各个方向发射电磁能量，而骚扰源发射电磁能量的能力和感受器接收电磁能量的能力是不同的，因此用方向特性来描述骚扰源发射电磁能量的能力和感受器接收电磁能量的能力。

1）自然骚扰源

自然骚扰源包括地球上各处雷雨、闪电产生的天电噪声，太阳黑子爆炸和活动产生的噪声以及银河系的宇宙噪声。天电噪声的能谱主要集中在 20 MHz 以下，宇宙噪声的能谱在 10 MHz ～30 GHz 频率范围内。天电骚扰具有季节性和区域性，一般在夏季和热带区域尤为严重。由于雷电的强度很大，即使远离雷电区，其骚扰场强仍相当可观。地球上平均每秒钟发生的闪电约有 100 次，这些闪电在时间上往往是重叠的。遥远的雷电产生的骚扰可认为是波动的,邻近的雷电骚扰则是脉冲型的,一般天电骚扰属准脉冲型。

2) 人为骚扰源

人为骚扰源是由机电或其他人工装置产生的电磁骚扰,包括各种无线电发射机,工业、科学和医用射频设备,架空输电线、高压设备和电力牵引系统,机动车辆和内燃机,电动工具、家用电器、照明器具及类似设备,信息技术设备,静电放电(ESD)和电磁脉冲等。随着科技和生产的发展、人民生活水平的提高,人为骚扰源的种类不断增加,它们所产生的电磁骚扰已成为当今电磁环境的主要污染源。

电磁环境电平在不同的时间和地区是不同的,白天比晚上强,城市比乡村强,城市中的工业区比住宅区强。为控制电磁环境电平,必须制订各种标准和规范。国际电工委员会下设两个专门从事电磁兼容标准化工作的技术委员会:国际无线电干扰特别委员会(CISPR,1934 年成立),主要保护通信、广播与电视,针对不同类别的机电产品制订了发射限值或抗扰性门限,并以出版物的形式向世界各国推荐;国际电磁兼容委员会(IEC/TC77,1973 年成立),最初关心低压电网系统的 EMC 标准(9 kHz 以下),主要制订 IEC-61000 系列标准。后来这两个委员会的工作范围已出现了交叉、渗透。

下面给出主要人为骚扰源产生干扰的机理。

(1) 发射机。通信、广播、雷达等发射机都会发射很强的电磁波,对相应的接收机而言,它是传递信息的信号源,但对其他电子设备和仪器则是骚扰源。发射机发射主要有下列三种形式:基波发射,即发射机技术指标所规定的工作频带内的输出功率;谐波发射,即频率是发射机基波或产生基波器件(如主控振荡器、功率合成器等)的频率整数倍的发射;非谐波寄生发射,如磁控管发射机或高功率脉冲源等产生的一类发射,它是发射机电路中不希望的振荡所引起的一种电磁发射,既不是信号的组成部分,又不是谐波。这三种发射既可经过天线或机箱本身向外辐射,也可沿互连线或电源线向外传导。

(2) 工业、科学和医用射频设备。这类设备包括用于工业加热的射频振荡器、焊接机械、医疗用射频设备和超声仪器等。它们大多没有专设的发射天线,但由于机箱的屏蔽、接地及电源滤波不佳等因素,电磁能量照样可通过机箱向外辐射或沿电源线向外传导。工业、科学、医用射频设备的射频功率一般都很大,产生的电磁干扰严重,甚至会危及操作人员的健康。家用电磁灶和微波炉也可能是潜在的干扰源。

(3) 架空输电线、高压设备和电力牵引系统。当运行中的电力设备(包括输电线、绝缘子串、开关、变压器、避雷器等)表面电场强度超过空气起晕临界场强或存在接触不良的间隙时,就会在导体表面和间隙中产生电晕、火花放电或刷形放电,这一连串的放电脉冲将形成宽带电磁骚扰,频谱一般从几十千赫到几百兆赫。电力牵引系统主要是电力机车和市内交通用的电车,由于电力牵引车辆上导电弓的跳动或抖动,在导电弓架与架空导线之间经常会出现部分接触不良甚至两者相互分离的现象,形成放电间隙,产生随机或周期性的脉冲骚扰。这种脉冲将循着导线传导,并向空间辐射电磁波,从而对其他设备造成干扰。

(4) 机动车辆和内燃机。汽车、摩托车等机动车辆和有点火系统的发动机运行时,它们的火花塞会产生电磁骚扰。

(5) 电动工具、家用电器、照明器具及类似设备。这类设备种类繁多,如手持电动工具、电风扇、洗衣机、电冰箱、吸尘器和荧光灯等,它们在启动、工作和切断时都会产生电磁骚扰。如电吹风机和吸尘器工作时会将干扰传导至电网。荧光灯是利用气体电击穿原理工作的,电击穿瞬间会产生射频噪声,这种骚扰可以通过荧光灯本身向外辐射,也可由连接荧光灯的电源线引起传导发射。荧光灯在工作时,由于导电离子不规则地碰撞荧光管壁,还会产生射频噪声。晶闸管整流和调速系统的脉冲导通往往会向电网吸收很大的瞬态电流,造成电网电压的瞬间跌落和电源波形畸变,因此它们对电网的污染是十分严重的。即使功率不太大的晶闸管调光台灯,也可能产生足以影响收音机正常接收功能的电磁干扰。

(6)信息技术设备及工业控制设备。信息技术设备是指对输入数据进行演算、数据交换、传送等处理的设备,以及数据的输入、输出设备。这类设备内部的骚扰源主要有开关电源、时钟振荡器及频率变换器。开关电源与时钟振荡器所产生的电磁骚扰主要是它们的基波与谐波等窄带干扰;而脉冲信号特别是窄脉冲,则是频谱很宽的宽带干扰源。

(7)信息泄露。计算机进行信息处理时所产生的信号泄露,会造成信息被窃收的危险,由此在电磁兼容领域又开辟了一个新的分支 TEMPEST,其含义是对危及信号传输安全的电磁发射与泄漏实施控制与防护。TEMPEST 类电子设备及系统防护的严格要求,促进了屏蔽、接地、滤波等电磁兼容性结构设计理论的研究及新技术、新材料的开发。

(8)电磁脉冲。核爆炸、高功率微波等会产生电磁脉冲(EMP)辐射,此脉冲的强度极高,数量级可达 10^5 V/m,对应的磁场强度为 260 A/m,脉冲的宽度约为 20 ns 量级。当电磁脉冲作用于线缆时,极易在其连接电路内出现截止或饱和等极端情况,使电路的输出发生很大变化,甚至烧毁相连的设备。

3)静电

当两种介电常数不同的绝缘材料直接接触,特别是发生相互摩擦时,两者间会发生电荷的转移而各自带有不同的电荷,这种现象称为静电充电。人体同样会发生静电充电:穿着与地毯材料不同、有很好绝缘性能的鞋,鞋底会积累多余的电荷;由于静电感应,人体会产生感应电荷,气候愈干燥,感应电荷量愈大。在穿绝缘鞋的情况下,上述静电感应足以使人体充到很高的电压。当带有上述静电高压的人员触及计算机或其他电子设备(如电子测量仪器和控制系统等)的键盘或各种控制旋钮时,就会发生放电现象。放电火花产生的电磁干扰有可能使计算机程序出错或丢失数据,测量和控制系统失灵或发生故障。为防止这类静电危害,可采取如下措施:

(1)采用导电纤维编织的地毯或专用的计算机房抗静电地板。

(2)操作人员穿着防静电的工作服和工作鞋,并戴上接地的导电手镯。

(3)把空气相对湿度增加到 60%～70%,通过加大潮气的含量来增加诸如纤维、木质、混凝土或砖墙之类绝缘材料的电导率,防止由泄放困难导致静电积累。

(4)把系统或设备内所有金属构件用导电条连接起来,以消除在该系统中任何两个金属物体之间由静电感应而引起的电位差。

2. 耦合途径

传输骚扰能量的途径或通道称为耦合途径。耦合途径有两种基本方式:传导耦合、辐射耦合。

1)传导耦合

沿电源线或信号线传输的电磁骚扰称为传导耦合。骚扰信号可能由电路自身产生,也可能是感应或耦合的场信号。电子系统内各设备之间或电子设备内各单元电路之间存在各种连线,如电源线、信号互连线以及公用地线等,这样就有可能使一个设备(或单元电路)的电磁能量沿着这类导线传输到相连设备(或单元电路),造成干扰。

通过公共地线阻抗耦合(共阻抗耦合)的传导干扰是不容忽视的干扰。在电子系统或电子设备内部,往往几个设备或电路单元的电流流经一条公共地线,如图3.2所示。各设备或单元的电流在流过地线阻抗 R_g 时产生压降,造成各单元对地电压的相互影响和牵制,如电路1、2的对地电压为 $U_g=(I_1+I_2)R_g$,任一电路的电流变化势必会影响另一电路的对地电压。

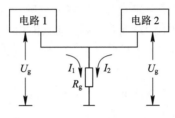

图 3.2　公共地线阻抗耦合

2) 辐射耦合

通过空间传播的电磁骚扰称为辐射耦合。骚扰源的电源电路、输入/输出信号电路和控制电路的导线(直导线、回路)在一定条件下都可构成辐射天线;骚扰源的外壳流过高频电流时,外壳也成为辐射天线。

骚扰源的周围空间可划分为两个区域:近场区和远场区。设空间点距离骚扰源为 r,电磁波的波长为 λ,称 $r\ll\lambda/(2\pi)$ 的空间区域为近场区,而 $r\gg\lambda/(2\pi)$ 的空间区域为远场区。近场区无能量辐射,能量在源和场之间来回振荡,故称为感应场区或准静态场。在远场区,骚扰源发射的电磁能量以电磁波的形式通过空间传播作用于感受器,即远场区有能量辐射,故称为辐射场区。

感应场区有电容耦合和电感耦合两种形式。图3.3所示给出了电容耦合途径,A 为骚扰源,B 为感受器,由于两者电路对地电势不同而产生电势差,因而两电路间形成分布电容,当有高频干扰信号时,电容导通而使骚扰电流流入感受器产生干扰,电容耦合程度取决于骚扰源和感受器间分布电容的大小、骚扰源和感受器的阻抗及频率范围。高阻抗的高频电路中最易产生电容耦合。图3.4所示为回路间因互感引起的电感耦合途径,同样 A 为骚扰源,B 为感受器,两者电路可看成单匝或多匝线圈,当电路的电流变化时,电流产生磁场形成两者互感,从而骚扰源对感受器造成干扰。

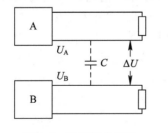 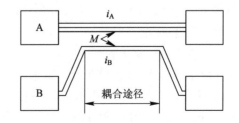

图 3.3　电容耦合途径　　　　　图 3.4　电感耦合途径

3. 感受器

受到骚扰的对象或对骚扰有反应的对象称为感受器。在工程实践中,有些电子设备或元器件既是骚扰源，又是感受器。

3.1.5 电磁干扰控制技术简介

从电磁干扰的三要素来看，只要一个要素（"因"）不满足，电磁干扰（"果"）就不会发生。这就是因果关系论的体现。因此，电磁干扰的控制可从三要素入手，形成了抑制骚扰源、提高感受器的抗干扰能力、切断或削弱耦合途径三个方面的技术路线。

抑制骚扰源的技术路线是针对设备研制的。EMC 控制方法主要有优化信号设计、完善线路设计等。优化信号设计的要求是采用宽脉冲，因为窄脉冲含有较多的频率分量，干扰带宽较大。完善线路设计的要求是缩小回路面积，因为回路面积越大，泄漏或耦合干扰越严重。

提高感受器的抗干扰能力是针对设备研制的，要求修改设备的技术指标，成本太高，故在工程中不可取。

切断或削弱耦合途径的技术路线是针对设备或系统研制的，EMC 控制方法有屏蔽、滤波、接地、搭接、布局与互连等。这一技术路线成本低、应用面广、实用，是 EMC 设计的主要内容。下面分别简单介绍。

1. 屏蔽

屏蔽是用导电或导磁材料制成的屏蔽体将骚扰源包封起来，以防止干扰电磁场通过空间向外传播，或者用导电或导磁材料制成的屏蔽体将感受器包封起来，以免感受器受外界空间电磁场的影响。屏蔽是抑制辐射途径的技术方法。屏蔽技术虽能有效地阻断近场感应和远场辐射等电磁干扰的传播路径，但是它又可能使设备的通风散热困难、维修不便，并导致重量、体积和成本的增加。因此，设计人员需权衡利弊，采用合理的措施，以最佳效/费比来满足电磁兼容性要求。屏蔽与结构设计密切相关，本章在后面重点介绍。

2. 滤波

屏蔽虽能将骚扰源和感受器进行空间隔离，但进入屏蔽体的电源线、信号线可能存在干扰信号，这时需要采用滤波技术抑制传导干扰。滤波的实质是将信号频谱划分为有用频率分量和干扰频率分量两个频段，剔除干扰频率分量，保留有用频率分量。滤波技术的基本用途是选择信号（选择有用信号）和抑制干扰（耗损无用信号电平）。实现这两大功能的网络称为滤波器。滤波器虽能十分有效地抑制传导干扰，但制造大容量、宽频带的抗电磁干扰滤波器的代价是昂贵的。滤波器安装时要有良好的接地。

滤波器的主要特性有插入损耗、频率特性和阻抗特性。插入损耗（Insertion Loss，IL）是指没有滤波器接入时骚扰源信号传输到负载产生的电压 U_1 与有滤波器接入时骚扰源信号传输到负载产生的电压 U_2 之比，用 dB（分贝）表示，即 $IL=20\lg(U_1/U_2)$。IL（>0）越大，说明滤波器抑制干扰的能力越强。

滤波器的分类方法较多，按照工作条件的不同，滤波器可分为无源滤波器和有源滤波器；按照滤波特性的不同，滤波器可分为低通滤波器（如图 3.5(a) 所示，适用有用信号为低频时）、高通滤波器（如图 3.5(b) 所示，适用有用信号为高频时）、带通滤波器（如图 3.5(c) 所示，适用有用信号为窄带时）和带阻滤波器（如图 3.5(d) 所示，适用有用信号为宽带时）；按照使用场合的不同，滤波器可分为电源线滤波器、信号线滤波器、控制线滤波器、防电磁脉冲滤波器、防电磁信息泄露专用滤波器、印制电路板微型滤波器等；按照滤波器原理的不同，滤波器可分为反射式滤波器和吸收式滤波器。

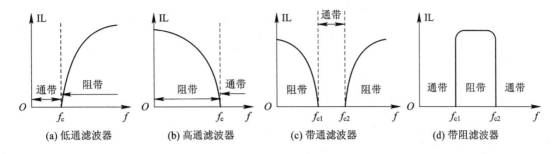

图 3.5 滤波器的滤波特性

反射式滤波器是把不需要的频率成分的能量反射回信号源或干扰源，而让需要的频率成分的能量通过滤波器施加于负载，以达到选择信号和抑制干扰的目的。反射式滤波器通常由电感或（和）电容这两种电抗元件组成，在通带内提供低的串联阻抗和高的并联阻抗。在理想的情况下，电感器与电容器无损耗。按照反射原理，反射式滤波器除了可构成不同形式的低通滤波器外，还可以构成高通滤波器、带通滤波器、带阻滤波器。

吸收式滤波器是将高频干扰信号的电磁能量转化为热能并消耗掉，进而达到滤波的效果。吸收式滤波器是低通滤波器的一种。典型的吸收式滤波器有 EMI 电源滤波器、EMI 信号线滤波器（包括引线式分立滤波器、馈通型滤波器（结构类似穿心电容器））。

3. 接地

地是指电路或系统的零电位参考点，它不一定是实际的大地，可以是设备的外壳或其他金属板或金属线。接地的目的是为电路、设备或系统与地之间建立低阻抗的通道，将干扰电流进行旁路（因为地阻抗较小，电流容易流过）。接地不仅是保护设施和人身安全的必要手段，也是抑制传导干扰的重要技术措施。接地分为安全接地和信号接地。

安全接地就是用低阻抗的导体（如导电性能好的铜）将电子设备的外壳连接到大地上，使操作人员不致因设备外壳漏电或静电放电而发生触电危险。安全接地分为设备安全接地和防雷接地。

信号接地是为设备、系统内部各种电路的信号电压提供一个零电位的公共参考点或面，它不一定是大地，可为外壳、金属板。本章后面介绍的屏蔽接地就属于信号接地。信号接地的方式分为单点接地、多点接地、混合接地和悬浮接地。所谓单点接地就是只有一个接地点，如图 3.6（a）所示。单点接地适用于干扰信号为低频的情况。多点接地就是有 2 个或 2 个以上的接地点，如图 3.6（b）所示。多点接地适用于干扰信号为高频的情况，因为高频时各电路或设备对地存在分布电容，若采用单点接地，则会导致各电路或设备对地有电势反而造成干扰。混合接地是单点接地和多点接地的结合，其方法就是在单点接地的基础上，把那些只需高频接地的电路、设备用串联电容器与接地平面连接起来，如图 3.6（c）所示。混合接地适用于干扰信号频带很宽、低频需要单点接地、高频需要多点接地的情况。悬浮接地（称为浮地）是指不与屏蔽地（大地）连接的低阻抗参考导体，如图 3.6（d）所示。悬浮接地主要用于无法与大地接地的运动物体，如电动汽车及导弹、火箭、卫星、飞船等各种飞行器的接地，以及用于接地线或附近导体中有大干扰电流，以避免安全接地电回路中的干扰电流影响信号接地回路。需要注意的是悬浮接地要与其他接地隔离。

对于尺寸较大的机动式车载、舰船载、机载、星载电子系统，其接地要采用等电位连

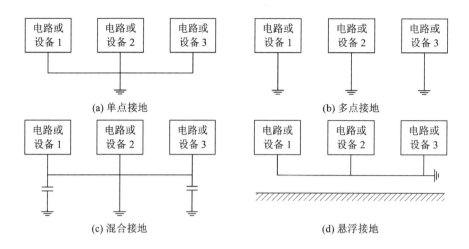

图 3.6　信号接地类型

接体即汇流排，先将设备就近接地到汇流排，再由一个或多个汇流排与接地点连接。

4. 搭接

搭接是指两个金属物体之间通过机械、化学或物理方法实现结构连接，以建立一条稳定的低阻抗电气通路的工艺过程。搭接是抑制传导干扰的技术措施。搭接的目的在于为电流的流动提供一个均匀的结构面和低阻抗通路，以避免在相互连接的两金属间形成电位差，因为这种电位差对所有频率都可能引起电磁干扰。搭接的机械方法有螺栓连接、螺钉连接、铆接、压接、卡箍紧固、销键紧固、拧绞连接等；化学方法是用导电黏合剂连接；物理方法有焊接、熔接。搭接的两种金属应尽量为同种金属，不同种金属搭接时应不能构成电偶腐蚀。搭接前需要对搭接体表面进行净化处理，有时还需在搭接体表面镀银来覆盖一层良导电层。

5. 布局与互连

布局与互连包括设备布局、电缆互连。合理布局包括设备内各部分之间的相对位置和电缆走线、系统内各设备布局与线缆互连等，其基本原则是使感受器和骚扰源尽可能远离，输出与输入端口妥善分隔，高电平电缆及脉冲引线与低电平电缆分别敷设。通过合理布局能使相互干扰减小到最低程度而又花费不多。布局与互连是为了抑制传导干扰和辐射干扰。

例如，通信车系统内的无线设备布局包括车外（车顶）的天线布局和车内的设备主机（如电台）的布局两部分。对于天线布局，为避免天线之间的相互干扰，天线布局时应保证天线之间的隔离度或耦合度（单位为分贝）。隔离度的定义：发射天线功率与接收天线功率比值取常用对数后乘以 10。耦合度的定义：接收天线功率与发射天线功率比值取常用对数后乘以 10。耦合度取绝对值即为隔离度。设备主机布局应遵循就近原则，即主机与天线靠近布局以缩短馈线，减少辐射和传导干扰。

工程中常用的线缆有屏蔽线、双绞线和同轴电缆。线缆布局时，高电平和低电平应分开捆扎；线间距不能太小，以防串扰；平行线不能过长等。在信号传输时，可能需要线缆接续，这时会用到滑环（可转动与不可转动设备之间的滑动连接装置）、电连接器（接头、插头）和信号转接箱（板）等。

需要说明的是，以上电磁干扰控制技术都是针对电子设备工作中可能产生的"无意干扰"的，而有特定目的"有意干扰"属电子对抗范畴，对其采取的措施不尽一致。

3.2　屏蔽技术基础

如前所述，屏蔽是将干扰源与感受器进行空间隔离从而消除或减弱电磁干扰的一种技术措施，需要采用由屏蔽材料制成的屏蔽体。采用什么材料进行屏蔽则取决于干扰源所产生的电磁场的性质，而电磁场的性质又取决于干扰源所等效的天线类型以及屏蔽体所处的干扰源的场区（近场区或远场区）。屏蔽体对干扰源的屏蔽效果也要定量描述。干扰源的天线等效、电磁场的性质、电磁屏蔽的分类、屏蔽材料和屏蔽效能等成为电磁屏蔽要解决的基础问题。

3.2.1　干扰源的两种等效天线

在 EMC 的分析中，电路产生的电磁干扰可等效为电偶极子天线和磁偶极子天线这两种基本天线所产生的干扰。电路中的非闭合载流导线（直导线）就是电偶极子天线，闭合载流导线（闭合回路）就是磁偶极子天线。电偶极子天线和磁偶极子天线在空间所产生的场（电场、磁场）有确定的解析表达式，空间中某点的场是若干个电偶极子天线和磁偶极子天线所产生的场的叠加，这是有限元法、矩量法等进行电磁场数值分析的基本思想。

图 3.7 所示是电偶极子天线和磁偶极子天线在空间所产生的电场和磁场，电场和磁场的方向在空间相互垂直。

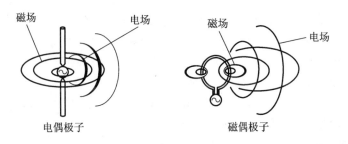

图 3.7　干扰源的两种等效天线

3.2.2　电磁场的性质与电磁屏蔽的分类

1. 电磁波的传播

电磁波在空间传播时有球面波和平面波两种形式。在天线（电偶极子天线、磁偶极子天线）周围不是很远的空间，电磁波的形式为球面波，而在离开天线很远处，电磁波为平面波。所谓球面波是指空间点的场强沿球面分布，该点的电场强度 E 沿经线切线方向、磁场强度 H 沿纬圆切线方向，电磁波传播方向 S 沿球面半径方向，且 $S=E\times H$。所谓平面波，是指电磁波在传播过程中，E 和 H 分别在一个平面上，电磁波传播方向 $S=E\times H$。

电磁场按波阻抗大小可分为自由空间场、低阻抗场和高阻抗场。自由空间场的波阻抗为 $120\pi\ \Omega(377\ \Omega)$。以自由空间（平面波）波阻抗 $120\pi\ \Omega$ 为界，小于此值的场称为低阻抗场

（如磁偶极子的近场区为低阻抗场），高于此值的场称为高阻抗场（如电偶极子的近场区为高阻抗场）。

电磁波在真空或空气中传播有以下特点：

（1）电场强度、磁场强度或电磁波能量在传输过程中以 $1/r$ 衰减，即空间点离干扰源越远，电磁波衰减越大。

（2）电磁波为横电磁波（TEM波）。E 与 H 互相垂直且均与传播方向垂直的电磁波称为横电磁波，故横电磁波的 E 与 H 均无纵向分量，即电场和磁场都是纯横向的，沿传输方向的分量为零。

（3）电磁波的速度为 $c = 3 \times 10^8$ m/s。

2. 电磁场的性质

电磁场的性质取决于电磁场的能量密度。一个场源（干扰源所形成的场）的总能量密度由电场分量密度和磁场分量密度构成，其计算方法如下：

场源总能量密度：

$$W = W_E + W_H$$

电场分量能量密度：

$$W_E = \frac{1}{2} \boldsymbol{E} \cdot \boldsymbol{D} = \frac{1}{2} \varepsilon \mid \boldsymbol{E} \mid^2, \quad \boldsymbol{E} = \frac{\boldsymbol{D}}{\varepsilon}$$

磁场分量能量密度：

$$W_H = \frac{1}{2} \boldsymbol{H} \cdot \boldsymbol{B} = \frac{1}{2} \mu \mid \boldsymbol{H} \mid^2, \quad \boldsymbol{H} = \frac{\boldsymbol{B}}{\mu}$$

式中：ε 为介质的介电系数；μ 为介质的磁导率。

如果场源的电场分量能量密度远远大于磁场分量能量密度，这种场源就称为电场。如果场源的磁场分量能量密度远远大于电场分量能量密度，这种场源就称为磁场。如果场源的电场分量能量密度等于磁场分量能量密度，这种场源就称为电磁场。

对于电偶极子天线，在近场区，由于 $W_E \gg W_H$，故场的性质为电场；而在其远场区，由于 $W_E = W_H$，故场的性质为电磁场（平面波形式）。

对于磁偶极子天线，在近场区，由于 $W_H \gg W_E$，故场的性质为磁场；而在其远场区，由于 $W_E = W_H$，故场的性质为电磁场（平面波形式）。

3. 电磁屏蔽的分类

根据电磁场源性质的不同，电磁屏蔽分类如下：

$$
\text{电磁屏蔽}
\begin{cases}
\text{电(场)屏蔽}
\begin{cases}
\text{静电(场)屏蔽} \\
\text{交变电场屏蔽}
\end{cases} \\
\text{磁(场)屏蔽}
\begin{cases}
\text{低频磁场屏蔽} \\
\text{高频磁场屏蔽}
\end{cases} \\
\text{电磁(场)屏蔽}
\end{cases}
$$

低频磁场屏蔽也称静磁屏蔽，如永久磁铁、稳恒电流等产生的静磁场，对其屏蔽采用低频磁场屏蔽。高频磁场屏蔽也称交变磁场屏蔽。

根据电磁屏蔽的分类，并结合电偶极子天线和磁偶极子天线的近场、远场的场性质分析，我们得到以下结论：

（1）当干扰源等效为电偶极子天线时，若感受器处在干扰源的近场区，则屏蔽体需要采取电屏蔽；若感受器处在干扰源的远场区，则屏蔽体需要采取电磁屏蔽。

（2）当干扰源等效为磁偶极子天线时，若感受器处在干扰源的近场区，则屏蔽体需要采取磁屏蔽；若感受器处在干扰源的远场区，则屏蔽体需要采取电磁屏蔽。

3.2.3　屏蔽材料

常用的屏蔽材料分为铁磁材料、良导体材料和复合屏蔽材料三类。其中，铁磁材料和良导体材料用于屏蔽体的主体结构，如屏蔽室或方舱四周的墙、顶、地、门等结构以及屏蔽盒结构等。复合屏蔽材料主要用于屏蔽体的局部结构，也就是用于供电和人机信息交流的孔洞、缝隙，如电源电缆出入口、观察窗口、通风孔、工艺缝隙等。

1. 铁磁材料

铁磁材料（导磁材料、磁屏蔽材料）分为金属铁磁材料和非金属铁磁材料。常用的金属铁磁材料有纯铁、铁硅合金（即硅钢、电工钢）、铁镍软磁合金（即坡莫合金）、铁铝软磁合金等；非金属铁磁材料包括铁氧体、磁性陶瓷、磁性聚合物、氧化亚铁等。

衡量铁磁材料导磁性能的主要指标是相对磁导率 μ_r。铜为不导磁材料，将铜的实际磁导率作为比对参考，某种材料的实际磁导率与铜的实际磁导率之比称为该材料对铜的相对磁导率。显然，铜的相对磁导率 μ_r 为 1，其他不导磁材料如铝、银、金的相对磁导率 μ_r 也为 1。铁、钢的 μ_r 为 50～1000，热轧硅钢的 μ_r 为 1500，坡莫合金的 μ_r 为 8000～12 000，铁镍钼合金的 μ_r 为 100 000。μ_r 为区间值时，表示 μ_r 值随电磁波频率而变化，频率越高，μ_r 越小，因此铁磁材料适合低频电磁波的屏蔽。

铁磁材料也可用于磁场屏蔽。铁磁材料的 μ_r 值越大，屏蔽效果越好。

有些书中使用对空气的相对磁导率，这是使用相对磁导率数值时要特别注意的。

2. 良导体材料

衡量导体材料导电性能的主要指标是相对电导率 σ_r。相对电导率 σ_r 值大的材料称为良导体材料。铜为导体材料，将铜的实际电导率作为比对参考，某种材料的实际电导率与铜的实际电导率之比称为该材料对铜的相对电导率。显然，铜的相对电导率 σ_r 为 1，其他导体材料如银、金、铝、铁、钢的相对电导率 σ_r 值分别为 1.05、0.7、0.61、0.17、0.1。基于成本考虑，铜和铝是工程上常用的良导体材料。

良导体材料主要用于电场屏蔽和电磁场屏蔽。

用良导体材料制作的屏蔽结构有金属薄板材（如铝板、铜板、镀铜钢板、镀银钢板，后两者对电场、磁场、电磁场均有屏蔽作用）、金属丝网、截止波导管、软金属（如紫铜、软铝）等。

3. 复合屏蔽材料

复合（特殊）屏蔽材料主要有导电布、导电纤维、导电涂料、导电胶、导电纸、导电胶带、导电橡胶、屏蔽透光材料等。复合屏蔽材料在满足电气连续（电气密封）这个屏蔽要求的前提下，具有使用方便、重量轻、性价比高的优点，应用越来越广泛。

1）导电布

在化纤织物上镀铜或镀镍形成的化纤镀金属布，称为导电布。将吸收电磁波的树脂（即吸波材料）层和导电布牢固地复合在一起，可制成吸收导电布。导电布和吸收导电布对

20 MHz 以上的高频甚至微波都有很好的屏蔽性能，屏效值达 50 dB 以上。导电布和吸收导电布可制成各种高频和微波防护服、屏蔽帐篷、屏障以及灵敏电子设备的屏蔽保护套，也可在屏蔽外壳、屏蔽盒、屏蔽罩的接缝处作导电衬垫用。

2）导电纤维

用导电性能良好的金属或炭黑（即石墨）制成的纤维，或用良导体纤维与化学纤维混合制成的纤维，统称为导电纤维。把导电纤维用纺织的方法做成导电织物，这种导电织物具有和普通化纤布料相类似的物理、机械性能，柔软、透气、透光，可制成防静电或防电磁辐射工作服、屏蔽窗帘、屏蔽套、编织丝网等。用这种导电织物制作的工作服被比用导电布制作的舒适、耐用、美观。

3）导电涂料

导电涂料（导电漆）是由丙烯酸或环氧树脂黏合剂混合细小的银、铜、镍或石墨颗粒制成的。它能牢固地黏附在金属、塑料、陶瓷等表面，可用于屏蔽件缝隙填补，塑料等绝缘介质表面喷涂形成薄膜屏蔽，改善现有的普通或恶化的导电表面的屏蔽性能，防止出现静电或静电积累现象，增大结合面或密封衬垫的接触面积。将导电涂料喷涂在塑料机壳表面形成屏蔽层，涂一层时的表面阻抗约为 150 mΩ/□（"□"为方阻符号，单位方格的电阻称为方阻，方阻值等于导体材料的电阻率除以导体的厚度）。150 mΩ 的方阻值较大，要获得比较好的屏蔽效果，可多涂几层以减小表面电阻，提高导电性能。当涂层厚度在薄膜屏蔽范围内时，屏蔽效能主要依赖反射损耗；当涂层较厚时，屏蔽效能由反射损耗和吸收损耗共同决定。

4）导电胶

导电胶（导电黏合剂）是一种填充有银粉的热固性环氧树脂，其经固化（干燥）后可成为一种导电材料。导电胶可用于金属件的搭接连接，也可用于元器件的安装与固定，如滤波器与屏蔽壁板之间常用导电胶固定，因为滤波器的外壳要求接地，用导电胶可使滤波器底部与屏蔽板紧密接触，达到可靠接地。导电胶可使两金属件黏合达到较高的机械强度，同时形成导电良好的低阻抗通路，使用较为方便。

5）导电纸

先用电镀法在聚酯纤维、玻璃纤维或云母上镀镍或镀铜，形成导电纤维，再将导电纤维与木浆混合就可制成具有电磁屏蔽作用的导电纸。这种导电纸的重量和强度与普通纸相同，折叠、裁剪方便，其在 10 MHz～1 GHz 频段内的电磁屏蔽效能为 30～40 dB，可用于黏附在电子产品塑料机壳里作屏蔽用，也可用于屏蔽包装以进行敏感器件的保护（如防静电）。

6）导电胶带

导电胶带由带有导电背胶的金属箔（如铝箔、铜箔）或金属化导电布所制成，主要用于抑制电缆及机箱缝隙的电磁泄漏，具有屏效较高、使用很方便的突出优点。

7）导电橡胶

导电橡胶是将导电微粒（如银粉、表面镀银的铜粉、表面镀银的玻璃微珠等）均匀掺入硅橡胶中制成的，它既能保持橡胶原有的水、气密封性能，又具有高导电性。导电橡胶主要用于要求水、气密封及屏蔽频率范围特别宽的场合，适用于中、小型军用电子机箱和微波波导系统。

8）屏蔽透光材料

屏蔽透光材料用于观察显示孔的屏蔽，如雷达显示器、电子方舱及屏蔽室的观察窗口屏蔽等。屏蔽透光材料主要有金属单面镀膜或双面镀膜玻璃、导电膜有机玻璃、金属丝网夹心型玻璃、发泡金属透光板等。

3.2.4　屏蔽效能

衡量屏蔽体屏蔽效果的指标是屏蔽效能 SE(Shielding Effect)，用 dB 表示。SE 的定义分三种情况（定义式中的 E_0、E_1、H_0、H_1 可以用复数表示）：

对于电磁场屏蔽：

$$SE = 10\lg \frac{P_0}{P_1} \tag{3-1}$$

式中：P_0、P_1 分别为某点无屏蔽体和加屏蔽体时的功率。

对于电场屏蔽：

$$SE = 20\lg \frac{|E_0|}{|E_1|} \tag{3-2}$$

式中：$|E_0|$、$|E_1|$ 分别为某点无屏蔽体和加屏蔽体时的电场强度模值。

对于磁场屏蔽：

$$SE = 20\lg \frac{|H_0|}{|H_1|} \tag{3-3}$$

式中：$|H_0|$、$|H_1|$ 分别为某点无屏蔽体和加屏蔽体时的磁场强度模值。

由于 P 与 $|E|$、$|H|$，$|E|$ 与 $U(|E| = AF \times U$，AF 为测量天线的天线因子）之间有转换关系，上述三式可以相互导出，它们是等价的。

在实际的屏蔽体上，有如表 3.1 所列的多种因素引起电磁波的泄漏而导致屏蔽体屏蔽效能的下降，其中以缝隙和孔洞最为严重。

表 3.1　影响屏蔽效能的几种因素

类　型	要　点	类　型	要　点
实心屏蔽材料	材料种类、电气性能(σ_r、μ_r)、厚度及层数	屏蔽体尺寸	空腔谐振
缝隙	固定缝隙（焊缝、铆缝），可拆及活动缝隙（屏蔽体、螺纹紧固接缝，门、盖接缝等）	混合屏蔽	屏蔽体采用不同材料制成
孔洞	各种电气不连续孔洞	天线效应	各种金属导体引入屏蔽空间
屏蔽体形状	矩形、圆管形	电气滤波	传导耦合

屏蔽体屏蔽效能一般应在 $30 \sim 60$ dB 以上。表 3.2 所列为军用电子方舱屏效等级及指标。

表 3.2 军用电子方舱屏效等级及指标

等级	频段/Hz					
	10～150 k	0.15～30 M	0.1～1 G	1.7～10 G	10～18 G	18～40 G
Ⅰ	70 dB	90 dB	110 dB	110 dB	100 dB	100 dB
Ⅱ	60 dB	80 dB	100 dB	100 dB	90 dB	—
Ⅲ	—	60 dB	90 dB	90 dB	80 dB	—
Ⅳ	—	40 dB	60 dB	60 dB	—	—
电磁波类型	磁场		电场	电磁场		

对表 3.2 作两点说明：

（1）当不清楚干扰源是电偶极子还是磁偶极子，也不清楚屏蔽体是在干扰源的近场区还是远场区时，可按表中频率的分段确定电磁场的性质（电磁波类型）。

（2）表中缺的 30 MHz～0.1 GHz 频段、1～1.7 GHz 频段为谐振频段，因为这两个频段的波长与测试室、受试设备（EUT）的尺寸相比拟而造成谐振，谐振时测试信号会失真。

以上屏蔽效能针对的是稳态信号的频域屏蔽效能，对于瞬态信号的时域屏蔽效能，其定义为用电场峰值下降计算，即 SE=20lg（自由空间电场峰值/屏蔽空间电场峰值）。

3.3 电场屏蔽原理及屏蔽结构

电场屏蔽的目的是减小设备或电路、组件、元器件间的电场感应，它包括静电屏蔽和交变电场屏蔽。

3.3.1 静电屏蔽原理及屏蔽结构

静电放电（ESD）会对设备和人体造成危害，特别是会对 ESD 敏感的场效应管、MOS 集成电路等产生危害。利用静电屏蔽可以消除静电放电，因此静电屏蔽在工程中有重要价值。

1. 静电屏蔽原理

电磁学理论表明：有空腔的导体置于静电场中将达到静电平衡，此时导体中没有宏观的电荷运动，感应的正、负电荷沿导体表面分布（可能沿导体外表面两端分布，也可能沿导体内外表面分布），一侧带正电，另一侧带负电；导体内电场强度为 0；整个导体为等电势。

静电屏蔽包括静电耦合屏蔽和静电泄漏屏蔽两种情况。

图 3.8 所示为静电耦合屏蔽情况。如图 3.8(a)所示，将空腔屏蔽体置于静电场中，其外表面左、右两端感应出等量的正、负电荷，虽然外界场的电力线不能进入屏蔽体空腔，但屏蔽体为一等电势体且为感受器的信号地，此电势会造成对设备电路的干扰。如图 3.8(b)所示，屏蔽体用导线接地后，电荷泄放入地，屏蔽体才能保持地电位，进而实现有效的屏蔽。

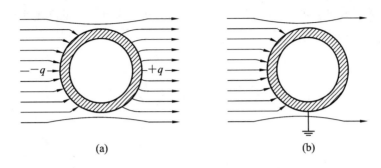

图 3.8　静电耦合屏蔽

图 3.9 所示为静电泄漏屏蔽情况。如图 3.9(a)所示，当屏蔽体空腔内的设备带电时，屏蔽体内外表面分别感应出等量的正、负电荷，屏蔽体外电场的电力线以屏蔽体外表面为始端，终止于无限远处，电场有泄漏，此时屏蔽体并未起到屏蔽的作用。如图 3.9(b)所示只有屏蔽体接地，电荷泄放入地，屏蔽体外部的电力线消失，屏蔽体的电位为 0，带电设备所产生的电力线被封闭在屏蔽体内部，屏蔽体才真正具有屏蔽作用。

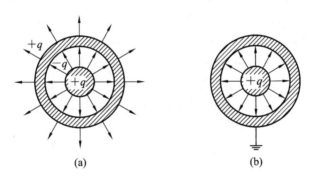

图 3.9　静电泄漏屏蔽

2. 静电屏蔽结构设计

从上面的分析可知，无论静电耦合屏蔽还是静电泄漏屏蔽，都需要满足以下两个条件：

(1) 屏蔽体要完整。

(2) 屏蔽体要良好接地(接地阻抗小于 2 mΩ 时就是良好接地)。

结构设计时，满足这两个条件的结构就可实现静电屏蔽。

3.3.2　交变电场屏蔽原理及屏蔽结构

对交变电场屏蔽的分析方法有场分析法和电路分析法，这里采用较为简便的电路分析法，并在此基础上给出交变电场屏蔽的结构。

1. 交变电场屏蔽原理

1) 无屏蔽体时的干扰分析

如图 3.10 所示，设 A 为干扰源，B 为感受器，电场感应导致感受器和地感应出等量的电荷，干扰源和感受器对地电势分别为 U_A 和 U_B。由于电势和电荷的存在，在干扰源和感受器、感受器和地之间分别形成分布电容 C_1、C_2。

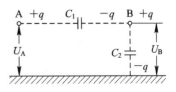

图 3.10　无屏蔽体时的干扰分析

C_1、C_2 可看作平行板电容器，其电容 $C=\varepsilon \cdot S/d$，其中 ε 为电介质的介电系数，S 为极板面积，d 为两极板之间的距离。

根据电容的定义有

$$\begin{cases} U_{AB} = \dfrac{q}{C_1} = U_A - U_B \\[2mm] U_B - 0 = \dfrac{q}{C_2} \end{cases}$$

消去 q 得

$$U_B = \frac{C_1}{C_1 + C_2} U_A = \frac{1}{1 + \dfrac{C_2}{C_1}} U_A \qquad (3-4)$$

EMC 设计的目的就是减小感受器的对地电势 U_B。从式(3-4)可得出减小 U_B 的两种措施：

(1) 减小 C_1，即使感受器与干扰源尽可能远离。

(2) 增大 C_2，即使感受器中的敏感元件贴近信号地布置。

2) 有屏蔽体时的干扰分析

当采取上述两种措施不能满足屏蔽要求时，则要采用屏蔽体加以解决。在干扰源和感受器之间加入一块不接地的屏蔽金属板 S，并假设屏蔽板尺寸无限大。分布电容和等效电路如图 3.11 所示，此时感受器的对地电势记为 U'_{BS}，屏蔽板对地电势记为 U_S，干扰源与屏蔽板、屏蔽板与地、屏蔽板与感受器之间的分布电容分别记为 C_3、C_4、C_5，而感受器与地的分布电容仍为 C_2，这时屏蔽板对地的电容为

$$C_{地} = C_4 + \frac{C_2 C_5}{C_2 + C_5}$$

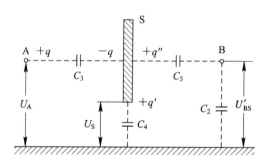

图 3.11 加屏蔽板时的干扰分析

若把屏蔽板 S 比作干扰源 A，U_S 当作 U_A，利用式(3-4)得

$$U'_{BS} = \frac{C_5}{C_2 + C_5} U_S \qquad (3-5)$$

若把屏蔽板比作感受器 B，利用式(3-4)得

$$U_S = \frac{C_3}{C_3 + C_{地}} U_A = \frac{C_3}{C_3 + C_4 + \dfrac{C_2 C_5}{C_2 + C_5}} U_A \qquad (3-6)$$

将式(3-6)代入式(3-5)中，得

$$U_{BS}' = \frac{C_5}{C_5 + C_2} \frac{C_3}{C_3 + C_4 + \dfrac{C_2 C_5}{C_2 + C_5}} U_A = \frac{C_5}{C_5 + C_2} \frac{1}{1 + \dfrac{C_4}{C_3} + \dfrac{C_2 C_5}{C_2 + C_5}\Big/ C_3} U_A \quad (3-7)$$

当屏蔽体离地较远，$C_3 \gg C_4$ 时，若还有 $C_3 \gg C_2 C_5/(C_2 + C_5)$，则

$$U_{BS}' \approx \frac{C_5}{C_2 + C_5} U_A \tag{3-8}$$

将有屏蔽板时的 U_{BS}' 与没加屏蔽板时的 U_B 相比较得

$$\frac{U_{BS}'}{U_B} = \frac{C_1 C_5 + C_2 C_5}{C_1 C_5 + C_2 C_1} \tag{3-9}$$

由于屏蔽板 S 与感受器 B 之间的距离小于无屏蔽体时干扰源 A 与感受器 B 之间的距离，因此 $C_5 > C_1$，于是

$$\frac{U_{BS}'}{U_B} > 1$$

即 $U_{BS}' > U_B$。可见此种情况下，屏蔽体不仅不起屏蔽作用，反而加强了干扰源对感受器的干扰。

如果屏蔽金属板良好接地，如图 3.12 所示，此时 $C_4 \approx \infty$，由式(3-7)得

$$U_{BS}' \approx 0$$

于是感受器获得了良好的屏蔽效果。

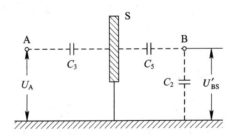

图 3.12　屏蔽板接地时的干扰分析

实际上，由于屏蔽金属板不是无限大且不是完全无缝隙的，在干扰源 A 和感受器 B 之间会有少量的感应电荷，也就是还存在剩余电容 C_1'（值很小），如图 3.13 所示。由于 C_1' 的作用，利用式(3-4)可得屏蔽体接地后在感受器 B 上的感应电压为

$$U_{BS} = \frac{C_1'}{C_1' + C_2 + C_5} U_A \approx \frac{C_1'}{C_2 + C_5} U_A$$

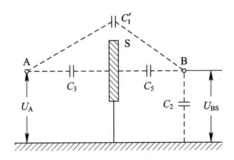

图 3.13　剩余电容对屏蔽的影响分析

2. 电场屏蔽设计要点

1）屏蔽体材料的选择

上述电场屏蔽分析把屏蔽体当作理想导体（理想导体的阻抗为0），实际屏蔽体具有一定的阻抗，屏蔽体自身阻抗愈大，电流愈不易流过，其屏蔽效能愈差。因此，屏蔽体应选用良导体材料，如铜、铝等。高频时，屏蔽体表面应镀银，以提高屏蔽效能。电场屏蔽体的厚度取决于其结构和工艺需要。

2）合理设计屏蔽体的形状

剩余电容 C_1' 会影响屏蔽体的屏蔽效能，减小 C_1'（屏蔽体越密封，C_1' 就越小）就能提高屏蔽效能。因此，盒形屏蔽体比板状的要好，全封闭的屏蔽体优于开有窗孔和缝隙的。屏蔽体必须开孔时，要尽量缩小开孔面积和减少开孔数量。

3）屏蔽体必须良好接地

电场屏蔽体接地质量对屏蔽效能的影响极大。一般要求屏蔽体与地的连接电阻小于 $2\ m\Omega$，在严格的场合下要求连接电阻小于 $0.5\ m\Omega$。如果屏蔽体通过接插件接地，因接插件本身的连接电阻在 $5\ m\Omega$ 左右，就必须用多对接插孔并联以减小接地电阻。屏蔽体通过导线与地相连时，为减小导线电阻，导线横截面应适当大些且不太长。例如，用扁铜条和编织线连接屏蔽体与地时，导线两端最好用焊接；若用螺钉连接，则应采用内齿弹性垫圈或外齿弹性垫圈（如图3.14所示），以减小连接电阻。为了使接地稳定可靠，同时还应注意接地点的腐蚀问题。

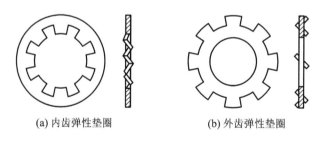

(a) 内齿弹性垫圈　　　　　　　(b) 外齿弹性垫圈

图 3.14　接地用弹性垫圈

4）正确选择屏蔽体的接地点

图3.15所示为屏蔽体、感受器接地情况，Z_B 代表感受器中低电平元件即敏感元件的阻抗，屏蔽体的接地点为 G_S，低电平元件的接地点为 G_B。由于地线和地不是理想导体，存

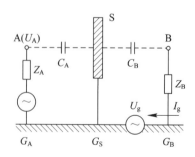

图 3.15　屏蔽体接地点的选择

在地电阻,地电流 I_g 会在两接地点 G_S、G_B 之间产生电位差 U_g,U_g 通过屏蔽体 S、电容 C_B、阻抗 Z_B 构成回路,导致地电流的干扰串入 Z_B,因此形成对敏感元件的干扰。减小这种干扰的方法是使 G_S 靠近 G_B,可减小地电阻(相当于减小导体长度)。这就要求屏蔽体的接地点应靠近被屏蔽敏感元件的接地点 G_B。

3. 电场屏蔽体的结构

1) 屏蔽盒的单层盖结构

封闭的屏蔽盒和机箱至少是两个零件的组合体。要取得良好的屏蔽效能,必须使组合体各部分之间的接触电阻减至最小。图 3.16 表示屏蔽盒盖将电场干扰耦合至被屏蔽体的途径及其等效电路。从等效电路可求得感受器 B 上感应电压 U_B 的表达式。因 $Z_{C_2} \gg Z_g$,故

$$U_B \approx \frac{Z_g}{Z_{C_1} + Z_g} \cdot \frac{Z_B}{Z_{C_2} + Z_B} U_A \tag{3-10}$$

式中:C_1 为干扰源 A 与屏蔽盒盖 G 间的分布电容;C_2 为屏蔽盒盖 G 与感受器 B 间的分布电容;Z_g 为屏蔽盒盖与盒体四周的接触阻抗;Z_B 为感受器的对地阻抗;Z_{C_1} 为干扰源 A 与屏蔽盒盖 G 间的耦合阻抗,$Z_{C_1} = 1/(j\omega C_1)$;$Z_{C_2}$ 为屏蔽盒盖 G 与感受器 B 间的耦合阻抗,$Z_{C_2} = 1/(j\omega C_2)$。

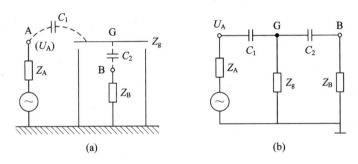

图 3.16　盒盖的耦合途径及其等效电路

由式(3-10)可见,为减小干扰源对被屏蔽的感受器 B 的影响,从结构上考虑,应尽可能减小盒盖与盒体间的连接阻抗 Z_g。改善电连接的各种措施可参阅 3.7.1 小节。电连接的质量不仅与结构有关,还与两连接面的表面状态有关。例如,在进行屏蔽体表面涂覆处理时,应确保电连接表面的金属裸露;装配前必须清除连接面上的绝缘保护层和氧化层,并用有机溶剂(如酒精、四氯化碳等)将接触面上的油垢及灰尘除去,以保证良好的电连接。

2) 屏蔽盒的双层盖结构

为了进一步提高屏蔽效能,屏蔽盒可采用双层盖。图 3.17 所示是双层盖示意及其等效电路。与单层盖的耦合等效电路相比,双层盖等效电路多了一节衰减,可提高屏蔽效能,也就是双层盖结构的屏效优于单层盖结构的。每一层盖依然要采取改善电连接的措施。图 3.18 所示为某高频屏蔽盒的双层盖结构,每层盖都采用梳形簧片改善电连接。两层盖中央应避免直接接触,当两盖间距很小时,盖间要垫绝缘层。为便于装配,可以借助外盖和内盖间绝缘层的弹性将内盖压紧,这样可省去内盖的紧固件。

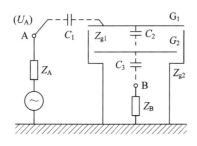
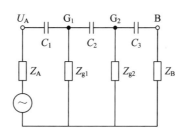
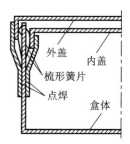

图 3.17　双层盖示意及其等效电路　　　　　　　图 3.18　双层盖结构

3）屏蔽盒的共盖结构和分盖结构

在电子设备的高频多级放大电路中，常有多个级联电路共用一个屏蔽盒，中间用隔板将各级电路隔开。这类屏蔽盒的盒盖处理方法有：共用一只盖子，或每个分格各用一只盖子。图 3.19 和图 3.20 所示分别是它们的结构示意及其等效电路。从等效电路来看，共盖与单层盖的结构是相同的；分盖与双层盖的结构相同，分盖结构屏蔽效能优于共盖结构。为提高共盖结构的屏蔽效能，可在中间隔板上预加专用螺母，再用紧固螺钉减小缝隙和改善盖子与隔板的电连接，如图 3.21 所示。

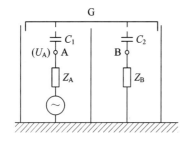
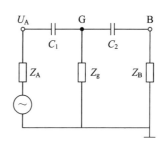

图 3.19　共盖结构示意及其等效电路

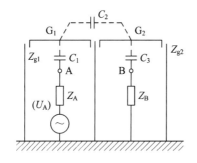
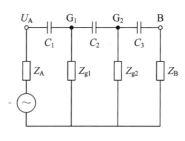

图 3.20　分盖结构示意及其等效电路

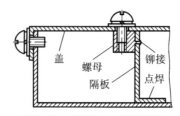

图 3.21　隔板上的专用螺母

4）变压器的电场屏蔽

变压器的绕组及铁芯之间都存在分布电容，如图 3.22 所示。变压器中，一个绕组中的电磁干扰会通过分布电容耦合到另一个绕组。在两绕组间加入电场屏蔽，可减小两绕组间的分布电容。

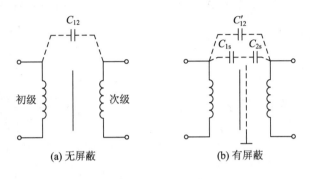

| (a) 无屏蔽 | (b) 有屏蔽 |

图 3.22　变压器绕组分布电容及其等效电路

图 3.22(b) 中的 C_{12}' 为屏蔽后两绕组间的剩余电容，其量值与屏蔽层的结构形式有关。屏蔽层的接地阻抗对屏蔽效能影响很大，因此屏蔽层的接地线应采用带状引线，并与屏蔽层进行焊接，不宜采用压紧式连接引线，以免留下接触不良等隐患。

下面是几种常用的变压器电场屏蔽结构。

（1）带状屏蔽。带状屏蔽即在变压器的初级绕组和次级绕组之间，绕上一层与绕组等宽的铜箔。绕制时应在重合处垫以绝缘层，防止铜箔在重合处构成短路，如图 3.23 所示。为防止屏蔽层上产生涡流，有时可把箔带制成梳状。带状屏蔽结构简单、加工方便，已被广泛应用于各种电子设备的电源变压器中，但是这种屏蔽的剩余电容较大。

（2）双重屏蔽。为了减小带状屏蔽的剩余电容，可在次级绕组的外层再按带状屏蔽的绕制方式加一层屏蔽，其结构如图 3.24 所示。外屏蔽层的宽度仍与绕组的宽度相等，内外两层屏蔽层的引出线在线包外并联后再接地。双重屏蔽的结构简单、加工方便，屏蔽效能比带状屏蔽有明显提高。例如，对一个 60 W、E 型铁芯的电源变压器进行实测发现，仅采用带状屏蔽时，初次级间的剩余电容为 44 pF；采用双重屏蔽时，剩余电容减小至 16 pF。上述数据都是在屏蔽层接地良好的情况下测得的。若屏蔽层都不接地，则测得初次级间的分布电容骤增至 192 pF，可见确保屏蔽层良好接地十分重要。

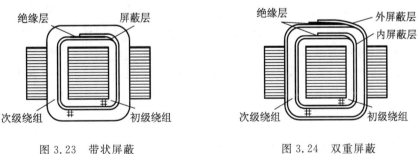

图 3.23　带状屏蔽　　　　　　图 3.24　双重屏蔽

（3）外折屏蔽。如图 3.25 所示，外折屏蔽是针对带状屏蔽存在较大剩余电容所作的改进。其制作方法：在初级绕组绕上一层宽度大于绕组的铜箔，次级绕组绕好后，将超出绕组部分的铜箔沿骨架四个棱边方向剪开，并向外弯折包住次级绕组，构成外折屏蔽。这种屏蔽结构可使剩余电容明显减小，但其工艺性及外观均不如带状和双重屏蔽，而且折弯的铜箔与绕组两端的导线间容易发生电击穿。

（4）封闭式屏蔽。封闭式屏蔽是先将次级绕组用铜箔全包封，如图 3.26 所示；再按初级绕组外形尺寸制作一胎模，在胎模上绕制初级绕组；然后用铜带缠绕初级绕组。在缠绕的起点与终点处同样要垫绝缘层，以免屏蔽层构成短路匝。最后将次级绕组套在初级绕组外面并与磁路组装。

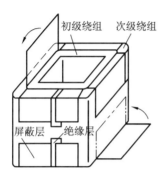
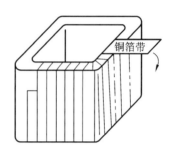

图 3.25　外折屏蔽　　　　　　图 3.26　封闭式屏蔽

（5）超级隔离。采用三重屏蔽技术的交流电源超级隔离器，不但可把变压器的初、次级分别进行封闭式屏蔽，而且在初、次级之间采取了法拉第屏蔽，使电源和负载之间实现了非常有效的隔离。其主要技术指标：对单相电源的相线与中线之间的差模干扰，在 1 kHz 时衰减大于 3 dB，每 10 倍频程衰减增加 20 dB；200 kHz 以上，衰减不小于 50 dB。在输出端并联一个电容器，可对噪声进一步抑制。这类超级隔离器对相线与地线的共模噪声衰减可大于 140 dB，在抗干扰电源设备中得到了广泛应用。

3.4　磁场屏蔽原理及屏蔽结构

载流导体或线圈周围都会产生磁场，如果电流是随时间变化的，则磁场也随时间变化，这种变化的磁场往往会对周围的敏感元器件及电路造成干扰。电子设备各电路单元间的连接线和信号线等难免会构成环形布线。弱信号环路很易受到周围交变磁场的干扰，而强信号回路易造成磁场发射，对其他敏感电路产生影响。在采用变压器耦合的低频放大电路中，当输出变压器的漏磁交联到输入变压器时，会造成电路工作不稳定，甚至引起自激的啸叫或汽船"噗噗"声。若有线圈处在干扰磁场范围内，且线圈的轴线与磁场并不互相垂直，则线圈中将产生感应电势。当干扰磁场较强时，小信号电路中使用的磁芯线圈内还可能由此产生调制干扰。因此，对电子设备产生或所受磁场干扰进行屏蔽是很重要的。

3.4.1　低频磁场屏蔽原理及屏蔽结构

1. 低频磁场屏蔽原理
在电子设备中，低频磁场干扰是一个棘手的问题，其原因是磁屏蔽体的屏蔽效能远不如电屏蔽和电磁屏蔽。对于低频磁场(包括恒定磁场)屏蔽，涡流的屏蔽作用很小，主要有赖于高磁导率材料所具有的高磁导率起磁分路的作用。图 3.27 所示为一高磁导率材料制成的屏蔽体(空心长圆筒)置于均匀磁场 H_0 中的情况。由于屏蔽体壁的磁导率高而磁阻小，空腔中的空气不导磁而磁阻大，磁力线大部分沿着壁内通过，穿入屏蔽体内腔的磁力线很少，即 H_1 很小，因而屏蔽体空腔对磁场具有屏蔽作用。屏蔽体的磁导率越高、壁层越厚，则磁分路的作用愈明显，磁屏蔽效能愈好。但其缺点是笨重、成本高。

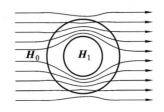

图 3.27　低频磁场的磁屏蔽原理

2. 低频磁场屏蔽效能的计算

磁屏蔽体的屏蔽效能不仅与屏蔽体的材料有关，还与屏蔽体的结构形式和被屏蔽的对象有关。下面分三种不同的情况给出屏蔽效能的计算公式。这些计算公式都是根据恒定磁场的条件推导出来的，但对可忽略涡流效应的甚低频磁场的屏蔽也近似适用。

1) 空心长圆管屏蔽体的磁屏蔽效能

如图 3.27 所示，将一个内、外半径分别为 r_1 和 r_2 的长圆管形磁屏蔽体放入均匀磁场 H_0 中，设 H_0 与管的轴线垂直，磁屏蔽材料对真空(空气)的相对磁导率为 μ_r，管内外的介质都是空气。根据电磁场理论可推导出：当 $\mu_r \gg 1$、$r_1 \neq r_2$ 时，管内任意点磁屏蔽效能的计算公式为

$$SE = 20\lg\left|\frac{H_0}{H_1}\right| = 20\lg\left(\frac{\mu_r(1-r_1^2/r_2^2)}{4}+1\right) \tag{3-11}$$

式中：H_0、H_1 用复数表示；$|H_0|$、$|H_1|$ 分别是其模值。

2) 封闭式空心屏蔽体的磁屏蔽效能

对于内部空心的盒式屏蔽体，其磁屏蔽效能可按式(3-12)近似计算：

$$SE = 20\lg\left\{0.22\mu_r\left[1-\left(1-\frac{t}{r_e}\right)^3\right]+1\right\} \tag{3-12}$$

式中：t 为屏蔽体壁厚；r_e 为与屏蔽体体积相等的等效球半径(计算方法见例 3-1)。从式中可看出，屏蔽体的壁厚 t 越大，或等效球的半径越小，则磁屏蔽效能愈好。

3. 低频磁场屏蔽体的结构

磁场屏蔽是通过屏蔽盒(罩)的高磁导性能，即低磁阻来实现的。与电场屏蔽不同，磁场屏蔽不需要接地。磁场屏蔽盒一般由板料用钣金工艺加工或冷冲成型，结构上难免有接缝或通风孔、观察用的孔洞。接缝和孔洞都会引起屏蔽体磁阻的增加，降低屏蔽效能。设计时，对屏蔽体的接缝和孔洞的处理应以降低磁阻为原则，从而减小对屏蔽效能的影响，具体实施要点如下。

1) 合理布置接缝与磁场的相对方位

在屏蔽体壁内，当屏蔽体的接缝与磁通流经方向垂直时，所呈现的磁阻就会增加，屏

蔽效能明显下降。当屏蔽体的接缝与磁通流经方向平行时，则磁阻的影响很小。因此，在设计磁场屏蔽体的结构时，必须使屏蔽体的接缝与壁内磁通的流经方向尽可能平行。图3.28 所示为 E 型铁芯电源变压器的屏蔽盒接缝的布置，图(a)所示屏蔽盒接缝全部切断了漏磁通途径，是不恰当的；图(b)所示中屏蔽盒接缝大都顺着漏磁通途径，是恰当的。

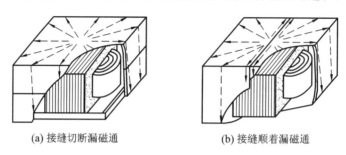

(a) 接缝切断漏磁通   (b) 接缝顺着漏磁通

图 3.28　磁场屏蔽盒接缝的布置

2) 正确布置通风孔

屏蔽盒上为被屏蔽对象散热所开的通风孔形状与布置应尽量减小屏蔽体磁路磁阻的增加。图 3.29 所示的磁场方向如箭头所示，图(a)中矩形通风孔大大减小了磁路的横截面积，不恰当；图(d)所示的圆形通风孔错位排列增加了磁路长度，也不恰当。而图(b)和图(c)所示孔的排列是正确的。

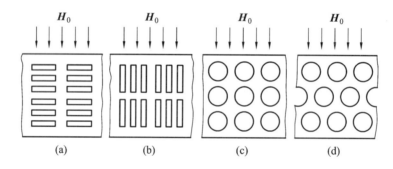

(a)   (b)   (c)   (d)

图 3.29　通风孔洞的布置

3) 合理的结构与工艺

接缝的连接工艺及结构对屏蔽效能的影响较大，应根据使用要求合理地设计，常用的连接方式有熔焊、点焊、铆钉和螺钉连接。熔焊时应采用与本体材料相同的焊条，使接缝具有最佳的屏蔽性能。点焊和铆钉连接时，在接缝处应有足够的重叠。实测表明，当重叠部分为 9 mm、点焊间距为 12 mm 时，接缝对磁屏蔽效能的影响几乎不用考虑。螺钉连接时，在交接处同样应有足够的重叠和尽可能小的螺钉间距。

由铁磁性材料特别是一些高磁导率材料制成的磁场屏蔽罩对机械应力较为敏感，因为机械应力的存在会使磁性材料的磁导率大大下降。例如，坡莫合金经机械加工后，未经退火处理时的磁导率仅为退火后磁导率的 5% 左右。因此，磁场屏蔽体必须在机械加工全部完成之后进行退火处理。有一种加工后磁特性几乎不发生变化的新型磁性材料，它是用同族化学元素采取速冷法制成的一种非晶态结构的合金，标称磁导率为 60 000。镍基和钴基非晶态带材的工艺简单，成本相应较低，它可以直接粘贴于接缝；也可用不同层数的箔带材料卷绕成型，层数愈多，屏蔽效能愈好。这种非晶态带材经弯曲和机械加工后，不需重新进行热处理，其屏蔽性能可与坡莫合金相媲美。退火虽能使非晶态带材的磁导率提高，但处理不当会使材料变脆，给实际应用带来了一定的困难。基于纳米技术研制成功的微晶软磁材料及纳米材料有望为低频磁场屏蔽开辟新的途径。

4）双层磁场屏蔽

由式(3-12)可知，增加屏蔽体壁厚虽能增强屏蔽效能，但屏蔽体厚度一般不宜超过2.5 mm，否则加工成型困难，结构也显笨重。当屏蔽效能要求较高时，不宜单纯增加屏蔽体厚度，而是采用双层屏蔽结构，这样能在体积、重量增加不多的情况下显著提高屏蔽效能。

(1) 空心双层薄壁圆筒的磁屏蔽效能。高分辨率和高灵敏显示系统的显像管对磁场极为敏感，常需对其进行双层磁场屏蔽。双层圆筒形磁场屏蔽体的屏蔽效能可按式(3-13)近似计算：

$$SE = 20\lg\left[1 + \frac{\mu_{r1}t_1}{2R_1} + \frac{\mu_{r2}t_2}{2R_2} + \frac{\mu_{r1}\mu_{r2}t_1t_2}{4R_1R_2}\left(1 - \frac{R_1^2}{R_2^2}\right)\right] \qquad (3-13)$$

式中：R_1、t_1、μ_{r1} 分别为内屏蔽层的半径、壁厚、对真空的相对磁导率；R_2、t_2、μ_{r2} 分别为外屏蔽层的半径、壁厚、对真空的相对磁导率。

(2) 双层薄壁球形壳体的磁屏蔽效能。在匀强磁场中的双层薄壁球壳，其磁场屏蔽效能可按式(3-14)计算。对于非球形的屏蔽壳体，如长方体、立方体等，只要求出等效球半径，也可采用此式进行屏蔽效能的估算。

$$SE = 20\lg\left[1 + \frac{2\mu_{r1}t_1}{3R_1} + \frac{2\mu_{r2}t_2}{3R_2} + \frac{4\mu_{r1}\mu_{r2}t_1t_2}{9R_1R_2}\left(1 - \frac{R_1^3}{R_2^3}\right)\right]$$

$$(3-14)$$

式中：R_1、t_1、μ_{r1} 分别为内球壳的半径、壁厚、对真空的相对磁导率；R_2、t_2、μ_{r2} 分别为外球壳的半径、壁厚、对真空的相对磁导率。

(3) 双层磁场屏蔽的结构考虑。双层屏蔽的内、外屏蔽层可以用相同的材料制成，亦可用不同的材料制成。若要对强磁场进行屏蔽，且屏蔽效能要求较高，则内、外层应采用不同的铁磁性材料。若要屏蔽外部强磁场，则外层应选用饱和磁感应强度高的材料，使其在强磁场作用下不致饱和；内层应采用饱和磁感应强度低的高磁导率材料。若要屏蔽内部强磁场，则材料的排列次序与上述相反。内、外屏蔽层的固定要确保层间磁绝缘。当内屏蔽层没有接地要求时，可用绝缘材料作支柱；如果要求接地，则可选用非铁磁性金属兼作接地支柱。

3.4.2　高频磁场屏蔽原理及屏蔽结构

如前所述，铁磁性材料的磁导率随频率的升高而下降，当频率较高时，低频磁场屏蔽的措施可能会失效，应采取高频磁场屏蔽。

1. 高频磁场屏蔽原理

高频磁场可采用由铝、铜等良导体材料制成的屏蔽体实现屏蔽，其屏蔽原理：屏蔽体外表面或内表面由于法拉第电磁感应产生涡电流，因为良导体材料电阻小，所以涡电流值相对较大，涡电流所产生的焦耳热消耗了外部进入屏蔽体或从屏蔽体内部泄放的磁场能量，因而起到屏蔽作用。

2. 高频磁场屏蔽体的结构

低频电流沿导体整个截面流动，而高频电流则沿导体表层流动，此现象称为高频电流的集肤(趋肤)效应。

高频磁场屏蔽体的厚度因高频涡电流的集肤效应可取较小的数值，不像低频磁场屏蔽体厚度较大，一般高频磁场屏蔽盒的厚度为 0.2~0.8 mm。高频磁场屏蔽体也不需接地，但用良导体材料制成的屏蔽体接地可使屏蔽体同时具有电场屏蔽和高频磁场屏蔽的作用。

3.4.3 减小磁场干扰的非屏蔽措施

磁场屏蔽是抑制磁场干扰最有效的措施，但磁场屏蔽会使屏蔽体的结构复杂，体积、重量增加，成本提高，甚至使发热元件散热困难。下面几种减小低频磁场干扰的措施，其效果虽不如磁场屏蔽那么显著，但结构和工艺简单，成本低，因此被广泛采用。

1. 交叉扭绞布线和双绞线

图 3.30(a)给出了信号源向负载传输信号的回路。在该回路所包围的面积内有交变干扰磁场穿过时，回路中会产生感应电势。该电势将叠加到信号上，进而在负载上产生响应。反之，若该信号源与负载间构成一个强信号回路，则在其周围必然产生干扰场。把信号源与负载间的布线改成如图 3.30(b)所示的结构，由于构成了两个面积相等的交叉回路，它们在外磁场作用下所产生的感应电势及伴生的感应电流方向相反、大小相等，由干扰产生的感应电流在负载上互相抵消，减小了外部干扰的影响。同理，该交叉回路对外产生的干扰场也因抵消作用而减弱。

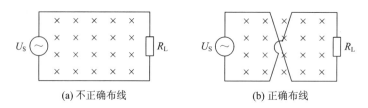

| (a) 不正确布线 | (b) 正确布线 |

图 3.30　交叉布线减小干扰影响

电源(或信号源)采用软导线连接时，可按交叉布线的原理把两根连接导线扭绞成双绞线，又称麻花线。这种双绞线在低频传感器信号连接和电源电路中被广泛采用，它具有很好的抗干扰能力和减小对外界干扰的能力。在双绞线的基础上，现已开发了三绞线和多绞线，有的外面还加有屏蔽套，对磁场干扰的抑制能力较强，可供设计时选用。

2. 设置漏磁短路环

图 3.31 所示为用紫铜带做成的变压器漏磁短路环。漏磁通在环内感生涡流，而涡流所产生的磁场与漏磁场反向，所以短路环减小了漏磁场对外界的干扰。实测表明，当变压器工作频率提高时，漏磁短路环抑制漏磁的能力会显著增加。

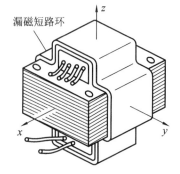

图 3.31　变压器漏磁短路环

3. 变压器铁芯外侧包薄钢板

把变压器全部屏蔽起来效果虽好，但其结构复杂，散热困难。简单的方法是用薄钢板把变压器铁芯外侧围起来，这样对减小铁芯接缝漏磁很有效。包的层数越多，屏蔽作用越好。有些变压器就将此外包钢板兼作安装架用。

4. 控制干扰场源与被干扰元器件的距离及相对方位

电源变压器或其他类型的干扰场源所产生的干扰场强随距离增大而减小。对低频磁场敏感的元器件应避开干扰场源。例如，电子设备中的电源变压器及其他磁场干扰源的配置应远离阴极射线管。干扰磁场方向与被干扰元器件的相对方位对干扰效果也有影响。例如，当螺旋线圈轴线与磁场垂直时，干扰磁场在线圈内的感生电势为零，不产生干扰；当磁场与电子的运动方向平行时，电子受到干扰磁场的力（洛伦兹力）为零，也不造成干扰。可见调整被干扰元器件与干扰场的相对方位，同样能减小干扰。此外，需注意的是电源变压器漏磁衰减程度与安装材料有关，当变压器安装在铁磁性材料（如薄钢板）上时，漏磁随距离的增大而缓慢减小；若安装在非铁磁性材料（如铝、铜或绝缘材料）上，则漏磁将随距离的增加迅速减小。从减小电源变压器漏磁方面考虑，安装板采用非铁磁性材料较好。

5. 抗干扰变压器

传输低电平信号的变压器易受外磁场干扰，采用环形磁路和对称绕组，可以提高其抗磁场干扰的能力。这种变压器统称为抗干扰变压器。图 3.32 所示是抗干扰变压器的示意图，其绕制方法是在环形磁路的两边各绕初级绕组及次级绕组的一半，图中只绘出了初级绕组。两边绕组的绕向相同，两绕组的始端（或末端）相接，另两个端头作输出用。当传输的信号电流 I 流经绕组时，两边绕组在磁路中产生的磁通 ϕ 同向相加，相当于两个绕组串联叠加的效果。如果变压器受到均匀的外磁场干扰，则外磁场流经磁路两边的 ϕ' 是相等的，因而在两边绕组中产生幅值相等、相位相反的电势，最后在引出端合成的感生电势相消为零，从而抑制了外磁场在该变压器引出端的响应。

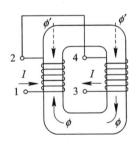

图 3.32　抗干扰变压器的示意图

6. 减小电源变压器自身的漏磁

电子设备中电源变压器的漏磁是一个重要的磁场干扰源。电源变压器的传统设计方法均以功耗、重量、成本为出发点，不太注意变压器工作时的漏磁。从电子设备整体的电磁兼容性着眼，在进行电源变压器设计时，应对变压器的漏磁予以重视。特别是对于那些含有磁敏感元件的设备，建议以减小漏磁作为变压器设计的依据之一。这样做虽然会提高变压器的成本，但简化了屏蔽设计，甚至为缩小整个设备的体积创造了条件，综合效/费比可能反而提高了。在变压器设计和制造中，为减小变压器本身的漏磁可采取下列措施：

（1）正确选用铁芯结构。铁芯结构有 E 型和 C 型两种基本形式，在伏安数相同的条件下，C 型对称绕制变压器的漏磁场通常低于 E 型的。

（2）选用优质材料作铁芯，并在加工成形后进行退火处理，便可获得磁导率很高的铁芯，使变压器的固有漏磁显著下降。

（3）正确选用铁芯材料的参数。在变压器设计中，对于所用的铁芯材料应取其饱和磁感应强度的下限值，这样虽然会使变压器成本和重量有所增加，但由于减小了漏磁，简化了屏蔽、散热等措施，因此实际提高了效/费比。

（4）减小铁芯接合处的间隙。铁芯接合处的间隙会影响铁芯磁路的磁阻，尤其是整体对合装配的 C 型铁芯，漏磁对间隙极为敏感，因此 C 型铁芯的结合端面应进行精磨加工，装配时保持对接面清洁，并采用可靠的紧固结构。

3.5　电磁场屏蔽原理及屏蔽结构

由于电磁场同时存在能量相当的电场和磁场，因此，电磁屏蔽需要同时抑制或削弱电场和磁场。电磁屏蔽是用良导体材料制成的屏蔽体阻止高频电磁场在空间传播的一种措施。电磁波在通过金属或对电磁波有衰减作用的阻挡层时，会受到一定程度的衰减，表示该阻挡层的材料有屏蔽作用。关于电磁屏蔽的机理，有三种理论：

（1）基于电磁感应原理的感应涡流效应。如前面高频磁场屏蔽原理所介绍的那样，通过涡电流的屏蔽效应阐述电磁屏蔽的机理。这种理论比较形象易懂、物理概念清楚，但难以推导出定量的屏蔽效能表达式，且不能解释清楚骚扰源特性、传播媒介、屏蔽材料磁导率等因素对屏蔽效能的影响。

（2）电磁场理论。电磁场理论应该是分析电磁屏蔽原理和计算屏蔽效能的经典学说，但分析计算比较复杂。

（3）传输线理论。引导电磁波传输的导体或者介质称为传输线，如平行双线、同轴电缆、波导等。这种理论是根据电磁波在金属屏蔽体中传播的过程与其在传输线中传输的过程相类似来分析电磁屏蔽机理，并定量计算屏蔽效能。这种理论比电磁场理论更简便。本节用传输线理论阐述电磁屏蔽原理，并计算屏蔽效能。

3.5.1　电磁场屏蔽原理

如图 3.33 所示，假设屏蔽体的厚度为 t，屏蔽体把空间分为两部分：屏蔽体内被保护的空间称为被屏蔽空间，屏蔽体外的空间称为自由空间。

假设一电磁波由自由空间向厚度为 t 的金属屏蔽体投射。当电磁波到达金属导体表面Ⅰ时，一部分电磁波被导体反射形成反射波；剩余部分透过金属导体的第Ⅰ表面进入导体内，形成透射波，并在导体内衰减传输，然后到达导体的第Ⅱ表面；到达第Ⅱ表面的电磁波一部分反射回导体内，仅剩小部分透过第Ⅱ表面进入被屏蔽空间；在导体第Ⅱ表面反射回导体的这一部分电磁波继续在导体中反射传输。此过程反复继续，直至能量全部衰减、损耗和透射。

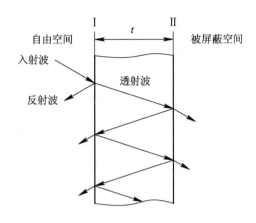

图 3.33　电磁屏蔽原理图

如果把电磁波刚进入导体时被反射的电磁波能量称为反射损耗，透射波在导体内传播时被衰减的那部分电磁波能量称为吸收损耗，电磁波在导体两表面 Ⅰ、Ⅱ 之间所形成的多次反射产生的损耗（包括透射掉的电磁波）称为多次（交互）反射损耗，那么金属屏蔽体对电磁波的屏蔽效果包括反射损耗（R）、吸收损耗（A）和多次（交互）反射损耗（B）。若用分贝来表示屏蔽体的屏蔽效能，则 $SE = A + R + B$（dB）。

1. 吸收损耗 A

吸收损耗的计算公式为

$$A = 0.131t \sqrt{f\mu_r\sigma_r} \text{ dB}$$

式中：t 为屏蔽体的厚度（mm）；μ_r、σ_r 分别为屏蔽材料对铜的相对磁导率和相对电导率；f 为电磁波频率（Hz）。由上式可知，吸收损耗随屏蔽体的厚度 t 和电磁波的频率 f 的增加而增加，同时也随着屏蔽材料的相对磁导率 μ_r 和相对电导率 σ_r 的增加而增加。

2. 反射损耗 R

反射损耗与近场、远场有关，既与屏蔽体和干扰源的距离 r（m）有关，也与干扰源的性质有关。在干扰源的近场区，电磁波主要形式可能是电场（如电偶极子的近场）或磁场（如磁偶极子的近场）；在干扰源的远场区，电磁波为平面波且一律为电磁场形式。

近场区的电场反射损耗为

$$R_e = 321.7 \text{ dB} + 10\lg\left(\frac{\sigma_r}{\mu_r f^3 r^2}\right)$$

近场区的磁场反射损耗为

$$R_m = 14.6 \text{ dB} + 10\lg\left(\frac{fr^2\sigma_r}{\mu_r}\right)$$

远场区的平面波反射损耗为

$$R_p = 168 \text{ dB} + 10\lg\left(\frac{\sigma_r}{\mu_r f}\right)$$

可以看出，对于同一种屏蔽材料，不同的干扰源有不同的反射损耗。通常情况下，磁场反射损耗小于平面波反射损耗和电场反射损耗，即 $R_m < R_p < R_e$。因此，在不知远、近场以及干扰源性质时，从可靠性即保守设计考虑，计算总屏蔽效能时，一般以磁场反射损耗 R_m 代入计算反射损耗 R。

3. 多次(交互)反射损耗 B

多次(交互)反射损耗计算公式为

$$B = 20\lg(1 - e^{\frac{-2t}{\delta}}) \quad \text{或} \quad B = 20\lg(1 - 10^{-0.1A})$$

式中：t 为屏蔽体厚度(mm)；δ 为电流集肤深度(mm)。当屏蔽体较厚或频率较高时，屏蔽体吸收损耗较大，一般 $A > 10$ dB，这时多次反射损耗很小，可忽略不计。但当屏蔽体较薄或频率较低时，吸收损耗很小，一般 $A < 10$ dB，这时多次反射损耗就必须考虑。

[**例 3 - 1**] 一长方体屏蔽盒的外部尺寸为 $120 \text{ mm} \times 25 \text{ mm} \times 50 \text{ mm}$，厚 0.5 mm，材料为铜。计算频率为 1 MHz 时屏蔽盒的电磁屏蔽效能。

分析 从上述屏效计算式可知，求屏效的关键是反射损耗，而反射损耗与近场、远场和干扰源性质有关，但题目没有这些条件。此问题求解的思路是互易定理：屏蔽体对外部场的屏蔽效能等于屏蔽体对内部场的屏蔽效能。将干扰源放在屏蔽体内部就有了近场、远场条件，进而求出反射损耗。

解 (1) 计算干扰源到屏蔽体的距离。假设长方体盒中心有一干扰源，可用等效球体半径 r_0 代替干扰源到屏蔽体的距离，以此来判断屏蔽盒处于近场区还是远场区。

$$r_0 = \sqrt[3]{\frac{3V}{4\pi}} = \sqrt[3]{\frac{3abh}{4\pi}} = \sqrt[3]{\frac{3 \times 120 \times 25 \times 50}{4\pi}} \approx 33 \text{ mm}$$

$$\frac{\lambda}{2\pi} = \frac{\frac{3 \times 10^8}{1 \times 10^6}}{2\pi} \text{ m} = 47.75 \text{ m}$$

因为 $r_0 \ll \dfrac{\lambda}{2\pi}$，所以屏蔽盒处于近场区。

(2) 求反射损耗。由于屏蔽盒处在近场区，应计算 R_e 或 R_m，从可靠性考虑，应计算 R_m。

$$R_m = 14.6 + 10\lg\left(\frac{fr^2\sigma_r}{\mu_r}\right) = \left[14.6 + 10\lg\left(\frac{10^6 \times (33 \times 10^{-3})^2 \times 1}{1}\right)\right] \text{ dB} \approx 45 \text{ dB}$$

(3) 求吸收损耗。

$$A = 0.131t\sqrt{f\mu_r\sigma_r} = 0.131 \times 0.5 \times \sqrt{10^6 \times 1 \times 1} \text{ dB} = 65.5 \text{ dB}$$

因为吸收损耗 $A = 65.5$ dB > 10 dB，所以可忽略多次反射损耗。

(4) 求屏蔽效能。

$$\text{SE} = A + R_m = (65.5 + 45) \text{ dB} = 110.5 \text{ dB}$$

3.5.2 电磁场屏蔽结构

屏蔽体要用铝、铜等良导体材料制作，且接地良好。

3.6 薄膜屏蔽

工程塑料机箱因其具有造型美观、加工方便、成本低、重量轻等优点而被广泛用于电子产品中。其缺点是不能阻止电磁波的传播，即不具有电磁屏蔽作用。为使工程塑料具有电磁屏蔽作用，可采用喷涂、真空沉积和粘贴等技术在机箱上包覆一层厚度小于 $\lambda_t/4$ 的导电薄膜，称这种屏蔽层为薄膜屏蔽。其中，λ_t 为电磁波在导体（薄膜）中的传播波长，计算式为

$$\lambda_t = \frac{v_t}{f} = \sqrt{\frac{4\pi f}{\mu\sigma}} / f = \sqrt{\frac{4\pi}{\mu\sigma f}}$$

式中：μ、σ 分别为导体的绝对磁导率和绝对电导率。采用薄膜屏蔽时，导电薄膜一般在机箱的内壁。

由前述电磁屏蔽的传输线理论可知，当薄膜屏蔽的导电层很薄时，吸收损耗可以忽略，薄膜屏蔽的屏蔽效能主要取决于反射损耗，且多次反射损耗为较大的负值，起着减少界面反射损耗的作用，其本质是有电磁波透射进入被屏蔽空间，从而使屏效下降。表 3.3 所示给出了铜薄膜在频率分别为 1 MHz 和 1 GHz 时，不同厚度屏蔽层的屏蔽效能计算值。由表可见，薄膜较薄时的屏蔽效能几乎与频率无关。只有当屏蔽层厚度大于 $\lambda_t/4$ 时，由于吸收损耗增加，多次反射损耗趋于零，屏蔽效能才随频率升高而增加。图 3.34 给出了不同厚度的铝、铜、金、银、镍等薄膜的屏蔽效能与频率的关系曲线。

表 3.3　铜薄膜屏蔽层的屏蔽效能计算值　　　　　　　单位：dB

屏蔽层厚度/nm	105		1250		2196		21960	
频率/MHz	1	1000	1	1000	1	1000	1	1000
吸收损耗 A	0.014	0.44	0.16	5.2	0.29	9.2	2.9	92
反射损耗 R	109	79	109	79	109	79	109	79
多次反射损耗 B	−47	−17	−26	−0.6	−21	0.6	−3.5	0
屏蔽效能 SE	62	62	83	84	88	90	108	171

微机塑料机箱内壁采用喷涂导电涂层作电磁屏蔽是薄膜屏蔽的特殊应用。表 3.4 给出了用抗电磁波屏蔽漆喷涂的某微机塑料机箱在低阻抗磁场和电场（平面波场）条件下的实测屏蔽效能值。测试条件：发射采用直径 100 mm 的圆环天线，与被测机壳壁平行放置在机壳内；接收端采用电磁干扰测量仪的环状磁场天线，与发射天线同轴放置于机箱的外面，两者相距 200 mm，接收环与被测箱壁间距 80 mm。

表 3.4　微机塑料机箱导电喷涂层屏蔽效能的实测值　　单位：dB

频率/MHz	屏蔽效能		频率/MHz	屏蔽效能		频率/MHz	屏蔽效能	
	磁场	电场		磁场	电场		磁场	电场
0.15	1.0	90	2.00	7.0	71	18.0	17.9	54
0.50	3.0	82	4.00	6.7	64	24.0	18.4	
0.75	3.6	81	8.00	12.7	61	30.0	20.8	49
1.00	5.0	76	12.00	13.9	58			

表 3.4 表明，导电喷涂层对磁场的屏蔽效能远不如对电场的屏蔽效能。其原因是表3.3 中的铜薄膜是电气上连续的封闭屏蔽层，而导电喷涂层的导电微粒不可能构成电气上连续的封闭屏蔽层，其表面电阻比较大，屏蔽效能必然下降。进行低阻抗磁场条件下的屏蔽效能测量时，喷涂机箱的连续缝隙与孔洞泄漏是造成屏蔽效能下降的主要原因。

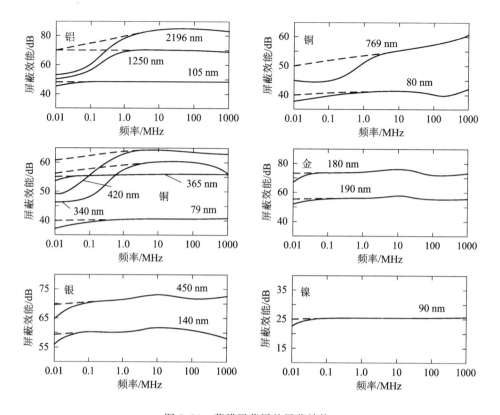

图 3.34　薄膜屏蔽层的屏蔽效能

 ## 3.7　屏蔽体上缝隙与孔洞的屏蔽

前面所讨论的屏蔽体假想是封闭的，即认为其电气上连续、均匀、无孔隙。这种理想的屏蔽体实际是不存在的。实际的屏蔽体（如机箱、屏蔽盒、屏蔽罩、方舱、屏蔽室等）存在缝隙和孔洞。缝隙有零件连接处的接缝、门缝等；孔洞有电源线、信号线、控制线等出入孔，散热通风孔，显示孔，观察孔，操作或调节元器件的安装孔等。这些缝隙和孔洞都会造成电磁能量的耦合和泄漏，降低屏蔽体的屏蔽效能。

3.7.1　缝隙的屏蔽

将金属板连接形成屏蔽体时，由于接合表面不平，焊接质量不好，紧固件（如螺钉、铆钉等）之间存在不密封的空隙等，都会在金属板的接合处留下一些细长的缝隙。接缝分为永久性接缝和非永久性接缝（也称为可拆式接缝）。例如，焊接形成的接缝就是永久性接缝，螺钉连接形成的接缝就是可拆式接缝。为提高屏蔽体的屏蔽性能，要求每一条接缝都应该是电磁密封的。改善这些缝隙的电接触，对屏蔽体结构设计是至关重要的问题。

1. 永久性接缝的屏蔽

屏蔽体上的永久性接缝是指那些连接在一起之后不再分离的接缝。这种接缝一般采用焊接工艺，如熔焊和钎焊。图 3.35 列举了两金属板之间常见的几种接缝形式，其中沿接合面用连续焊接形式的接缝质量较好，具体实施用搭焊和对焊。搭焊又分为平搭焊和阶梯形搭焊，点焊均是搭焊接缝。用镀锌铁皮制成的屏蔽体常用翻边咬合式接缝，它可有效地代替焊接形成的接缝。为了使该接缝的导电性良好，咬合前应先清除接合面上的非导电物质，然后将两者咬合起来，用适当的压力使之成形，最后进行焊锡钎焊。

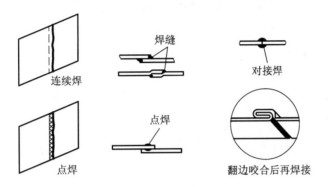

图 3.35　永久性接缝形式示意

这种永久性接缝处的射频阻抗几乎与金属板本身的射频阻抗相等，从而保证了屏蔽体接合处电气的连续性。连续焊接缝的射频特性最好。若用点焊，则焊点间距不宜超过 5 cm。

2. 非永久性接缝及其屏蔽效能

非永久性接缝(可拆式接缝)的配合面一般用螺钉紧固。由于紧固螺钉的间距不宜太小，加之配合表面的不平整和薄板材料的翘曲变形，不可避免地会在接合面产生缝隙，使屏蔽效能下降。

1) 缝隙模型及屏蔽效能的构成

图 3.36 所示为缝隙模型，缝隙有宽度 g 和深度 t 两个尺寸。其中，与电场方向垂直的方向为缝隙宽度 g 的方向。

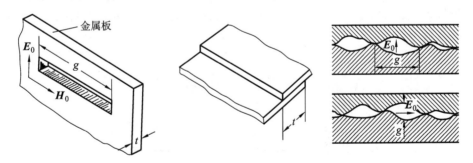

图 3.36　缝隙模型

屏蔽体的缝隙对入射电磁场的屏蔽作用由两部分组成：一是由于缝隙开口处的波阻抗与自由空间波阻抗不匹配引起的反射损耗；二是电磁波透入缝隙内传输过程中产生的传输损耗。缝隙的屏蔽效能是反射损耗和传输损耗之和。

2) 缝隙的屏蔽效能

(1) 缝隙开口处的反射损耗 R_a。R_a 由式(3 - 15)计算：

$$R_a = 20\lg\left|\frac{(1+N)^2}{4N}\right| \qquad\qquad (3-15)$$

式中：N 为缝隙开口处波阻抗与空间入射波的波阻抗之比值；入射场为低阻抗场时，$N=g/(\pi r)$，g 为缝隙的宽度尺寸(cm)，r 为屏蔽体到干扰源的距离(cm)；入射场为平面波场时，$N=\mathrm{j}6.69\times10^{-5}fg$，$f$ 为电磁波的频率(MHz)。

（2）缝隙的传输损耗 A_a。A_a 由式(3-16)计算：

$$A_a = 20\lg e^{-\pi t/g} = 27.3t/g \qquad\qquad (3-16)$$

（3）缝隙的屏蔽效能 SE 为

$$\mathrm{SE} = R_a + A_a = 20\lg\left|\frac{(1+N)^2}{4N}\right| + 27.3t/g \qquad\qquad (3-17)$$

实际屏蔽体应用中电场方向很难确定，为可靠起见，将缝隙开口的长轴尺寸作为 g 值。估算 g 的量值时可不考虑式(3-15)中的孔口反射项 R_a。设搭接缝深度 t 为 1 cm，如要该接缝屏蔽效能达 60 dB，则可算得

$$g = 27.3t/\mathrm{SE} = 27.3\times\frac{1}{60}\ \mathrm{cm} = 0.45\ \mathrm{cm}$$

由此可见，两搭接面因粗糙不平所构成的不连续缝隙长度应控制在毫米量级。显然，纯粹靠减小紧固螺钉间距是不可取的，应适当提高搭接材料的刚度和搭接面的平整度要求，必要时甚至应将搭接面精加工，以确保接缝的密合性。此外，屏蔽层基体采用软金属，在外加压紧力的情况下使接触表面的峰谷容易被压平，同样有利于射频密封。

3. 提高非永久性接缝屏蔽效能的结构措施

由式(3-16)可知，增加 t 或减小 g 都可增加传输损耗，这就为结构设计提供了依据。另外，在接缝处涂上导电涂料、两零件结合面加入导电衬垫都是提高非永久性接缝屏蔽效能的结构措施。

1）增加缝隙深度 t 的结构措施

实际屏蔽体泄漏的缝隙主要是屏蔽体上的各种可拆式接缝。为了增加缝隙的深度，可将连接处折弯。图 3.37 所示为增加缝隙深度的两种折弯结构，左边图是屏蔽盖折弯，右边图是屏蔽盒翻边。

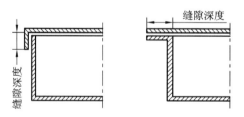

图 3.37　增加缝隙深度

2）减小缝隙长度 g 的结构措施

应在结构可能的条件下尽量增加连接螺钉的数量以减小螺钉间距即缝隙长度。图 3.38 所示是屏蔽效能与螺钉间距的关系，被测屏蔽体是用螺钉连接的铝薄板结构，板厚 2.3 mm，交接处重叠量 12.7 mm，测试频率 200 MHz。可以看出，屏蔽效能随螺钉间距增大而快速下降。

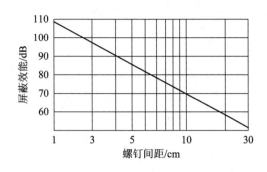

图 3.38　螺钉间距对屏蔽效能的影响

在屏蔽结构中，任何情况下都应使缝隙长度远小于所要抑制的电磁波波长 λ，一般应小于 $\lambda/100$，至少不大于 $\lambda/20$。当缝隙长度达 $\lambda/4$ 或更长时，缝隙就成为非常有效的电磁辐射器，会造成电磁能量的大量泄漏。

3）在接缝处涂导电涂料

导电涂料呈流体状，极易流入缝隙，填补被涂表面那些细微的不平整部位，能牢固地黏附在金属、塑料、陶瓷等表面，改善金属与金属之间的电接触。涂在绝缘介质上时，面电阻大约为 $150\ \mathrm{m\Omega/\square}$，若反复多涂几层则能进一步减小表面电阻。已出现腐蚀迹象的接缝也能用这种涂料来改善电磁密封性能。使用时首先应把接缝配合表面上的润滑油、机油、油漆、灰尘、氧化层及其他不导电的薄层除去，为此可分别采取研磨、抛光等方法并以有机溶剂清洁其表面。图 3.39 所示为导电涂料填补缝隙的应用实例。

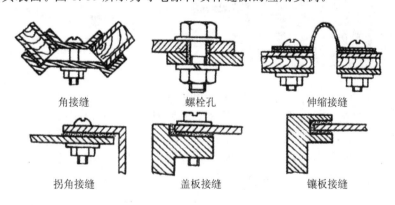

角接缝　　螺栓孔　　伸缩接缝

拐角接缝　　盖板接缝　　镶板接缝

图 3.39　导电涂料填补缝隙的应用

4）两零件结合面加入导电衬垫

提高接合面的加工精度固然可以减小安装缝隙，但是钣金加工的屏蔽盒接合面实际很难做到这一点。对于铸造成型或用厚板材拼制屏蔽体虽然能提高接合面的精度，但其成本骤增，而且仍难以获得预期的效果。为此一般都采用比较经济而实用的方法——在接合处安装导电衬垫，这样既可以减小接缝的泄漏，又不需要很高的加工精度。

（1）导电衬垫的性能要求。

① 应有足够的厚度并易变形，以补偿缝隙在螺栓、螺钉压紧时所出现的不均匀性，使衬垫和屏蔽体的两配合表面之间具有良好的电气接触。

② 导电衬垫的导电材料应有高的电导率，以保证在缝隙压紧时屏蔽体接缝处的射频

阻抗极小；在振动条件下仍然要保持电接触的稳定性。

③ 导电衬垫的导电材料应是耐腐蚀的，而且在电化性能上要与屏蔽体的两配合表面材料兼容，以防止电化学腐蚀，如衬垫中的金属与零件金属不能构成电偶腐蚀；当腐蚀不能完全避免时，要确保衬垫材料便捷更换。

④ 导电衬垫中的弹性材料在屏蔽体的工作温度下不产生软化或塑性变形，并确保在使用期内不老化，以保持衬垫的电气性能。

（2）导电衬垫的类型。依据所用材料的弹性、导电能力以及结构形式的不同，导电衬垫主要分为以下几种：

① 金属丝网衬垫。金属丝网衬垫由许多相互扣住的弹性丝组成，兼有内聚力和适应性较好的弹性。金属丝网衬垫适用于 100 MHz 以下的电磁屏蔽。

② 软金属衬垫。使用硬度较低和易于塑性变形的金属，如铜、铝等作为导电衬垫，使其在一定的压力下形变而填满缝隙。

③ 橡胶外包裹金属层衬垫。在橡胶外面包裹金属箔或编织金属丝网所制成的导电衬垫，其兼有橡胶的弹性和金属的导电性，广泛应用于缝隙屏蔽，但在高频及腐蚀环境中性能欠佳。图 3.40 所示是由铍青铜（不锈钢）和海绵橡胶组合形成的螺旋管衬垫就是此类衬垫。

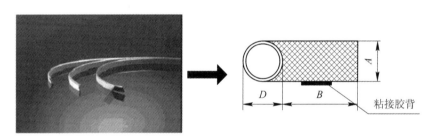

图 3.40　橡胶外包裹金属层衬垫

④ 梳形簧片衬垫。用具有弹性的铍青铜、磷青铜或锡磷青铜等制成梳形簧片，安装后簧片变形而使接触表面间保持一定的接触压力，从而达到紧密接触。图 3.41 所示是梳形簧片衬垫及其安装。梳形簧片衬垫适用于屏蔽室门及经常开启的屏蔽体盖，但在冲击、振动环境中电接触性能可能有潜在的不稳定因素。

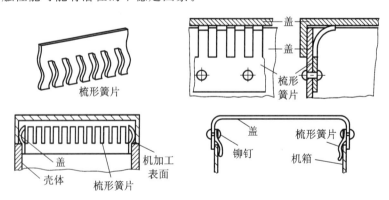

图 3.41　梳形簧片衬垫及其安装

⑤ 导电橡胶衬垫。导电橡胶衬垫的导电介质是银粉或表面镀有银的铜粉和玻璃微珠。这种衬垫兼有压力密封和电磁密封的功能，安装时必须施加较大的压力才能达到预期的效果。导电橡胶价格昂贵，导电性能，特别是高频性能并不好，选用要慎重。导电橡胶衬垫使用在铝或镁的配合表面之间时，会产生强烈的电化学腐蚀作用，所以用铝、镁材料制成的屏蔽体不宜采用导电橡胶作衬垫。如必须采用导电橡胶作衬垫，则铝表面必须先经铬化镀层处理，并在装配前涂上一层 0.025～0.05 mm 厚的环氧银粉漆，以减弱电化学腐蚀作用。图 3.42 所示为与安装零件形状适配的多种导电橡胶衬垫。

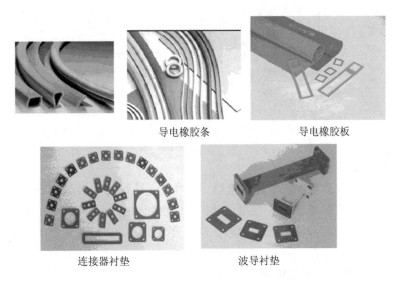

导电橡胶条　　　　　　导电橡胶板

连接器衬垫　　　　　　　波导衬垫

图 3.42　导电橡胶衬垫

⑥ 导电布衬垫。如前所述，复合屏蔽材料导电布也可用作导电衬垫，可在屏蔽外壳、屏蔽盒、屏蔽罩的接缝处做导电衬垫用。

（3）导电衬垫的安装。图 3.43（a）所示为接合表面上带有沟槽的导电衬垫安装结构，用于厚板材料制成的屏蔽体，能承受较大的压力，接缝处的连接较好。图 3.43（b）～（d）所示导电衬垫的安装结构用于薄板材料制成的屏蔽盒。可预先用导电胶把导电衬垫逐点胶在接合面上实现定位。

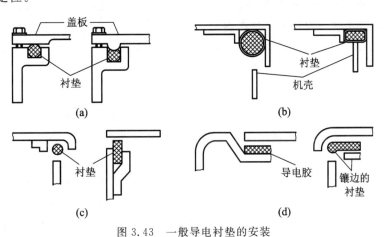

图 3.43　一般导电衬垫的安装

图 3.44(a)所示为用于机箱面板的导电衬垫结构。这里使用带有铝限位支座的导电衬垫,面板装入机箱的位置由铝支座厚度来限定。图 3.44(b)所示给出了兼有压力密封(水汽密封)和电磁密封的导电衬垫安装结构。这种衬垫事先把导电带条与压力密封的橡胶带条胶合在一起。为确保这类衬垫实现压力密封,必须施加足够的压力,紧固螺钉的间距要适当减小。

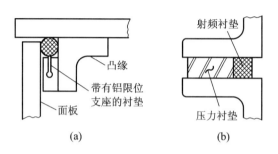

图 3.44 专用导电衬垫的安装

3.7.2 通风孔洞的屏蔽

电子设备、电路和元器件需要通风散热,这是前面热设计中自然冷却和强迫空气冷却所要求的,为此必须在屏蔽体上开设通风孔洞。但由此带来的是孔洞的电磁泄漏和外部电磁场的耦合进入,造成屏蔽体屏蔽效能的下降。通风孔洞的屏蔽就是要解决通风散热与电磁屏蔽的矛盾。

1. 影响通风孔屏蔽效能的因素

影响通风孔屏蔽效能主要有 5 个因素:

(1) 干扰源特性,如电场、磁场、电磁场。

(2) 通风孔到干扰源的距离,这决定了近场、远场及衰减。

(3) 电磁波的频率。

(4) 孔洞面积,对于某一固定的干扰源,泄漏将随孔洞面积增加而增加,即屏效随孔洞面积增加而降低。

(5) 孔洞形状,相同的开孔面积,矩形孔比圆孔的泄漏大,即矩形孔的屏效低于圆孔。

2. 提高通风孔屏蔽效能的结构措施

为使屏蔽体既能达到预期的屏蔽效能,又确保通风良好,通风孔常采用以下 3 种屏蔽结构。

1) 金属丝网

金属丝网可以编织而成,也可用金属薄板冲缝后拉制成整体通风网板,其电性能优于同类金属丝的编织网。把金属丝网覆盖在大面积的通风孔洞上,能显著地提高屏蔽效能,结构简单,成本低。

金属丝网的屏蔽效能与网丝直径、网孔的疏密程度及网孔材料的电导率有关。网孔的疏密程度用目数表示,目数是指每平方厘米丝网所具有的网孔数目,单位为孔/厘米^2 或线/厘米^2。图 3.45 所示为四种不同规格的丝网做成半径为 1 m 的通风窗在近区磁场条件下的屏蔽效能,可以看出:网孔越小即目数越大,丝径越粗,丝网材料的电导率越高,金属丝网的屏效越好；高于 100 MHz 以后，屏蔽效能随频率升高开始下降，表明它们不适用于高频。另外，金属丝网使用长久后，金属网丝交叉点的接触电阻因氧化而增加，导致屏蔽效能下降，安装后开始几年的下降量约为 6 dB/年。对网丝进行复合电镀处理可以改善交接处的接触电阻，特别是丝网目数高时，效果较为明显。

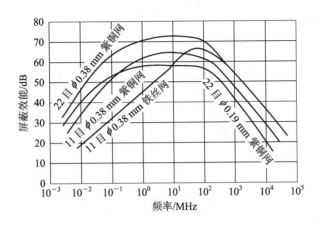

图 3.45　金属丝网的屏蔽效能

因此，金属丝网用做通风孔屏蔽的使用要求：适用于 100 MHz 以下的电磁屏蔽；大面积通风孔的屏蔽；使用长久后，屏效会下降。

金属丝网覆盖在通风孔上的结构有两种形式，如图 3.46 所示。一是把金属网覆盖在通风孔上后，周边经钎焊与屏蔽体壁连接，如图 3.46(a) 所示。这种方法使金属网与屏蔽体之间有良好的电连接，但工艺复杂，且易破坏周围的保护镀层。较为常用的方法是用环形或矩形压圈和紧固螺钉把金属网安装在通风孔上，形成可拆卸的结构，如图 3.46(b) 所示。安装之前，应把配合表面的绝缘涂层、氧化层、油垢等不导电物质清除干净，并应安装足够数量的螺钉以获得连续的电连接。这种安装方式，只要在结构和工艺上缜密安排，亦可获得良好的电连接。

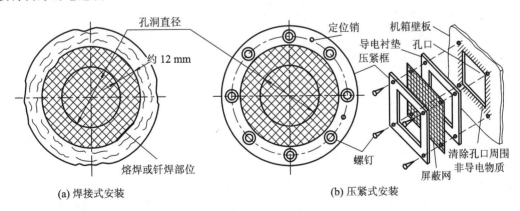

图 3.46　金属丝网的安装结构

2) 穿孔金属板

如前所述，孔洞尺寸越大，屏蔽效能越差。为提高屏蔽效能，可在满足屏蔽体通风量要求的条件下，以多个小圆孔代替大孔，构成屏蔽性能稳定的穿孔金属板。穿孔金属板有两种结构形式：一是直接在屏蔽体壁上打孔；二是单独预制成穿孔金属板，再用压紧式安装到屏蔽体的通风孔洞上。

穿孔金属板用作通风孔屏蔽的使用要求：适用于 500 MHz 以下的电磁屏蔽；大面积通风孔的屏蔽；屏效为 30~50 dB，用于屏效要求不高的场合。

穿孔金属板屏蔽效能的计算尚未有很完整的计算公式。这里介绍一种考虑因素较为全面的计算公式，它既适用于穿孔金属板，又适用于金属网的屏蔽效能计算。当孔眼尺寸远小于电磁波波长时，屏蔽效能表达式为

$$SE = A_a + R_a + B_a + K_1 + K_2 + K_3 \tag{3-18}$$

式中：各项单位为 dB，A_a 为孔眼中的传输衰减；R_a 为孔眼的单次反射损耗；B_a 为多次反射修正项；K_1 为与孔眼个数有关的修正项；K_2 为由集肤深度不同而引入的低频修正项；K_3 为由相邻孔间相互耦合而引入的修正项。式（3-18）中前三项分别对应于封闭屏蔽体的屏蔽效能计算式中的吸收损耗、反射损耗和多次（交互）反射损耗，后三项则是针对实际屏蔽体引入的修正项。各项计算方法如下：

(1) A_a 项。当入射波频率低于孔的截止频率 f_c（f_c 按下面介绍的矩形或圆形波导截止频率计算）时，A_a 项按下述两式计算：

矩形孔：$A_a = 27.3t/w$

圆形孔：$A_a = 32t/D$

式中：t 为孔的深度（cm）；w 为与电场垂直的矩形孔宽边长度（cm）；D 为圆形孔的直径（cm）。

(2) R_a 项。取决于孔的形状和入射波的波阻抗，其值由下式确定：

$$R_a = 20\lg\left|\frac{(1+N)^2}{4N}\right|$$

式中：N 为孔眼特性阻抗与入射波阻抗的比值，分下面几种情况计算：

低阻抗磁场的矩形孔：$N = w/(\pi r)$

低阻抗磁场的圆形孔：$N = D/(3.682r)$

平面波场的矩形孔：$N = j6.69 \times 10^{-5} fw$

平面波场的圆形孔：$N = j5.79 \times 10^{-5} fD$

其中：f 为电磁波的频率（MHz），r 为干扰源到屏蔽体的距离（cm）。

(3) B_a 项。当 $A_a < 10$ dB 时，多次（交互）反射损耗仍可利用上述比值 N 按下式决定：

$$B_a \approx 20\lg\left(1 - \frac{(|N|-1)^2}{(|N|+1)^2} \times 10^{-A_a/10}\right)$$

(4) K_1 项。当干扰源到屏蔽体的距离远大于孔眼间距时，孔眼个数修正项由下式确定：

$$K_1 = -10\lg(an)$$

式中：a 为每一孔眼的表面积（cm²）；n 为每平方厘米内的孔眼数目。如干扰源非常靠近屏蔽体，则 K_1 可忽略。

(5) K_2 项。当集肤深度接近于孔眼间距（或金属网丝直径）时，穿孔金属板的屏蔽效能将有所下降，用集肤深度修正项表示这种效应的影响：

$$K_2 = -20\lg(1 + 35p^{-2.3})$$

式中：对于金属丝网，p 为线径/集肤深度；对于穿孔金属板，p 为孔间导体宽度/集肤深度。

（6）K_3 项。当屏蔽体上各个孔眼相距很近，且孔深比孔径小得多时，由于相邻孔之间的耦合作用，屏蔽体将有较高的屏蔽效能。相邻孔耦合修正项 K_3 由下式确定：

$$K_3 = 20\lg\coth\frac{A_a}{8.686}$$

3）截止波导通风窗

截止波导通风窗适用于 500 MHz 以上的高频且工作频段宽，屏效要求高的小面积通风窗或孔洞的屏蔽。截止波导通风窗与金属丝网和穿孔金属板相比具有明显的优点：工作频段宽，即使在微波波段仍有较高的屏蔽效能；风压损失小；机械强度高，工作稳定可靠。其缺点是体积（主要是厚度）大、成本高。

（1）波导及其截止频率 f_c。高频信号的传输不能用导线，因导线的泄漏、耦合严重，要用箱壳状的波导来传输。导引电磁波传播的导体结构称为波导，如矩形波导等。由于波导壁不是理想导体，电磁波沿波导传输时，波导壁会感应出电流，该电流耗散传输的电磁波的部分能量，这说明电磁波在波导中传输时会衰减，衰减量随频率发生变化，频率越低衰减量越大。每种具体形状和尺寸的波导都有最低可传输频率，低于此频率的电磁波就不能在波导内传输，该频率称为截止频率，记作 f_c。f_c 只与波导的横截面尺寸及波导内介质的特性有关，波导内的介质可为空气、电介质等。当传输的电磁波频率低于波导截止频率 f_c 时，传输衰减急剧增大。在屏蔽技术中，正是利用波导的截止特性，把波导管作为通风孔，以抑制不希望的电磁波传播。

用作通风的波导称为截止波导，若干个截止波导焊接在一起形成的部件称为波导通风窗，其工作频率：屏蔽的电磁波频率 $f < f_c$。当 $f > f_c$ 时，波导通风窗将失去屏蔽作用，即屏蔽失效。用于波导通风窗的单根波导的结构，常用的有矩形波导、圆波导和六角形波导，如图 3.47 所示。图中，l 为波导长度（cm），a 为矩形波导内壁的宽边尺寸（cm），D 为圆波导的内壁直径（cm），w 为六角形波导内壁的外接圆的直径尺寸（cm）。

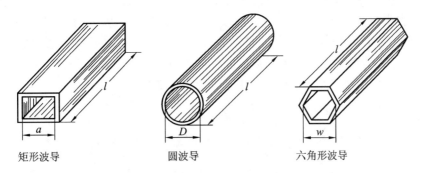

矩形波导　　　　　　圆波导　　　　　　六角形波导

图 3.47　常见的波导结构

下面给出这三种波导（内部介质为空气）截止频率的计算公式：

矩形波导的截止频率 f_c(Hz)：

$$f_c = \frac{15}{a} \times 10^9 \qquad\qquad (3-19)$$

圆波导的截止频率 f_c(Hz)：

$$f_c = \frac{17.6}{D} \times 10^9 \tag{3-20}$$

六角形波导的截止频率 f_c(Hz)：

$$f_c = \frac{15}{w} \times 10^9 \tag{3-21}$$

（2）单个波导的屏蔽效能。单个波导的屏蔽效能计算式为

$$SE = 1.823 \times f_c \times l \times 10^{-9} \times \sqrt{1 - \left(\frac{f}{f_c}\right)^2} \tag{3-22}$$

式中：f 为要屏蔽的电磁波频率(Hz)。通常 $f \ll f_c$，这时这三种波导的屏蔽效能：

矩形波导的屏蔽效能 SE(dB)：

$$SE = 27.35 \frac{l}{a} \tag{3-23}$$

圆波导的屏蔽效能 SE(dB)：

$$SE = 32 \frac{l}{D} \tag{3-24}$$

六角形波导的屏蔽效能 SE(dB)：

$$SE = 27.35 \frac{l}{w} \tag{3-25}$$

波导通风窗的屏蔽效能除与单个波导屏蔽效能有关外，还与波导个数即孔数有关，孔数越多，屏效下降越多。

（3）截止波导通风管（单个波导）的尺寸设计。设计截止波导通风管时，首先应根据需要屏蔽的电磁波的最高频率 f 确定 f_c，为使波导有足够的衰减量，一般取 $f_c = (5\sim10)f$；然后根据电子设备的结构和加工条件选择波导管的横截面形状，并由相应的 f_c 表达式反算横截面尺寸(a, D, w)；之后，按所要求的屏蔽效能 SE 和计算出的横截面尺寸反算波导管的长度 l；最后，校核 l，一般要求 $l \geqslant a$（矩形波导）或 $l \geqslant 3D$（圆波导）或 $l \geqslant 3w$（六角形波导）。

（4）波导通风窗的结构。从电子设备的实际通风散热要求考虑，为了获得足够的通风面积，可将多根截止波导紧挨着排列构成一组截止波导通风孔阵（蜂窝状通风窗），如图3.48(a)所示。设计、加工完善的单层波导式通风窗在 10 GHz 时的屏蔽效能可达100 dB以上。为了提高屏蔽效能，还可采用双层互相交错叠置的蜂窝状板组成，如图3.48(b)所示，利用波导孔错位处的界面反射进一步提高屏蔽效能。

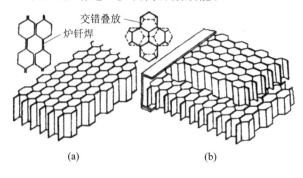

图 3.48　蜂窝状通风窗

图 3.49 所示为工程中使用的波导通风窗实物，图(a)所示为钢制波导通风窗，图(b)所示为发泡金属通风窗。

(a)　　　　　　　　　　　　　(b)

图 3.49　波导通风窗实物

截止波导除在通风窗中得到广泛应用外，还被用于抑制转动轴和照明孔的电磁能量泄漏等。

3.7.3　调控轴的屏蔽

机箱内需要调控的元器件(如可调电位器、大功率可变电容器或变感器等)常有传动轴伸出控制面板，此轴称为调控轴。调控轴与面板或安装结构之间的缝隙构成了电磁能量泄漏的途径。抑制调控轴电磁能量泄漏的有效措施是采用截止波导结构，如图 3.50 所示。当轴套长径比大于 3 时，轴套就相当于一根圆波导。这里的传动轴必须用绝缘材料(如聚四氟乙烯、聚砜等介电材料)制成。

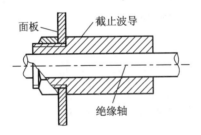

图 3.50　截止波导用于调控轴的屏蔽

式(3-20)圆波导的截止频率是按介质为空气时推出的，其实不管何种介质，截止波长仅与截面尺寸有关，其值为 $1.705D$。当电磁波在绝缘介质中传播时，截止频率推导如下：

$$\lambda = \frac{v}{f} = \frac{c}{f\sqrt{\varepsilon_r \mu_r}} = \frac{3 \times 10^8}{f\sqrt{\varepsilon_r}} = 1.705D \times 10^{-2}$$

式中：ε_r、μ_r 分别为绝缘介质相对于空气的介电系数和磁导率。

于是，带有绝缘介质的圆波导的截止频率 f_c 为

$$f_c = \frac{17.6}{D\sqrt{\varepsilon_r}} \times 10^9 \text{ Hz} \tag{3-26}$$

由于 $\varepsilon_r > 1$(如聚四氟乙烯的 ε_r 为 2.1,聚砜的 ε_r 为 2.9~3.1 等),故这时圆波导的截止频率比介质为空气时低。此时,调控轴的屏蔽效能计算只需要将式(3-26)中代入式(3-22)即可。

高性能屏蔽室出入门把手电磁泄漏是制约屏蔽室整体屏蔽效能的关键因素之一,其设计要点可参照调控轴的处理措施。

3.7.4 表头孔的屏蔽

电子设备机箱的面板上通常装有指示表头及刻度盘等元器件。这些元器件的安装部位均得开设相应尺寸的孔洞,防止这类孔洞的电磁泄漏通常需用附加屏蔽措施。图 3.51(a)所示为面板上指示表头孔的附加屏蔽结构——屏蔽罩,面板与屏蔽罩之间还加入了导电衬垫,以减小缝隙、改善电接触。穿过屏蔽罩的表头电源线由装在屏蔽罩上的两根穿心电容(穿心电容起高频滤波的作用。穿心电容主要包含一根芯线和外壳,芯线与电源线相接,外壳与屏蔽罩接地)引入,使电源线所感应的干扰信号旁路接地。图 3.51(b)所示表示了带有屏蔽罩的电表在面板上的安装结构,电表与面板之间装有导电衬垫,电表的面上覆盖有导电玻璃,以获得较完善的屏蔽。

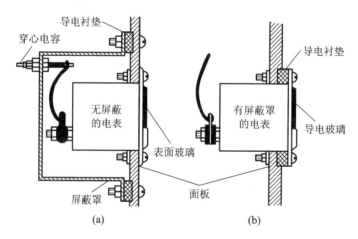

图 3.51 表头孔的屏蔽处理

导电玻璃的透光性及屏蔽效能都与其表面镀层的面电阻有关。对同种导电材料而言,电阻越小,屏蔽效能就越好,但玻璃的透光性则越差。镀膜玻璃的屏蔽效能不易做高,而且导电稳定性欠佳。为解决屏蔽与透光的矛盾,可采用夹金属网的屏蔽玻璃,它对平面波的屏蔽效能达 70 dB 以上,但对低频磁场的屏蔽效能不大。

3.7.5 显示孔口的屏蔽

电子设备上的显示器、数码管、指示灯等,安装时都留有孔口,其屏蔽的一般方法是加装屏蔽透光材料。如金属丝网夹心型玻璃,或用化学腐蚀刻制的细金属网栅加上经导电镀覆处理过的导电玻璃。导电镀覆的透明塑料也已采用。例如,透明塑料上镀上 30 μm 金膜后,电磁波(5.9 GHz)的透射率为 0.16%(即衰减 55 dB),光学透射率为 24%。这类材料的电气透射率将随频率的上升而减小。

3.8　电缆和电缆连接器的屏蔽

电子设备、仪器之间的连接要使用电缆和电缆连接器（电缆接头）。电缆用于传输信号，而电缆接头用来连接电缆和仪器、设备。电子设备的信号输入、输出接口，以及连接电缆是一个极其危险的电磁能量泄漏窗口，对整机电磁发射电平的高低举足轻重。为了抑制泄漏，应采用屏蔽电缆和屏蔽电缆接头。

1. 电缆的屏蔽

电缆的屏蔽方法是在普通电缆外包一层或几层屏蔽层。电缆屏蔽层的种类有金属丝编织层、管状屏蔽层（包括软导管和金属硬管）和可缠绕的高磁导率带条。其中，金属丝编织层也称为防波套，是使用方便、重量轻、成本低的一种屏蔽层，因此得到广泛应用。金属丝编织层的屏蔽效能，目前尚无精确的计算公式，只能由生产单位提供或实测确定。编织层的屏蔽效能随编织密度的增加而上升，随频率的升高而下降。金属丝编织层电缆的结构如图 3.52 所示。为提高电缆屏蔽效能，可选用双层屏蔽电缆、三层屏蔽电缆或半刚性屏蔽电缆等。

电缆的磁屏蔽编织层可用高磁导率材料（Metglas 合金或国产的非晶态带材），也可用退火的 μ-合金箔带在电缆上连续缠绕而成。为满足屏蔽要求，往往需绕制多层，如图 3.53 所示为四层高磁导率箔带缠绕的屏蔽电缆。绕制时，相紧贴的两层缠向应相反：将箔带沿电缆轴向绕完第一层后，第二层就反向缠绕。此法绕制的屏蔽层间隙小，电缆仍保持柔性。

影响电缆屏蔽层屏蔽效能的主要因素：屏蔽层材料（用良导体材料如铝、铜等制作）、编织密度、屏蔽层接地方式（两端要求 360° 周接）、电缆两端的源阻抗和终端负载阻抗（要求两阻抗匹配）、电缆接头的性能（如屏蔽性能、阻抗等）及电缆使用时的弯曲程度（尽量不弯或弯曲半径要大）。

电缆使用时的弯曲程度会影响屏蔽层的屏蔽效能，因为编织层的实际覆盖率是随着电缆的弯曲程度变化的：当电缆弯曲时，靠近内侧的覆盖率增加，近外侧的覆盖率则显著减小，由此导致屏蔽电缆屏效下降。此外，电缆弯曲半径过小，可能因电缆芯线位置偏移而导致特性阻抗变化。同轴电缆在室内使用时最小弯曲半径应大于 5 倍电缆外径；室外使用时弯曲半径不小于 10 倍电缆外径。

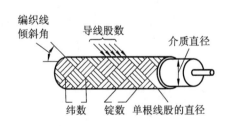

图 3.52　电缆屏蔽层的结构

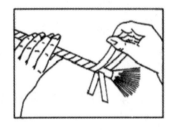

图 3.53　用磁性箔带绕制屏蔽层

2. 电缆连接器的屏蔽及应用

由于电缆有单芯电缆和多芯电缆之分，电缆接头相应也有单芯电缆接头和多芯电缆接头。图 3.54 所示为电缆接头的结构，它由多根电缆（屏蔽的或不屏蔽的）穿过同一接头，并保持每根屏蔽电缆单独屏蔽，每根电缆的屏蔽层应各自单独接地；连接器的屏蔽外壳应作可靠的接地处理。多芯电缆接头中，带插针的接头称为阳头，带插孔的接头称为阴头，阳头要与阴头配合使用。电缆接头最外层的壳子有两个作用：一是起连接作用，当阳头、阴头连接后，要确保阳头的插针插入阴头的插孔中，从而实现导线的连通；二是屏蔽作用。

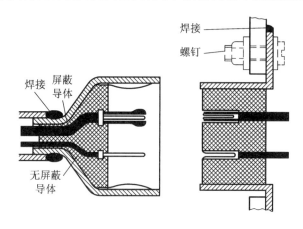

图 3.54　多芯电缆连接器（接头）结构

阳头和阴头的连接方式主要有螺纹连接式、卡扣式和推入锁定式。从屏蔽效能来看，螺纹连接式屏效最好，在屏蔽要求较高的场合，优先用螺纹连接式接头。根据接头的结构、连接方式、屏蔽性能和适用频段不同，接头分为 N 型（螺纹连接式）、BNC 型（卡扣式）、SMA 型（螺纹连接式）、TNC 型（螺纹连接式）、UHF 型（螺纹连接式）、F 型（螺纹连接式）、SMB 型（推入锁定式）、SMC 型（螺纹连接式）、MCX 型（螺纹连接式）、MMCX 型（螺纹连接式）等几十种。在电磁兼容行业中，常用 N 型、BNC 型、SMA 型三种接头。接头阻抗一般为标准的 50Ω，也有 75Ω 的。

当电缆接头型号不匹配时，可加装转接头进行匹配，常用的转接头有 N/BNC（一端为 N 型，另一端为 BNC 型）、N/SMA（一端为 N 型，另一端为 SMA 型）、BNC/SMA（一端为 BNC 型，另一端为 SMA 型）等。由于接头有阳头、阴头之分，为了加以区分，用 J 表示插针（阳头），用 K 表示插孔（阴头）。这样，在电缆接头、转接头的型号中就含有 J、K 字母以区分阳头、阴头，如转接头 N/BNC-JJ、N/SMA-KK、BNC/SMA-KJ 等。

当电子设备工作频率很高，上述常用高频同轴电缆接头已无法胜任时，可考虑采用平接头。此类接头加工精密，有三重屏蔽，在 10 GHz 时驻波比可达到 1.01，屏蔽效能大于 100 dB。

3.9　实际屏蔽体的屏蔽效能计算

工程实际中的屏蔽体不可避免地存在缝隙、孔洞等电磁泄漏途径，其屏蔽效能比理想化的密闭屏蔽体的屏蔽效能要低。本节介绍实际屏蔽体的屏蔽效能计算方法。

电磁场无论从屏蔽体的内部空间泄漏到外部，或者从外部耦合到内部空间，两者屏蔽效能相等。以电磁场耦合为例(见图 3.55),电磁场的传播可以归结为两个途径,经屏蔽体材料的穿透和经孔洞、缝隙的传输。由于电磁波在屏蔽壁中传播和在孔洞、缝隙中传播时不但速度不同,并且受到的衰减也不一样,因此形成了不同传播途径的电磁场幅度和相位的差异,这种差异还与屏蔽空间各考察点的坐标有关。一般情况下,这将造成十分复杂的场结构,使得对屏蔽效能的定量计算十分困难。

假定场源到达屏蔽板外侧面上的场强为 H_0(H 表示电场强度或磁场强度,下同),H_0 分别通过屏蔽材料和孔缝传输到屏蔽板内侧即被屏蔽空间,在内侧的场强相应为 H_1 和 H_2。在内侧测试点的场强应为各场强信号的叠加。

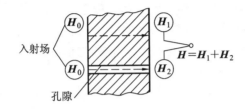

图 3.55　带孔缝屏蔽板

设 $H_1 = |H_1| e^{j\theta_1}$,$H_2 = |H_2| e^{j\theta_2}$(场强信号用复数表示),则

$$H = H_1 + H_2 = |H_1| e^{j\theta_1} + |H_2| e^{j\theta_2}$$
$$= (|H_1|\cos\theta_1 + |H_2|\cos\theta_2) + j(|H_1|\sin\theta_1 + |H_2|\sin\theta_2)$$

根据屏蔽效能的定义,实际屏蔽体的屏蔽效能为

$$SE = 20\lg \frac{|H_0|}{|H|} = 20\lg \frac{|H_0|}{|H_1 + H_2|} = 10\lg \frac{|H_0|^2}{|H_1 + H_2|^2}$$
$$= -10\lg \frac{|H_1 + H_2|^2}{|H_0|^2}$$
$$= -10\lg \frac{|(|H_1|\cos\theta_1 + |H_2|\cos\theta_2) + j(|H_1|\sin\theta_1 + |H_2|\sin\theta_2)|^2}{|H_0|^2}$$
$$= -10\lg \frac{|H_1|^2 + |H_2|^2 + 2|H_1||H_2|\cos\theta}{|H_0|^2}$$

式中:$\theta = \theta_1 - \theta_2$,它为场强 H_1 和 H_2 的相位差。

封闭屏蔽体的屏蔽效能 SE_1 为

$$SE_1 = 20\lg \frac{|H_0|}{|H_1|} = -20\lg \frac{|H_1|}{|H_0|}, \quad 则 \frac{|H_1|}{|H_0|} = 10^{-\frac{SE_1}{20}}$$

孔缝的屏蔽效能 SE_2 为

$$SE_2 = 20\lg \frac{|H_0|}{|H_2|}, \quad 则 \frac{|H_2|}{|H_0|} = 10^{-\frac{SE_2}{20}}$$

于是

$$SE = -10\lg(10^{-\frac{SE_1}{10}} + 10^{-\frac{SE_2}{10}} + 2 \times 10^{-\frac{SE_1 + SE_2}{20}}\cos\theta) \qquad (3-27)$$

在式(3-27)中,影响电磁波相位的因素有频率、传播路径长度、材料性能等,要准确地确定不同传播途径产生的相移十分困难。在屏蔽工程设计中,屏蔽效能的计算都只能是一种近似估算,所以对屏蔽体上存在的各种传播途径产生的相移可不予考虑,并近似认为由各种传播途径透射入屏蔽体内的场强是同相位的,即 $\theta = 0°$。经分析由此引起的误差一般不超过 2 dB。其次，从屏蔽设计的实际要求出发，按最不利的同相叠加进行设计的屏蔽体，其屏蔽效能有一定的富裕量，更容易满足使用要求。现把 $\theta=0°$ 代入式(3-27)可得

$$SE =-20lg(10^{-\frac{SE_1}{20}} + 10^{-\frac{SE_2}{20}}) \tag{3-28}$$

假设屏蔽体有 n 个传播途径，则实际屏蔽体的总屏蔽效能可由式(3-28)推广得

$$SE =-20lg\left(\sum_{p=1}^{n} 10^{-\frac{SE_p}{20}}\right) \tag{3-29}$$

式中：SE_p 为第 p 个传播途径的屏蔽效能。

［例 3-2］ 一个用 0.8 mm 薄铝板制成的屏蔽体，假定屏蔽体上缝隙的衰减即屏效为 65 dB，通风孔洞衰减为 50 dB，求该屏蔽体对频率为 1 MHz 平面波的屏蔽效能。

解 此例有 3 种传播途径：封闭屏蔽体途径、缝隙途径和通风孔洞途径，要确定每个途径的屏效。其中，缝隙途径和通风孔洞途径屏效已知，现需要按前述方法求出封闭屏蔽体途径的屏效。

先计算封闭屏蔽体的屏蔽效能：

$$SE_1 = A + R + B$$

$$A = 0.131t\sqrt{f\mu_r\sigma_r} = 0.131 \times 0.8 \times \sqrt{10^6 \times 1 \times 0.61} \text{ dB} = 81.8 \text{ dB}$$

$$R_p = 168 + 10lg\frac{\sigma_r}{f\mu_r} = \left(168 + 10lg\frac{0.61}{10^6 \times 1}\right) \text{ dB} = 105.9 \text{ dB}$$

因为 $A=81.8$ dB $\gg 10$ dB，故多次反射损耗可忽略不计，于是

$$SE_1 = A + R_p = (81.8 + 105.9) \text{ dB} = 187.7 \text{ dB}$$

而 $SE_2=65$ dB，$SE_3=50$ dB，故总屏蔽效能为

$$SE =-20lg\left(\sum_{p=1}^{3} 10^{-\frac{SE_p}{20}}\right) =-20lg(10^{-\frac{187.7}{20}} + 10^{-\frac{65}{20}} + 10^{-\frac{50}{20}}) \text{ dB} = 48.6 \text{ dB}$$

可以看出，总屏蔽效能与通风孔洞屏效 50 dB 接近，而通风孔洞屏效最低，是本屏蔽体屏蔽最薄弱的环节。从本例可看出，实际屏蔽体的屏蔽效能受到多种因素影响时，影响屏蔽效能的决定因素是屏效最低的那个因素(如木桶原理)。根据封闭屏蔽体计算所得的屏蔽效能一般均很大，远大于影响屏蔽效能的其他因素。尽管封闭屏蔽体屏蔽材料自身导致的电磁泄漏(耦合)与其他因素相比通常是很小的，但这并不能说明封闭屏蔽体的屏蔽理论没有实用价值。封闭屏蔽体的屏蔽理论在指导屏蔽材料的选择和确定屏蔽方式等方面有其指导作用，是屏蔽设计的理论基础。

3.10　电磁屏蔽设计流程

1. 确定设备的屏蔽效能期望值

屏蔽设计之前总体指标的分配至关重要，有 30 dB 与 70 dB 准则之说：一般而言，在同一环境中的一对设备，干扰电平与抗扰度(敏感度)门限电平之差小于 30 dB 时，设计阶段可不必专门进行屏蔽设计；若两者之差超过 70 dB，单靠屏蔽很难保证两者兼容，即使能达到指标，设备成本将急剧增加。因为工程中应用的大部分结构辅助材料，例如复合型功能材料、双层屏蔽电缆、射频同轴连接器、金属丝网夹芯型玻璃、穿孔金属板、各种导电衬

垫，甚至包括与屏蔽措施配套使用的电源干扰抑制滤波器等，对干扰所提供的实际抑制效能大致都不超过 60～70 dB。

较为可行的方法是总体指标或方案配置上作出适当调整，把屏蔽效能的期望值定位在30～60 dB 之间，如图 3.56 所示：1 MHz 以下的低频磁场屏蔽效能随频率的降低而降低；1 GHz 以上的波长将可与缝隙长度相比拟，期望值应适当降低。对于立式标准机柜，由于其自身结构尺寸的特点，在 230 MHz 以上易出现结构电谐振，屏蔽效能明显下降，例如降到 50 dB 以下。

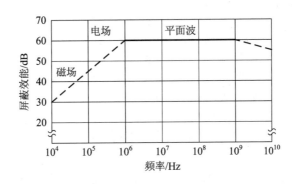

图 3.56　推荐的屏蔽设计期望值

屏蔽要求高于上述期望值时，最常用的措施是整体屏蔽之后，内部再加第二重屏蔽。在控制方案上推荐通过低频或直流控制高频电路运作的方案，这对当今微机、单片机在设备中广泛应用的现状，实施将变得更为方便、灵活。

2. 电磁屏蔽设计程序

电磁屏蔽设计是电磁兼容性结构设计中的一个重要内容，是电子设备结构设计的组成部分。其设计程序可归纳如下：

(1) 根据设备和电路单元、部件的工作环境和电磁兼容性要求，提出确保正常运行所必需的屏蔽效能值。对于测量接收机、高灵敏测量仪器等敏感设备，则应根据抗扰度值和工作环境的干扰场强确定机箱的屏蔽效能。对一些大、中功率的信号发生器或发射机的功放分机，可根据这类设备的辐射干扰极限值和自身的辐射场强来确定屏蔽效能的要求。

(2) 按所需要的屏蔽效能值确定屏蔽的类型。对屏蔽要求不高的设备，为了减轻重量、降低成本，可采用导电塑料制成的机壳或一般塑料机壳上喷涂导电层构成薄膜屏蔽。若屏蔽要求较高，则可采用薄金属板制成的机壳。若要求有很高的屏蔽效能，则要采用双层屏蔽或多重屏蔽结构。

(3) 由屏蔽体的功能(机箱或设备内部的屏蔽)、容许的屏蔽空间确定屏蔽体的尺寸、形状和结构形式。

(4) 针对干扰场强的特性和所处的场区，根据封闭屏蔽体的屏蔽理论合理选择屏蔽体的材料，并按屏蔽体的机械特性(刚度和强度)和屏蔽效能值确定屏蔽体的壁厚。一般屏蔽体均存在电磁能量的泄漏或耦合途径，按封闭屏蔽体的屏蔽理论计算屏蔽层的厚度时，应留有余地。

(5) 进行屏蔽体的完善性设计，也就是要根据设备的具体要求和生产工艺条件选择相应的措施，以抑制屏蔽体上所有电气不连续处造成的电磁能量的泄漏或耦合。为此，可能涉及前面介绍的非封闭屏蔽体屏蔽中的全部内容。屏蔽的完善性设计是屏蔽设计中工作量和难度最大的部分，其设计的质量将直接影响到屏蔽体的屏蔽效能，不应把希望全部寄托在导电衬垫上。

 习题

1. 解释 EMC、EMI、EMS 概念。

2. 计算 10 dBm＝_____ W；0.1 W＝_____ dBm；0.01 V/m＝_____ dB$_\mu$V/m；60 dB$_\mu$V/m＝_____ V/m。

3. 什么是电磁干扰三要素？

4. 电磁骚扰（传播）的耦合途径有哪些？

5. 电磁干扰的控制技术包括哪些方面？

6. 从耦合路径上进行电磁干扰控制的方法有哪些？

7. 电磁屏蔽分为哪三种类型？

8. 简述铁磁性材料、良导体材料、复合屏蔽材料的特性及应用。

9. 电场屏蔽（包括静电屏蔽）、电磁场屏蔽的条件是什么？

10. 磁场屏蔽是否需要接地？接地与否会有什么效果？

11. 为提高磁屏蔽效果，散热通风孔布局的依据是什么？

12. 减少磁场干扰有哪些非屏蔽措施？

13. 计算 0.3 mm 厚铜板制成的封闭屏蔽体对 5 MHz 平面波场的屏蔽效能。

14. 用 0.8 mm 厚的薄铝板制成的封闭式屏蔽体，对带有高压电容的 LC 高频回路进行屏蔽，电容与屏蔽壁的间距为 100 mm，工作频率范围为 2～20 MHz，求该屏蔽体的屏蔽效能。（提示：LC 电路是交变电场和交变磁场交替进行，此题在 2 MHz 时按磁场反射损耗计算，在 20 MHz 时按电场反射损耗计算。）

15. 什么是薄膜屏蔽？实现薄膜屏蔽有哪些方法？

16. 导电布和导电纤维有什么区别？

17. 什么是屏蔽透光材料？其有何应用？

18. 提高非永久性接缝屏蔽效能的结构措施有哪些？

19. 导电衬垫有哪些类型？各有何应用？

20. 给出屏蔽电缆接头的几种常见型式。

21. 影响电缆屏蔽层屏蔽效能的主要因素有哪些？

22. 影响通风孔屏蔽效能的因素有哪些？

23. 对通风孔进行屏蔽的结构措施有哪些？

24. 一穿孔铝板，孔径、孔间距及孔数（40×40）如图 3.57 所示，铝板厚度为 1.5 mm。求：

（1）对 5 kHz 磁场干扰源（穿孔板与干扰源间距为 0.5 mm）的屏蔽效能；

（2）对 100 MHz 平面波场的屏蔽效能。

25. 波导通风窗的工作频率与波导的截止频率是什么关系？

26. 对一个工作频率为 1 GHz 的矩形波导通风窗进行结构设计，要求单个波导管的屏

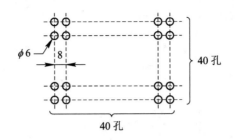

图 3.57　第 24 题图

效为 80 dB，试设计该矩形波导管的有关尺寸。

27．对一个工作频率为 2 GHz 的六角形波导通风窗进行结构设计，要求单个波导管的屏效为 60 dB，试设计该六角形波导管的有关尺寸。

28．对一个工作频率为 5 GHz 的圆波导通风窗进行结构设计，要求单个波导管的屏效为 60 dB，试设计该圆波导管的有关尺寸。

29．一个用 0.6 mm 薄铜板制成的屏蔽体，假定屏蔽体上缝隙的衰减为 60 dB，通风孔洞衰减为 50 dB，求该屏蔽体对频率为 2 MHz 平面波的屏蔽效能。

30．一个频率为 10～50 MHz 的功率信号源，用厚度 1.5 mm 的铝板作机箱，机箱内干扰源主要是回路线圈，离机箱壁的最近距离为 15 cm。设机箱上缝隙的衰减为 70 dB，通风孔的衰减为 80 dB，调控轴的衰减为 90 dB，试求该机箱的最小屏蔽效能值。

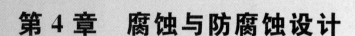

第4章 腐蚀与防腐蚀设计

当电子设备经历潮湿或其他恶劣气候环境时，有可能因为腐蚀效应性能降低（如导热性、导电性、强度等降低），甚至失效（如屏蔽失效）。因此，防腐蚀设计是电子设备结构设计必须考虑的问题。电极电位是金属电化学腐蚀的关键指标，改变被保护金属的电极电位是防腐蚀设计要抓的主要矛盾。

本章内容包括防腐蚀概述、金属电化学腐蚀的原理与防腐蚀机理、金属材料的耐蚀性、金属结构的防腐蚀设计。

4.1 腐蚀与防腐蚀概述

材料受环境介质（如水分、污染气体、氧、臭氧、沙尘、太阳辐射等）的化学作用或物理作用而发生性能下降（如电气性能、机械性能等）、状态改变（如开裂、粉末化等）直至损坏变质，称之为腐蚀。工程实践表明，几乎所有的材料在使用过程中由于受环境作用都会发生程度不同的腐蚀。

4.1.1 腐蚀性环境因素

凡是能够作为腐蚀介质引起材料腐蚀的环境因素，都可称为腐蚀性环境因素，主要有以下几种：

（1）水分。无论是以湿气、蒸汽还是以液体水的形式存在的水分，都是最基本的腐蚀介质。它侵蚀金属和非金属，还帮助微生物生长。水分来自降水（雨、雪、冰、霜、雾）、自然水（江、河、湖、海）、冷凝水、潮湿空气、材料吸潮作用等。

（2）氧和臭氧。空气和水中的溶解氧是金属电化学腐蚀阴极反应的去极化剂，氧和臭氧也是加速高分子材料老化的主要因素。

（3）温度。高温增加材料的化学活性，化学反应的速度一般都按温度每升高 $10\,^\circ\text{C}$ 而增加一倍的规律加速。因此，温度升高腐蚀速度加快。温度与湿度的效应是并存的，温度下降引起相对湿度升高，有可能发生凝水。

（4）腐蚀性气体。包括二氧化硫、硫化氢、氧化氮、氯、氯化氢、氨，以及有机酸气体等，都会引起材料腐蚀。这些气体来自工业大气和某些高分子材料的释放。

（5）盐雾。盐雾是由含盐的微细液滴所构成的弥散系统。大气中的盐雾主要出现在海上和沿海地区，也出现在盐碱地区的空中。海水中，海浪不断相互撞击和拍击海岸，产生大量泡沫,这些泡沫被气流撕成细小液滴飘向空中,经过裂解、蒸发、混并等复杂过程,成为一种弥散系统。内陆盐碱地区的含盐泥土被风刮起并粉碎成微粒飘向空中,经过复杂的过程也形成盐雾。盐雾中溶有大量的以氯化钠为主的盐类,对金属有极强的腐蚀性。盐雾降落在绝缘体表面,作为一种导电溶液将强烈降低表面电阻,如果被吸收,则降低体积电阻。

(6) 沙和灰尘。灰尘往往在工业区出现,其中含有大量焦油产物、灰分及煤烟。沙尘指风带起的干燥粉末状的沙子。沙和灰尘是高度吸湿的,落在电子元器件表面上,能保持潮湿,其中可溶性物质溶于水分中形成电解液。火山区的灰尘含有硫,对许多材料都有很大的腐蚀。

(7) 太阳辐射。有机化合物和合成材料最易受阳光影响而老化变质。在地球上,最大的太阳辐射发生在热带和赤道区。但在温带区,太阳辐射热效应和光化学效应的组合仍然有很大的损害性。在我国,最大的太阳辐射出现在西部高原地带。

(8) 微生物和动物。这是生物性环境因素,主要指霉菌和一些对材料和设备有破坏作用的昆虫、鼠类以及鸟类。它们的生存活动与气候条件有密切的关系。

在一个具体的环境中,通常是同时存在几种环境因素,因此,要考虑各种环境因素的综合作用。在沙漠气候环境,高温(日间)、太阳辐射、沙尘是主要因素。在热带湿热条件,高温加剧了湿度、盐雾的作用以及有利于霉菌的生长(在某个温度范围)。电子设备现场使用结果表明,几种因素的组合作用,比起由单项因素实验室试验所得出的预测效应要大得多。

以上所讨论的腐蚀性因素,不仅仅存在于自然环境中,也可以由于人为因素而在局部范围内形成。例如,在不适当的包装容器中,可能出现较高湿度和有机酸气氛;在组装钎焊工艺中,使用了高酸性焊剂或焊后清洗不彻底,留有腐蚀性残渣等。但是,不管是自然原因还是人为因素,其腐蚀效应都是相同的。

环境条件中的机械性因素(振动、冲击、加速度等)和电磁性因素(磁场、电压等),如果单独出现,并不引起腐蚀性损害。当这些因素与腐蚀性因素共同作用时,则能够加速腐蚀或者增大腐蚀程度。作为一个明显的例子,在腐蚀介质与拉伸应力的共同作用下,金属材料有可能发生应力腐蚀破裂,这是一种后果十分严重的局部腐蚀现象。

4.1.2　腐蚀的种类

根据腐蚀机理的不同,腐蚀分为金属腐蚀、非金属材料腐蚀和生物腐蚀。

1. 金属腐蚀

金属与周围环境介质之间发生化学或物理作用而引起的破坏或变质称为金属腐蚀。金属腐蚀按机理的不同,分为化学腐蚀、物理腐蚀和电化学腐蚀。

化学腐蚀主要为金属在无水的液体(如纯酸)、腐蚀性气体以及干燥气体中的腐蚀。如在干燥的空气中,金属与氧反应形成表面氧化膜层就属于化学腐蚀,特别是在高温时氧化严重,腐蚀加剧。

物理腐蚀是指金属由于单纯的物理溶解作用引起的破坏。金属与熔融液态金属相接触引起的金属熔解或开裂就属于物理腐蚀。

电化学腐蚀是指金属表面与离子导电介质(即电解质,如酸、碱、盐溶液)发生电化学反应(即失去电子的氧化反应,得到电子的还原反应)引起的破坏。金属材料在潮湿的大气、海水、土壤等自然环境,以及在酸、碱、盐溶液和水介质中的腐蚀都属于电化学腐蚀。电化学腐蚀是最普遍、最常见的金属腐蚀,在造成电子装备故障的原因中,金属的电化学腐蚀是最常见的因素。大多数电子设备的制造、运输、储存和使用都是在地面或接近地面的地方进行，因此金属材料在潮湿大气中的腐蚀破坏是电子设备防腐蚀设计的重点，后面将予以重点介绍。

2. 非金属材料腐蚀及防护

非金属材料在化学介质或化学介质与其他因素（如应力、光、热等）共同作用下，因变质而丧失使用性能称为非金属材料腐蚀。电子设备广泛使用塑料、橡胶、涂料、薄膜、绝缘材料等有机高分子材料。高分子材料腐蚀的主要形式有老化、化学裂解（非金属材料与腐蚀性气体反应造成的腐蚀）、溶胀和溶解（非金属材料与有机溶剂作用造成的腐蚀）、应力开裂（机械应力、温度应力等造成的腐蚀）等。这里重点介绍老化这种主要的腐蚀形式。

老化是由于高分子材料的化学组成、分子结构和物理状态等内因和经受光、热、电、机械应力、氧气、臭氧、化学介质等外因作用而引起的腐蚀现象。一般把高分子材料在化学介质或化学介质与其他因素共同作用下腐蚀的老化称为化学老化；而把在大气环境中，因受太阳紫外线、空气中的氧和环境温度、湿度的作用导致的性能劣化称为大气老化或环境老化。

老化使高分子材料在加工、储存和使用过程中的物理、化学性质和机械性能逐渐恶化，其具体表现为外观的变化（如变色、龟裂、银纹、发黏、变硬、变软、变脆、变形、失光、粉化、起泡、剥落等）、物理性能变化（如密度、溶体指数、导热系数、透光率、透气率、分子量等变化）、力学性能变化（如拉伸强度、伸长率、冲击强度、弯曲强度、剪切强度、硬度、弹性、附着力、耐磨强度等改变）、电性能变化（如绝缘电阻、介电系数、介质损耗、击穿电压等改变）。

大气老化是电子设备中常见的腐蚀现象，在电子设备的环境防护设计中，主要以防止大气老化为主。高分子材料的防老化可以从两个方面采取措施：一方面，可用添加防老剂的方法来抑制光、热、氧等外因对材料的作用，也可用物理防护方法使材料避免受到外因的作用；另一方面，可用改进聚合和成型加工工艺或改性的方法，提高高分子材料本身对外因的稳定性。

防老剂是一类能够防护和抑制光、热、氧、臭氧、重金属离子等外因对高分子材料产生破坏作用的物质。根据防老剂的作用机理和功能的不同，防老剂分为抗氧剂（能够抑制氧化反应和臭氧老化反应）、紫外线稳定剂（防止和抑制光氧化反应的发生和发展）、热稳定剂（防止材料在高温下加工和使用过程中受热而发生降解或交联）、防霉剂（防止材料发生霉腐）等。添加防老剂可以改善材料的加工性能，延长材料的储存和使用寿命，方法简便而效果显著，是当前高分子材料防老化的主要途径。

物理防护主要是指在高分子材料表面涂覆一层防护层，起到阻缓甚至隔绝外因的作用。具体方法有涂漆（如用作橡胶防护涂层的涂料有改性天然橡胶涂料、聚氨酯涂料、氯磺化聚乙烯涂料、硅橡胶涂料、氟橡胶涂料等）、镀金属（镀金属的塑料品种以 ABS 和聚丙烯占多数，聚砜、聚苯醚等工程塑料也可以用镀金属的方法提高耐候性）、浸涂和涂覆防老剂溶液（将高分子材料制品浸入含有防老剂的溶液中，或将这些溶液涂覆在制品上，使能抑制外因作用的防老剂都集中在表面形成保护膜，从而可起到显著的防护效果）。

改进成型加工和后处理工艺也是提高高分子材料制品的质量和延长其使用寿命的方法之一。塑料制品成型前的原料干燥、增强材料（如玻璃纤维）的表面处理、冷却速度、成型后的热处理等，橡胶的塑炼、混炼、成型、硫化等工序，正确选择处理方法和合理确定工艺参数对防老化都具有重要作用。成型后的塑料制品中，或多或少都存在残余的内应力。如果内应力相当大，则会使塑料制品在使用过程中发生翘曲、龟裂和性能变坏。成型后进行退火热处理，可以消除残余内应力，预防过早产生开裂(特别是有金属嵌件的制品)。

非金属材料的腐蚀与金属材料的腐蚀深度有所不同，金属材料的腐蚀大多在金属表面发生，而高分子非金属材料的腐蚀会由表面向材料内部渗透扩散。

3. 生物腐蚀及防护

由于生物(如啮齿类、鸟类、爬虫、昆虫、海藻、苔藓和微生物)活动而引起材料破坏、变质的现象通常称为生物腐蚀。生物腐蚀在金属材料和非金属材料中均可发生。由霉菌和其他微生物引起的腐蚀称为霉变。对于电子设备，尤其是微电子设备，霉变会导致绝缘材料的绝缘性能下降、印刷电路或细微金属导线的短路等，轻者引起设备故障，重者会导致重大事故。因此，防霉设计是湿热环境电子设备防腐蚀设计中不可忽视的内容。

破坏微生物引起霉腐所必需的任何一个条件，就能阻止微生物生长，达到防霉的目的。这些防霉措施有隔离霉菌与营养物质、选用抗霉材料、防霉处理、控制环境的湿度和温度等。

隔离霉菌与营养物质的具体措施包括：

(1) 密封：对设备采用气密封结构，隔绝空气，以阻止霉菌孢子侵入，可达到长期防霉效果。

(2) 防霉包装：用以防止电子设备在流通过程中受到霉菌侵蚀，方法是先进行有效的防霉处理，然后再包装，或是将产品采用密封容器包装，并在其内放置具有抑菌或杀菌作用的挥发性防霉剂。

(3) 表面涂覆：通过刷涂、浸渍或其他方法，在材料或零部件表面形成一层憎水并且不为霉菌利用的保护性涂层，或者是含有防霉剂的涂料层，使微生物无法接触到材料或零部件。例如，用有机硅清漆涂覆层压塑料制品，用添加防霉剂的环氧酯漆浸渍线圈。

选用抗霉材料的原则：

(1) 避免使用易长霉的非金属材料。

(2) 对以金属或其他耐霉材料制成的零部件，除非其工作在不利霉菌生长的环境，否则应采用耐霉性的表面涂覆层加以保护。

(3) 对合成高分子材料，应尽量选用合成树脂本身具有耐霉性并且不含有易长霉的助剂的品种。例如，以玻璃纤维、石棉、云母、石英为填料的塑料，氟橡胶、硅橡胶、乙丙橡胶、氯丁橡胶，以环氧、环氧酚醛、有机硅树脂为基本成分的清漆。

(4) 对难以判断抗霉性的材料，应通过长霉试验确定其抗霉能力，再加以选择。

所谓防霉处理，是指使用杀菌剂(也称防霉剂，是指具有杀死或抑制微生物生长毒性的化学物质)并通过适当的工艺方法对材料进行处理，使其具有抗霉能力，这种方法是目前广泛使用的防霉方法。对材料的防霉处理，可根据不同种类和使用情况，在制造过程中或使用前进行；而对零部件和整机，是在加工后或装配后再进行防霉处理。常用的防霉处理方法：

(1) 混合法：将防霉剂与材料的原料混合在一起，制成具有抗霉能力的材料。例如，对于热塑性塑料，可将防霉剂先与增塑剂混合，然后与树脂及其他填料混合均匀，按普通塑化工艺进行塑化和使用；对于涂料，可将防霉剂混入其中制成防霉漆。

(2) 喷涂法：将含有防霉剂的清漆喷涂于整机、零部件或材料表面。

（3）浸渍法：将防霉剂溶于溶剂制成稀溶液，对材料进行浸渍处理，此法可用于棉纱、纸张等。

保持低温低湿的环境对防霉十分有效，控制湿度比控制温度更加重要。例如，皮革只有在相对湿度超过74％或含水量达到13％时才能长霉。由于一般霉菌在相对湿度低于75％时生长很慢，因此，使环境湿度降低到75％以下，就能有效地防止绝大多数霉菌生长。

应该强调的是，由于电子元器件的微型化和密集组装，使得一些腐蚀现象往往用肉眼难以观察到，但其微弱的腐蚀程度和微量的腐蚀产物即可引起强烈的腐蚀效应。例如，黏附在继电器接点上的腐蚀产物可以引起闭合导通失效；铜、银导电元器件表面生成的氧化膜或硫化膜使其电导率发生极大变化。有些金属镀层在一定条件下会产生"晶须"，在有电位差及高湿度条件下，银会跨过陶瓷或塑料迁移，这都会引起短路。半导体器件镀金使可伐合金引线发生应力腐蚀断裂，导致断路。光学透镜长霉后形成雾状蚀斑，两个导体间因霉菌生长导通了桥隙而引起短路等。

现代科学技术的发展，要求电子设备具有更高的精度和可靠性。密集的装配、高阻抗的电路以及很高的放大率，使现代器件对表面腐蚀更为敏感，这是从未有过的，也使得防腐蚀设计变得更加重要。

4.1.3 防腐蚀设计的基本方法

实践证明，采取恰当的防护措施，腐蚀是可以得到一定程度的控制，有些腐蚀事故是可以避免的。防腐蚀措施应该在电子设备的设计阶段确定，在进行防腐蚀设计时，首先，要分析电子设备所处的工作环境及腐蚀性因素；其次，确定腐蚀损坏最敏感的元器件、零部件和材料；然后，确定对保护对象要求保护的程度，如临时性防护（用于运输、储存过程中的防护）、可更换零件防护（受到腐蚀但可以进行设备维修更换的防护）、高稳定性永久性防护（设备不能停而零件不能更换的防护）；最后，确定合理而有效的防腐蚀措施。

金属是电子设备广泛使用的材料，是防腐蚀设计的重点。下面给出的防腐蚀设计方法主要针对的是金属材料，具体方法有五种：

（1）采用高耐蚀性材料，这是从腐蚀的内因解决问题的方法。

（2）消除或减弱环境中的腐蚀性因素，这是从腐蚀的外因解决问题的方法。

（3）对不耐蚀材料进行耐蚀性表面处理，如制作金属覆盖层、非金属覆盖层，这是将要保护的材料与腐蚀介质进行隔离的方法，属于防护设计。

（4）防腐蚀结构设计，从材料搭配、结构形状和尺寸上进行防护设计。

（5）电化学保护，外加装置对设备进行防护。

若仅采用一种方法来达到防止腐蚀的目的是不切实际的，通常需要将几种方法结合起来使用，以获得经济且有效的结果。

4.2 金属电化学腐蚀的原理与防腐蚀机理

电极电位是金属电化学腐蚀的关键指标，防腐蚀的机理是改变（提高或降低）被保护金属的电极电位。

4.2.1　电极与电极电位

1. 电极

在电化学中，一般把电子导体(如金属)与离子导体(如电解质溶液)相互接触并有电子在两者之间迁移而发生氧化还原反应的体系称为电极。例如，将铜插入硫酸铜溶液中，就构成了铜电极；把锌插入硫酸锌溶液中，就构成了锌电极。

2. 电极电位

在金属和溶液界面上进行的电化学反应(氧化还原反应)称为电极反应。电极反应导致金属和溶液间产生电位差，这种电位差称为电极电位。以图 4.1 所示的锌电极为例进行说明。

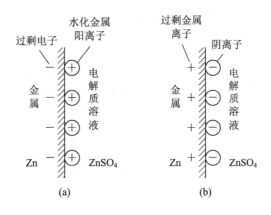

图 4.1　电极电位的形成

金属 Zn 可看作由带等量异号电荷的锌离子和电子组成的，离子和电子靠化学键结合在一起，整个金属 Zn 称电中性。水具有溶解作用，这种溶解作用的动力是水化能。图 4.1(a)所示，当水化能大于化学键能时，锌离子挣脱束缚进入溶液形成水化锌离子，金属 Zn 失去电中性而带负电；金属 Zn 上的过剩负电荷(电子)吸引溶液中过剩的 Zn^{2+} 离子，使之靠近金属表面，使溶液带正电；当达到电平衡时，在金属与溶液界面两侧便产生了电子(负电荷)和阳离子(正电荷)间的电位差，即形成电极电位。另一种情况如图 4.1(b)所示，当金属粒子(如 Zn^{2+} 离子)的化学键能大于水化能时，则溶液中的金属粒子(如 Zn^{2+} 离子)沉积在金属 Zn 上，从而使金属表面带正电，此正电荷吸引溶液中的阴离子(如 SO_4^{2-} 离子)使溶液带负电，在金属与溶液界面两侧便产生了金属离子(正电荷)和阴离子(负电荷)间的电位差，就形成了电极电位。

电极电位是一个比较复杂的指标，金属有电极电位，氢、氧等气体电极也有电极电位。金属的电极电位随不同的反应条件可能是稳定的，也可能是不稳定的。金属的标准电极电位认为在给定条件下是稳定值。表 4.1 所示是金属在 25℃ 时的标准电极电位。

从表 4.1 所示可以看出，金属标准电极电位值以氢(H)为界，其值为 0，比 H 活泼的金属，其电位值为负，呈现低电位，排在 H 后面的不活泼金属，其电位值为正，呈现高电位。金属标准电极电位值由小到大的顺序基本上与金属活动性顺序一致。

一般来说，低电位金属容易被腐蚀，高电位金属不容易被腐蚀。金属防腐蚀的主要思路就是采取措施提高金属的电极电位。

表 4.1　金属在 25℃时的标准电极电位　　　　　　单位：V

电极反应	E^0	电极反应	E^0	电极反应	E^0
$Li^+ + e \rightleftharpoons Li$	-3.045	$Zr^{4+} + e \rightleftharpoons Zr$	-1.53	$Mo^{3+} + 3e \rightleftharpoons Mo$	-0.2
$Rb^+ + e \rightleftharpoons Rb$	-2.925	$U^{4+} + 4e \rightleftharpoons U$	-1.50	$Ge^{4+} + 4e \rightleftharpoons Ge$	-0.15
$K^+ + e \rightleftharpoons K$	-2.925	$Np^{4+} + 4e \rightleftharpoons Np$	-1.354	$Sn^{2+} + 2e \rightleftharpoons Sn$	-0.136
$Cs^+ + e \rightleftharpoons Cs$	-2.923	$Pu^{4+} + 4e \rightleftharpoons Pu$	-1.28	$Pb^{2+} + 2e \rightleftharpoons Pb$	-0.126
$Ra^{2+} + 2e \rightleftharpoons Ra$	-2.92	$Ti^{3+} + 3e \rightleftharpoons Ti$	-1.21	$Fe^{3+} + 3e \rightleftharpoons Fe$	-0.036
$Ba^{2+} + 2e \rightleftharpoons Ba$	-2.90	$V^{2+} + 2e \rightleftharpoons V$	-1.18	$D^+ + e \rightleftharpoons D$	-0.0034
$Sr^{2+} + 2e \rightleftharpoons Sr$	-2.89	$Mn^{2+} + 2e \rightleftharpoons Mn$	-1.18	$2H^+ + 2e \rightleftharpoons H_2$	0.000
$Ca^{2+} + 2e \rightleftharpoons Ca$	-2.87	$Nb^{3+} + 3e \rightleftharpoons Nb$	-1.1	$Cu^{2+} + 2e \rightleftharpoons Cu$	$+0.337$
$Na^+ + e \rightleftharpoons Na$	-2.714	$Cr^{2+} + 2e \rightleftharpoons Cr$	-0.913	$Cu^+ + e \rightleftharpoons Cu$	$+0.521$
$La^{3+} + 3e \rightleftharpoons La$	-2.52	$V^{3+} + 3e \rightleftharpoons V$	-0.876	$Hg^{2+} + 2e \rightleftharpoons Hg$	$+0.789$
$Mg^{2+} + 2e \rightleftharpoons Mg$	-2.37	$Zn^{2+} + 2e \rightleftharpoons Zn$	-0.762	$Ag^+ + e \rightleftharpoons Ag$	$+0.799$
$Am^{3+} + 3e \rightleftharpoons Am$	-2.32	$Cr^{3+} + 3e \rightleftharpoons Cr$	-0.74	$Rh^{2+} + 2e \rightleftharpoons Rh$	$+0.80$
$Pu^{3+} + 3e \rightleftharpoons Pu$	-2.07	$Ga^{3+} + 3e \rightleftharpoons Ga$	-0.53	$Hg^+ + e \rightleftharpoons Hg$	$+0.854$
$Th^{4+} + 4e \rightleftharpoons Th$	-1.90	$Fe^{2+} + 2e \rightleftharpoons Fe$	-0.440	$Pd^{2+} + 2e \rightleftharpoons Pd$	$+0.987$
$Np^{3+} + 3e \rightleftharpoons Np$	-1.86	$Cd^{2+} + 2e \rightleftharpoons Cd$	-0.402	$Ir^{3+} + 3e \rightleftharpoons Ir$	$+1.000$
$Be^{2+} + 2e \rightleftharpoons Be$	-1.85	$In^{3+} + 3e \rightleftharpoons In$	-0.342	$Pt^{2+} + 2e \rightleftharpoons Pt$	$+1.19$
$U^{3+} + 3e \rightleftharpoons U$	-1.80	$Tl^+ + e \rightleftharpoons Tl$	-0.336	$Au^{3+} + 3e \rightleftharpoons Au$	$+1.50$
$Hf^{4+} + 4e \rightleftharpoons Hf$	-1.70	$Mn^{3+} + 3e \rightleftharpoons Mn$	-0.283	$Au^+ + e \rightleftharpoons Au$	$+1.68$
$Al^{3+} + 3e \rightleftharpoons Al$	-1.66	$Co^{2+} + 2e \rightleftharpoons Co$	-0.277		
$Ti^{2+} + 2e \rightleftharpoons Ti$	-1.63	$Ni^{2+} + 2e \rightleftharpoons Ni$	-0.250		

3. 阳极与阴极

在一对电位高低不同的电极中，低电位的电极失去电子，成为原电池的负极，电解学和腐蚀学中称之为阳极；高电位的电极得到电子，成为原电池的正极，电解学和腐蚀学中称之为阴极。

4.2.2　金属电化学腐蚀的要素及过程

1. 金属电化学腐蚀的四要素

金属电化学腐蚀必须包括阳极、阴极、电解质溶液和连接阳极与阴极的电子导体（如导线或阳极与阴极的紧密接触面）等四个缺一不可的要素。

在图 4.2(a)中，腐蚀四要素：锌块为阳极，铜块为阴极，电解质溶液为硫酸，电子导体为连接锌块和铜块的导线。

在图 4.2(b)中，腐蚀四要素：锌块为阳极，铜块为阴极，电解质溶液为硫酸，电子导体为锌块和铜块的紧密接触面。

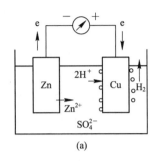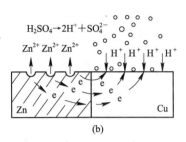

图 4.2　金属电化学腐蚀的要素及过程

2. 金属电化学腐蚀的三个过程

金属电化学腐蚀主要由下列三个基本过程组成(以图 4.2 所示为例):

(1)阳极过程。阳极金属(如锌)溶解(腐蚀),以离子形式进入溶液,并把适当的电子留在金属上,这就是阳极过程。阳极过程是氧化反应过程,阳极反应为

$$Zn - 2e = Zn^{2+}$$

因此,只要金属腐蚀发生,腐蚀必然在阳极区产生。

(2)电流的流动。电流的流动体现在两个方面:一方面,电子通过电子导体(图 4.2(a)中的导线、图 4.2(b)中的锌块与铜块的紧密接触面),从阳极(如锌块)流向阴极(如铜块);另一方面,在溶液中,依靠离子的迁移,阳离子(如锌离子)从阳极区移向阴极区,阴离子(如硫酸根离子)从阴极区移向阳极区。

(3)阴极过程。从阳极流过来的电子被阴极表面附近溶液中能够接受电子的物质(如氢离子 H^+)所吸收进而发生阴极还原反应,这就是阴极过程。阴极反应为

$$2H^+ + 2e = H_2 \uparrow$$

金属腐蚀时,阳极和阴极的电极电位会发生变化。电极的电位向反方向变化时称为电极的极化。如高电位电极的电位变低、低电位电极的电位变高都是电极的极化。

阴极还原反应中能够吸收电子的物质称为去极化剂,如氢离子 H^+ 为去极化剂。去极化剂的作用是阻止阴极极化。阴极本身电位高,电子流到阴极后聚集起来会使阴极电位变低而发生极化,去极化剂通过不断吸收电子来阻止阴极电位变低而发生极化。去极化剂是金属腐蚀过程能够发生的必需条件,因为如果没有去极化剂,阴极区将由于电子的积累而发生阴极极化阻碍腐蚀的进行。

从上面的三个过程可看出,由于金属的腐蚀破坏将集中出现在阳极区,在阴极区将不发生可察觉的金属损失,它只起到传递电子的作用。因此除金属外,其他电子导体如石墨、过渡元素的碳化物和氮化物、某些氧化物(如 PbO_2、MnO、Fe_3O_4)和硫化物(如 PbS、CuS、FeS)都可作为阴极构成金属的腐蚀。在有些情况下,阳极、阴极过程也可在同一表面上随时间交替进行。在很多情况下,电化学腐蚀是以阳极、阴极过程在不同区域局部进行为特征的,这是区分电化学腐蚀和纯化学腐蚀的一个重要标志。

金属腐蚀所包含的上述三个基本过程是相互独立的,又是彼此紧密联系的,只要其中一个过程("因")受到阻滞,其他两个过程也将受阻而不能进行,从而使金属腐蚀("果")受到阻滞。这也是因果关系论的体现。

3. 金属电化学腐蚀的产物

金属腐蚀过程中,阳极和阴极反应的直接产物称为一次产物。当阳极、阴极的一次产

物在浓度差作用下扩散而相遇时，可导致腐蚀次生过程的发生(即形成难溶性产物)，称为二次产物或次生产物。例如，钢铁在中性水溶液中腐蚀时，阳极区生成 Fe^{2+} 离子，阴极区还原生成 OH^- 离子。这两种产物扩散相遇，当溶液中的浓度达到它们的溶度积时，可形成次生产物沉淀：

$$Fe^{2+} + 2OH^- = Fe(OH)_2 \downarrow$$

由于溶液中氧的存在，$Fe(OH)_2$ 又可发生氧化，生成 $Fe(OH)_3$：

$$4Fe(OH)_2 + O_2 + 2H_2O \rightarrow 4Fe(OH)_3$$

随着温度、介质成分、pH 值以及含氧量等条件不同，可得到更复杂的腐蚀产物，例如铁锈，铁锈的组成可表示如下：

$$mFe(OH)_2 + nFe(OH)_3 + pH_2O$$

或

$$mFeO + nFe_2O_3 + pH_2O$$

系数 m、n、p 的数值随条件的不同而异。

　　一般情况下，腐蚀次生产物是在溶液中阴极、阳极一次产物相遇处形成。若阴极、阳极直接交界，则难溶性次生产物可在直接靠近金属表面处形成较紧密的、具有一定保护性的氢氧化物保护膜黏附在金属上，有时可覆盖相当大部分的金属表面，从而对腐蚀有一定的阻滞作用。也就是说，腐蚀次生产物是有益的，对减缓金属腐蚀有帮助。

4.2.3　电极的极化作用与腐蚀速度

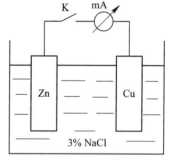

图 4.3　Cu-Zn 腐蚀电池

　　如图 4.3 所示，将同样面积的 Zn 和 Cu 浸在 3% NaCl 溶液中，通过装有电流表 A 和开关 K 的导线连接起来，构成 Cu-Zn 腐蚀电池(原电池)，Zn 为阳极，Cu 为阴极。

　　以图 4.3 所示的装置进行实验，当闭合开关 K 的瞬间，通过电流表的读数为 4.4 mA，但此后几秒到几分钟内电流逐渐减小，最后达到稳定值 0.15 mA，仅为开始闭合时的 1/30 左右。为什么腐蚀电流会减少呢？由欧姆定律可知

$$I = \frac{U}{R} = \frac{正极电位-负极电位}{R} = \frac{阴极电位-阳极电位}{R} \tag{4-1}$$

影响电流的因素是电池两极间的电位差和电池的总电阻。对阳极电位、阴极电位和电池的电阻进行实际测量的结果表明，电池的电阻在几分钟的时间内没有多大变化，而阳极电位和阴极电位却发生了变化。为什么电位会发生变化呢？我们来看两个电极的反应：

阳极过程(反应)为

$$Zn - 2e = Zn^{2+}$$

水电离为

$$H_2O = H^+ + OH^-$$

阴极过程(反应)为

$$2H^+ + 2e = H_2 \uparrow$$

总反应为

$$Zn + 2NaCl + 2H_2O = ZnCl_2 + 2NaOH + H_2 \uparrow$$

如前所述，阳极过程是金属离子从金属转移到溶液中，由于反应需要一定的活化能（水化能），这样使金属离子进入溶液的速度迟缓于电子从阳极通过导线流向阴极的速度，因此阳极有过多的正电荷积累，使阳极电位升高。同样，阴极过程也需要达到一定的水化能才能进行，这样使阴极还原反应（即吸收电子）的速度小于电子进入阴极的速度，因而电子在阴极积累，结果使阴极电位降低。这种电极电位发生变化的现象就是前面所提到的电极的极化作用。

由于阴极电位降低、阳极电位升高，由式（4-1）可知，两极间的电位差 U 变小，而电池的总电阻 R 未变，于是腐蚀电流 I 减小。

由此可见，电极的极化作用能降低腐蚀的速度，这为防腐蚀提供了依据，即使电极极化可减缓腐蚀。

4.2.4　电偶腐蚀

两种电极电位高低不同的金属在电解质溶液中接触，低电极电位的金属腐蚀速度会增大，而高电极电位的金属腐蚀反而减慢（得到了保护），这种现象称为电偶腐蚀，也称接触腐蚀。

电偶腐蚀实际为宏观原电池腐蚀，这类腐蚀例子很多，如黄铜与纯铜在热水中接触形成电偶腐蚀，黄铜腐蚀被加速产生脱锌；碳素钢与不锈钢接触形成电偶腐蚀，碳素钢被腐蚀；钢与轻金属（铝、镁等）接触形成电偶腐蚀，轻金属被腐蚀等。有时，不同的金属虽没有直接接触，但在某些环境中也有可能形成电偶腐蚀，如循环冷却水系统中铜部件可能被腐蚀，腐蚀下来的 Cu^{2+} 离子又通过介质扩散到轻金属表面，沉积出微小铜粒，并与轻金属构成众多的电池效应，致使产生严重的局部侵蚀。

产生电偶腐蚀的推动力来自两种不同金属接触的实际电位差。一般说来，两种金属的实际电极电位差越大，电偶腐蚀越严重。金属电极电位从低到高的排列顺序称为电偶序，它是根据金属或合金在一定条件下测得的稳定电位的相对大小排列的次序表。金属的电偶序大致为

$$镁<铝<锌<铬<钢铁<镉<镍<锡<铅<铜<银<石墨<铂<金$$

在电偶序中，相距越远的金属或合金，产生的电位差越大，相互接触时的腐蚀就越严重。

电偶序中，通常只列出金属稳定电位的相对关系，而很少列出具体金属的稳定电位值。其主要原因是实际腐蚀介质变化较大，如海洋环境中海水的温度、pH 值、成分以及流速都很不稳定，测得的电位值波动范围大，数据重现性差，只是一种经验性数据。

电偶腐蚀除了与接触的金属材料的特性有关外，还受其他因素影响，主要有阴极、阳极的面积比，温度等环境因素以及溶液电阻。通常，增加阳极面积可以降低腐蚀率，而小阳极和大阴极构成的电偶腐蚀最危险。

4.2.5　阳极极化和阴极极化

从 4.2.3 小节可知，阳极上有电流通过时，其电位升高，称为阳极极化。阴极上有电流通过时，其电位降低，称为阴极极化。

发生阳极极化的原因：活化极化（如 4.2.3 小节所述）、浓差极化（阳极溶解产生的金属离子，先进入阳极表面附近的溶液层中，从而与溶液深处产生浓度差。由于金属离子向溶液深处扩散速度不够快，致使阳极附近金属离子的浓度逐渐增高，因此电位升高，产生阳

极极化)、电阻极化(当金属表面有氧化膜,或在腐蚀过程中形成膜时(氧化膜或腐蚀产物膜),金属离子通过这层膜进入溶液有很大的电阻,阳极电流在此膜中产生很大电阻,从而使电位显著升高)。

发生阴极极化的原因:活化极化(如4.2.3小节所述)、浓差极化(由于阴极附近反应物或反应产物扩散速度的缓慢,可引起阴极浓差极化。例如,当阴极反应为溶液中的氧发生还原反应时,由于溶液中的氧到达阴极的速度小于阴极反应本身的速度,造成阴极表面附近氧的缺乏,结果产生浓差极化,使电位降低。当阴极反应产物OH^-因扩散缓慢而积累在阴极表面附近,也会导致阴极浓差极化,使电位降低)。

消除极化的过程称为去极化。消除阳极极化称为阳极去极化,消除阴极极化称为阴极去极化。搅拌溶液、加速金属离子的扩散、消除金属表面膜等,都可以加速阳极去极化过程。同样,搅拌溶液也可以消除阴极极化。显然,无论是阳极去极化作用还是阴极去极化作用,都会加速金属腐蚀的进程。

从减小腐蚀电流的要求来看,金属作阳极进行阳极极化或金属作阴极进行阴极极化都可达到防腐蚀的目的。

4.2.6 金属的钝化

使金属不活泼称为金属钝化。金属钝化的目的是提高金属的电极电位。金属钝化分为自钝化和阳极钝化。

1. 金属的自钝化

一些比较活泼的金属,在某些特定的环境中会变为惰性状态。例如,铁在稀硝酸中腐蚀很快,其腐蚀速度随硝酸浓度的增加而迅速增大。当硝酸浓度增加到$30\%\sim40\%$时,溶解速度达到最大值。若继续增大硝酸浓度($>40\%$),铁的溶解速度却突然急剧下降,直到反应接近停止,这时铁变得很稳定,即使再放在稀硝酸中也能保持一段时间的稳定,这种稳定状态称为钝态。

相对于钝态而言,金属的正常溶解(腐蚀)状态称为活化态。能够使金属从活化态转入钝态的介质称为钝化剂,或称为强氧化剂(强氧化剂使金属失去电子被氧化,金属电极电位升高,氧化剂自身得到电子被还原)。金属在钝化剂中或经过钝化剂处理后失去原来的化学活性,这一现象称为钝化。钝化剂除浓硝酸外,其他强氧化剂如硝酸钾、重铬酸钾、高锰酸钾、硝酸银、氯酸钾等也能引起金属钝化。甚至非氧化性介质也能使某些金属钝化,如镁在氢氟酸中,钼和铌在盐酸中。大气和溶液中的氧也是一种钝化剂。除铁以外,其他金属如Cr、Ni、Co、Mo、Ta、Nb、W、Ti等同样具有这种钝化现象。

上述钝化现象是在没有任何外加电流极化的情况下,由于腐蚀介质中氧化剂的电化学还原引起的金属的钝化,称为金属的自钝化。金属处于钝态时,电极电位升高了很多,接近金、铂等贵金属电位,变为惰性,其腐蚀速度非常低。不同的金属具有不同的自钝化趋势,金属自钝化能力由高到低大致为Ti、Al、Cr、Be、Mo、Mg、Ni、Co、Fe、Mn、Zn、Sn、Pb、Cu,基本上是越活泼的金属,越容易钝化。但这一趋势并不表示总的腐蚀稳定性,只能表示钝态所引起的阳极过程阻滞而使腐蚀稳定性的增加程度。

通常金属在中性溶液中比较容易钝化,在酸性或碱性溶液中比较难钝化,这往往与金属离子在中性溶液中形成的氧化物或氢氧化物的溶解度较小有关。而在酸性溶液中,金属离子不易形成氧化物，在碱性溶液中又可能形成可溶性的酸根离子。溶液中存在卤素离子时，金属通常难以产生钝化。已经钝化的金属也容易被卤素离子破坏其钝态，甚至使金属重新活化。温度对金属钝态影响也很大。温度升高时，往往使金属难以钝化；反之，温度降低，金属容易出现钝化。

2. 金属的阳极钝化

从前面的分析可知，阳极极化能使金属电位升高，使其变为惰性，因此阳极极化也可引起金属的钝化。某些低电位金属在一定的介质中，当外加阳极电流（接电源正极，则电子从阳极流出）超过一定数值后，可使金属由活化态变为钝态，称为阳极钝化或电化学钝化。

可阳极钝化的金属有不锈钢、Fe、Cr、Ni、Co 等。

3. 金属钝化的方法

金属钝化是一种界面现象，它并没有改变金属的本性，只是使金属表面在介质中的稳定性发生了变化。目前，关于钝化机理主要有两种观点，即成相膜理论和吸附理论。

成相膜理论认为，当金属阳极溶解时，可以在金属表面生成一层致密的、覆盖很好的固体产物薄膜。这层产物膜构成独立的固相膜层，把金属表面与介质隔离开来，阻碍阳极过程的进行，导致金属溶解速度大大降低，使金属转入钝态。吸附理论认为，金属钝化是由于表面生成氧或含氧粒子的吸附层，改变了金属/溶液界面的结构，使金属表面的反应能力降低了，因而发生了钝化。

金属由活化态转入钝态，腐蚀速度下降很大。因此，使金属钝化对于防止金属腐蚀有着重要意义。金属钝化的主要方法如下：

(1) 将易自钝化金属作为合金元素与钝性较弱的金属合金化，可使合金的自钝化趋势得到提高，耐蚀性明显增强。不锈钢为合金，因其含有易自钝化金属 Cr 而具有很高耐蚀性的原因即在于此。

(2) 利用钝化剂对有钝化趋势的金属进行处理，使其转入并保持钝态，可提高金属对大气的耐蚀性。此种方法在金属表面处理技术中称为钝化处理。

(3) 外加电流使金属发生阳极钝化（阳极极化），并将电位控制在稳定钝化区内，可防止金属发生活性溶解，使金属得到保护。这种方法称为阳极保护法。

4.3　金属材料的耐蚀性

本节介绍电子设备中常用的几类金属材料在自然环境条件下以及常用腐蚀介质中的耐蚀性。在一定的腐蚀介质中，金属是否耐腐蚀，取决于其热力学稳定性（与溶液的 pH 值有关）的高低、钝化能力的强弱、对阴极过程阻滞力的大小，以及是否能够形成有保护性的腐蚀产物膜。

4.3.1　钢铁的耐蚀性

1. 碳素钢和低合金钢的耐蚀性

1）碳素钢的耐蚀性

碳素钢的基本组成为铁素体和渗碳体（Fe_3C）。铁素体的电位比渗碳体低，在微电池中为阳极而被腐蚀，渗碳体为阴极。在大气、淡水和海水等中性或弱酸性水溶液中，碳素钢的腐蚀以氧去极化为主，对腐蚀速度起作用的是金属表面上保护膜的性能和氧到达阴极表面的难易程度。由于铁在自然条件下钝化能力低，腐蚀产物铁锈的保护性能差，氧和氢离子在渗碳体还原的阻力都不大，因此碳素钢在上述环境中不耐蚀，需要采取各种保护措施。碳素钢在大气环境中的腐蚀速度受环境因素的影响很大，在农村、海洋、城市、潮湿以及酸雨区的腐蚀速度的差别最大可达 20 倍。

在非氧化性酸中，含碳量增高，渗碳体增多，形成的微电池多而加速腐蚀。在氧化性酸中，作为阴极相的渗碳体的增多促进了铁的钝化，因而高碳素钢的腐蚀速度反而低于低碳素钢。在有机酸中，对铁腐蚀最强的是草酸、蚁酸、醋酸和柠檬酸，但比等浓度的无机酸要弱。碳素钢中硫、磷含量增加，也会导致在酸中的腐蚀速度增加。锰、硅在常规含量范围内对碳素钢的耐蚀性无明显影响。在常温下，铁在碱中十分稳定。当水中的 NaOH 含量高于 1 g/dm³ 时，在有氧存在时，腐蚀就停止了。当 NaOH 浓度高于 30% 时，铁表面膜的保护性开始降低，此时膜可能溶解成铁酸盐。随碱的浓度和温度升高，腐蚀加速。在拉应力存在下，当其数值接近屈服点时，铁在浓碱，甚至稀而热的碱液中可发生应力腐蚀断裂，通常称为碱脆。

2）低合金钢的耐蚀性

低合金钢通常是指碳素钢中加入合金元素总量低于 5% 左右的合金钢。为了不同目的，已研制生产了各种耐蚀低合金钢。诸如耐候钢、耐海水腐蚀钢、耐高温高压氢和氮腐蚀的钢以及耐硫化物应力腐蚀断裂的合金钢。

钢中加入 Cu、P、Cr 等合金元素，可得到耐大气腐蚀钢，简称耐候钢。耐候钢在大气环境中的耐蚀性明显高于非耐候钢，这是由于耐候钢在腐蚀过程中腐蚀产物对基材的保护作用的结果。我国开发了铜系、磷钒系、磷稀土系和磷铌稀土系耐候钢，如 16MnCu 钢、09MnCuPTi 钢、15MnVCu 钢及 10PCu 稀土钢等铜系耐候钢；12MnPV 钢、08MnPV 钢等磷钒系耐候钢；08MnP 稀土钢、12MnP 稀土钢等磷稀土系耐候钢；10MnPNb 稀土钢等磷铌稀土系耐候钢。耐海水低合金钢中通常加有 Cr、Ni、Al、P、Si、Cu 等元素。合金元素的加入，使表面在浸蚀过程中形成了致密而附着性良好的保护性锈层，在内锈层中有合金元素的富集作用，甚至在蚀坑内的锈层中富集，因而对局部腐蚀的发展有阻滞作用。我国研制的耐海水腐蚀钢有 10CrMoAl、NiCuVAs、08PV 稀土钢、12Cr2MoAl 稀土钢等。

2. 不锈钢的耐蚀性

不锈钢在某些环境能耐蚀，主要是依靠 Fe-Cr 合金的钝化来实现的。在 25℃，浓度为 1 mol/dm³ 的 H₂SO₄ 溶液中，当 Fe-Cr 合金中的含 Cr 量超过 13% 时，该合金即进入钝化状态。对于耐大气腐蚀的不锈钢来说，含铬 13% 以上一般可以自发钝化。对用于化学介质中的耐酸钢来说，则需要含铬 17% 以上才可能钝化；而在某些侵蚀性较强的介质中，为使钢实现钝化或稳定钝态，常需要向含铬约 18% 的 Fe-Cr 合金中补充加入能提高合金可钝化性（或促进钝化）或提高合金热力学稳定性的合金元素（如镍、钼、铜、硅、钯等），或者提高含铬量。

当不锈钢的钝态由于各种原因而受到破坏时，就会遭受各种形式的腐蚀。例如，在空气中钝化的普通不锈钢被放到中等浓度的热硫酸或浓硝酸中时，其钝态受到破坏。因此，在这两种腐蚀介质中，普通不锈钢遭受强烈的全面腐蚀。在海水中，普通不锈钢的钝化膜局部破坏，将引起点蚀。在拉伸应力作用下，在特定介质中，不锈钢可发生应力腐蚀破裂。当存在贫铬区时，在一定介质中，可发生晶间腐蚀。由此可见，不锈钢并不是在任何情况下都耐蚀。

含铬 $13\%\sim18\%$，含碳 $0.1\%\sim0.9\%$ 的不锈钢，淬火温度下是纯奥氏体组织，冷却至室温则为马氏体组织。随含碳量增加，钢的强度、硬度以及耐磨性均显著提高，而耐蚀性下降。这类钢主要用来制造机械性能要求较高并兼有一定耐蚀性的器械及零件。此类钢可在海洋大气及飞溅区使用，但不宜用于海水全浸条件及潮汐区。

奥氏体不锈钢是以 18-8 型镍铬钢（18% Cr、$8\%\sim10\%$ Ni）为基础发展起来的不锈钢。18-8 型不锈钢约占奥氏体不锈耐酸钢的 70%，占全部不锈钢的 50%。一般奥氏体不锈钢耐蚀性特点是耐氧化性介质（如大气、硝酸、浓硫酸等）的腐蚀。在自然条件下，这类钢无论在工业大气还是海洋大气中都有较好的耐蚀性。但在一般条件下，在还原性介质中不耐蚀或不够耐蚀。在含氯化物溶液中不耐应力腐蚀，其耐点蚀及缝隙腐蚀的性能也不够理想。为了提高耐蚀性，已发展了各种耐浓硫酸、浓硝酸等强腐蚀介质，抗氧化，耐晶间腐蚀、应力腐蚀、点蚀等局部腐蚀，耐海水，以及深冲用，易切削的奥氏体不锈钢。

4.3.2　铜及铜合金的耐蚀性

1. 铜的耐蚀性

铜的钝化能力很弱，铜及其合金的耐蚀性主要取决于其化学稳定性。铜耐大气腐蚀，一方面因其热力学稳定性高；另一方面长期暴露在大气中，铜表面生成由 $CuCO_3 \cdot Cu(OH)_2$ 形成的天然孔雀石型保护膜。在工业大气中可生成 $CuSO_4 \cdot 3Cu(OH)_2$，在海洋大气中生成 $CuCl_2 \cdot 3Cu(OH)_2$。铜耐海水腐蚀，此外，铜离子有毒，使海洋生物不易黏附在铜表面，避免了海生物的腐蚀。但当海水流速很大时，由于保护膜难以形成，以及高速海水的冲击、摩擦作用，因此加速了铜的腐蚀。

当酸、碱中无氧化剂时，铜耐蚀；若其中含氧化剂，则铜发生腐蚀。在氧化性酸如硝酸、浓硫酸中铜被腐蚀。在弱的和中等浓度的非氧化性酸（HCl、H_2SO_4、醋酸、柠檬酸等有机酸）中铜相当稳定；但当溶液中含有氧化剂（如 HNO_3、H_2O_2，或通入氧气或空气），则显著加速了铜及其合金的腐蚀。在含氧酸中腐蚀生成 Cu^{2+} 离子；在含氧碱中腐蚀生成亚铜氧离子 $Cu_2O_2^{2-}$。铜也不耐 H_2S 腐蚀。铜在含 NH_3、NH_4^+ 或 CN^- 离子介质中，由于形成络合离子而加速腐蚀。若溶液中含有氧或氧化剂时，腐蚀更严重。

2. 铜合金的耐蚀性

1) 黄铜的耐蚀性

黄铜即 Cu-Zn 合金，有的也加入一些 Sn、Al、As 等合金元素。Zn 含量低于 39% 的黄铜为单相固溶体，称 α 黄铜；含 Zn 量 $39\%\sim47\%$ 的为 $\alpha+\beta$ 复相黄铜；含 Zn 量为 $47\%\sim50\%$ 的为 β 黄铜。黄铜在大气、纯净淡水、海水、多种介质水溶液、有机酸中都具有良好的耐蚀性。对于含锌量低于 20% 的 α 黄铜，在各种常用介质中的耐蚀性几乎与纯铜相同。在酸介质中，$\alpha+\beta$ 复相黄铜比 α 黄铜腐蚀严重些。在含 Cl^-、I^-、O_2、CO_2、H_2S、SO_2 和 NH_3 的水中，黄铜的腐蚀速度显著增加，在含 Fe^{3+} 的溶液中极易腐蚀，在 HNO_3 和 HCl 中严重腐蚀，在 H_2SO_4 中腐蚀较慢，在 $NaOH$ 溶液中则耐蚀。其耐冲击腐蚀性能也比纯铜高。

在 Cu-Zn 基础上加入 Sn、Al、Mn、Fe、Ni、Si 等元素冶炼出的特殊黄铜，其耐蚀性比普通黄铜好。如锡黄铜可显著降低脱锌腐蚀并提高耐海水腐蚀性；铝黄铜可提高耐磨性，大大降低了在流动海水中的腐蚀；海军黄铜（船用黄铜）中含有约 $0.5\% \sim 1.0\%$ Mn，可提高强度，并有很好的耐蚀性。

黄铜有两种特殊的腐蚀破坏形式：脱锌腐蚀和应力腐蚀断裂。黄铜脱锌即锌被选择性溶解，表面变成海绵状的铜，从而导致黄铜强度大大下降。黄铜脱锌主要发生在海水中，特别是热海水，有时也发生在淡水和大气环境中。一般含锌量高于 15% 的黄铜才出现脱锌，含锌量越高，其脱锌倾向和腐蚀速率也越大。黄铜中加入少量砷（0.04%），可有效地防止脱锌腐蚀。在 $\alpha + \beta$ 黄铜中加入一定量的锡、铝、铁、锰也能减少脱锌腐蚀。

在拉伸应力作用下，黄铜在大气、海水、淡水、高压高温水、蒸汽，以及一切含 NH_3（或 NH_4^+）的介质中都可以发生应力腐蚀断裂。黄铜中含锌量越高，越易产生应力腐蚀。含锌量低于 20% 的黄铜在自然界很少发现此种现象。黄铜中加入硅可提高抗应力腐蚀能力。

2）青铜的耐蚀性

铜锡合金称为青铜。实际上，现在把黄铜和白铜以外的铜合金统称为青铜。作为实际耐蚀结构材料的主要是锡青铜、铝青铜和硅青铜。

常用的锡青铜中 Sn 含量有 5%、8% 和 10% 三种，耐蚀性比铜高，耐蚀性随 Sn 含量的增加而提高。锡青铜耐大气腐蚀性良好，在淡水、海水中也很耐蚀。在稀的非氧化性酸中和盐溶液中，青铜有良好的耐蚀性；在 HNO_3、HCl 和 NH_3 溶液中，与铜一样不耐蚀。锡青铜不容易产生应力腐蚀和选择性腐蚀。

铝青铜的 Al 含量一般为 $9\% \sim 10\%$，有时加入铁、锰、镍等元素。其强度和耐蚀性均比锡青铜高。耐蚀性好是因为合金表面形成了致密而附着性好的 Cu 和 Al 的混合物保护膜，当其破坏时还具有自动修复的能力。铝青铜在大气、300℃ 以下的高温蒸汽中，在淡水和海水中都很稳定；在稀硫酸（75% 以下和较高温度）和稀盐酸（20% 以下，室温）中耐蚀，但在硝酸中不耐蚀；在碱溶液中，因保护膜被溶解而遭到严重腐蚀。含铝量较高的铝青铜有应力腐蚀倾向，加入 0.35% 以下的锡，可防止应力腐蚀。

硅青铜有低硅（$1\% \sim 2\%$）和高硅（$2.5\% \sim 3\%$）两类，并常含有 1% 的锰。低硅青铜极易冷加工变形，耐蚀性与纯铜相似。高硅青铜强度高，耐蚀性比铜好。

3）白铜的耐蚀性

白铜为 Cu-Ni 合金，通常含 Ni 为 5%、10%、20% 或 30%，其耐海水腐蚀和耐碱腐蚀性能随 Ni 含量的增加而提高。白铜抗冲击腐蚀能力高于铝青铜，对高速海水的耐蚀性能良好，抗应力腐蚀能力也好。白铜是工业铜合金中耐蚀性的最优者。

4.3.3 铝及铝合金的耐蚀性

1. 铝的耐蚀性

铝的标准电极电位是常用金属材料中电位最低者之一，铝在热力学上不稳定。在酸性溶液中，铝腐蚀生成 Al^{3+} 离子，在碱性溶液中腐蚀生成 AlO_2^- 离子，在中性溶液（pH 4～8）中，由于铝的腐蚀产物膜具有保护性而使铝钝化。因此，铝的耐蚀性基本上取决于在给定环境中铝上面保护膜的稳定性。当介质中含 Cl^- 离子时，可导致点蚀。

在自然环境中，铝具有自钝化能力，空气和水中的氧以及水本身都是铝的钝化剂，使铝处于钝态。因此，铝在大气、水、中性和弱酸性溶液中都有相当高的稳定性。铝在大气或在低于 80℃ 的水溶液中，所生成的氧化膜为 $Al_2O_3 \cdot 3H_2O$，膜的结构为非晶态。随着在大气中放置时间的延长，氧化膜加厚。空气湿度越大，氧化膜越厚，一般在 5～200 nm 之间。

铝对酸一般不耐蚀，特别是对盐酸，但在许多有机酸中耐蚀。铝在碱和碱性溶液中很不耐蚀，即使在室温下也容易被溶解。铝对硫和硫化物（如 SO_2、H_2S）耐蚀。氯化物或其他卤素化合物能破坏铝的保护膜，使铝的耐蚀性下降或产生局部腐蚀。

根据纯度的不同（即铝中杂质含量的多少），可以把铝分为高纯铝和工业纯铝。通常，铝的纯度越高，其耐蚀性越好、强度越低、延伸率越大。

2. 铝合金的耐蚀性

铝中加入合金元素主要是为了得到较高的力学、物理性能或较好的机械性能。靠合金化的方法显著提高铝耐蚀性的可能性很小，铝合金的耐蚀性很少能超过纯铝。能使铝强化的合金元素主要有铜、镁、锌、锰、硅等。其中，以铜的强化效果为最大，而其恶化耐蚀性的影响也最为严重。镁和锰对铝的耐蚀性是无害的。因此，耐蚀铝合金是以镁和铝来合金化的。耐蚀铝合金主要有 Al-Mn、Al-Mn-Mg、Al-Mg-Si 和 Al-Mg 四种。

铝合金常见的局部腐蚀形态有点蚀、晶间腐蚀和应力腐蚀断裂。在大气、淡水、海水，以及其他一些中性或近中性水溶液中都会发生点蚀，一般来说，在水中比在大气中严重。高纯铝一般难产生点蚀，含铜的铝合金耐点蚀最差，Al-Mg 系或 Al-Mn 系合金耐点蚀性能最佳。

在实际应用环境中，纯铝并不产生晶间腐蚀。Al-Cu 系、Al-Cu-Mg 系以及 Al-Zn-Mg 系合金具有较大晶间腐蚀敏感性，而且在工业大气、海洋大气或海水中都可以产生晶间腐蚀。

纯铝和低强度铝合金一般无应力腐蚀断裂倾向。高强度铝合金，如 Al-Cu、Al-Cu-Mg，含 Mg 高于 5% 的 Al-Mg 合金，含过剩 Si 的 Al-Si 合金，特别是 Al-Zn-Mg 和 Al-Zn-Mg-Cu 高强度合金，在大气中，特别是近海岸大气中和海水中常发生应力腐蚀断裂。

剥蚀是变形铝合金的一种特殊腐蚀形态，发生腐蚀时，合金像云母似的一层一层地剥离下来。Al-Cu-Mg 合金发生最多，Al-Mg 系、Al-Mg-Si 和 Al-Zn-Mg 系合金也有发生，但变形 Al-Si 系合金中未见发生。剥蚀多见于挤压材。

当铝和铝合金与其他金属材料相接触时，在腐蚀介质中引起电偶腐蚀。与在 NaCl 水溶液中的稳定电位相比较，比铝或铝合金电位低的常用金属只有镁。所以，铝或铝合金同大多数金属接触时都会加速腐蚀。

4.3.4　镁及镁合金的耐蚀性

1. 镁的耐蚀性

镁及其合金因密度小而成为航空工业及航空电子工业应用最为广泛的结构材料之一。

镁的标准电极电位比铝的标准电极电位还低。由于镁的氧化膜疏散多孔，所以镁及镁合金耐蚀性差，呈现出极高的化学和电化学活性，是腐蚀活性高的金属材料。

镁在干燥大气中易于氧化而在表面形成一层暗色氧化膜，但质脆，远不如铝表面的氧化膜致密坚实，故保护性很差。在潮湿大气中，镁表面形成深灰色腐蚀产物，一般为镁的碳酸盐、硫酸盐和氢氧化物的混合物。腐蚀产物成分随大气成分的不同而改变。镁在大气中主要是氧去极化腐蚀，纯镁的耐蚀性取决于大气的湿度及其污染程度。腐蚀速度随湿度的升高而增加，湿度超过 80％，腐蚀速度将显著增加。大气中含有硫化物和氯化物等，都会加速镁的腐蚀。所以，镁在工业大气和海洋大气中是不耐蚀的。

2. 镁合金的耐蚀性

由于纯镁的力学性能低，因此工程上应用最多的是镁合金。以 Mg-Al、Mg-Zn、Mg-Mn 系合金应用最广泛。镁合金在酸性、中性溶液中都不耐蚀，即使在纯水中也会遭到腐蚀。但在 pH＞11 的碱性溶液中，由于镁会生成稳定的钝化膜而耐蚀。镁合金的耐蚀性一般不如纯镁。

镁合金可分为变形镁合金和铸造镁合金两类。变形镁合金在大气和海水中易产生应力腐蚀断裂。当水中通氧以及某些阴离子(不仅限于 Cl^- 离子)的存在，都会加速镁合金的应力腐蚀断裂。合金元素对应力腐蚀断裂有影响。例如，Mg-Al-Zn 合金有很高的应力腐蚀敏感性，且随 Al 含量增加而增高。不含 Al 的镁合金应力腐蚀倾向性很小或没有。镁合金薄壁件应力腐蚀敏感性更大。铸造镁合金经氧化处理后耐蚀性尚好，但还需用涂层保护。

镁合金与铝合金、铜合金、镍合金、钢、贵金属等直接接触，可引起电偶腐蚀。

4.3.5 钛及钛合金的耐蚀性

1. 钛的耐蚀性

钛的化学性很活泼，但在许多介质中钛极耐蚀，是由于钝化所致。钛的钝化膜有很好的自修复性能，机械破损后能很快修复成新膜。钛在水溶液中的再钝化作用可在 0.1 秒内完成。因此，钛的耐蚀性主要取决于在使用条件下能否钝化。在能钝化的条件下，钛很耐蚀；在不能钝化的条件下，钛很活泼，甚至可发生强烈的化学反应。

钛在各种大气和土壤中极其耐蚀。在沸水和过热蒸汽中是耐蚀的，800℃ 时同水汽起反应。钛在动、静海水中都非常耐蚀。钛表面生成的 TiO_2 钝化膜具有非常高的稳定性，有 Cl^- 存在时也不会受到破坏。因此，钛具有耐氯化物腐蚀的电化学特性。钛和钛合金在中性和弱酸性的氯化物溶液有高度的耐蚀性。例如，在不高于 100℃ 的 30％ 的 $FeCl_3$ 溶液中，以及不高于 100℃ 的任何浓度的 NaCl 溶液中都保持稳定。甚至对于含 Cl^- 的氧化剂溶液中也有高度稳定性，如王水、含 H_2O_2 的氯化钠溶液等。钛对某些氧化剂也是稳定的，如沸腾的铬酸，100℃ 的 0～65％ 的硝酸、40％ 的硫酸和 60％ 的硝酸的混酸(35℃)。在盐酸、氢氟酸、稀硫酸和磷酸等非氧化酸中钛不耐蚀，但其溶解速度比铁缓慢得多。除了甲酸、草酸和一定浓度的柠檬酸外，几乎所有的有机酸对钛都不腐蚀。在低于 20％ 的稀碱中钛稳定，浓度升高，特别是加热时则不耐蚀，这时缓慢地放出氢并生成钛酸盐。钛在高温下很不稳定，能剧烈地与氧、硫、卤族元素、碳甚至和氮、氨化合。

2. 钛合金的耐蚀性

1) Ti-Pd 合金的耐蚀性

少量 Pd(0.1％～0.5％) 加入钛中，能促使钛阳极钝化，提高其在盐酸、硫酸等非氧化性酸中的耐蚀性。Ti-Pd 合金在高温高浓度的氯化物溶液中非常耐蚀，而且不产生缝隙腐蚀(纯钛在此类介质中常产生缝隙腐蚀)。其耐蚀特点是耐氧化酸腐蚀，也耐中等还原性酸的腐蚀，但不耐强还原性酸腐蚀。

2) Ti-Mo 合金的耐蚀性

此种合金的特点是耐强还原酸的腐蚀。Mo 的含量越高，在非氧化性介质中 Ti-Mo 合金越稳定。Ti-Mo 合金有 Ti-5Mo 和 Ti-32Mo 两种类型，为改善某些性能还加入 Zr、Pd、Nb 等元素。

4.3.6　镍及镍合金的耐蚀性

1. 镍的耐蚀性

纯镍作为结构材料在工程上的应用是有限的，其主要用途是作为不锈耐蚀合金和高温合金的合金元素或基体材料。

镍的标准电极电位比铜低，但比铁、铬、锌或铝的电位要高得多。镍是易钝化金属，其耐蚀性在很大程度上与此有关。镍在大气、海水、淡水和许多盐溶液中都稳定，但在含 SO_2 的大气中不耐蚀。在非氧化性酸中（15% 以下的 HCl，70% 以下的 H_2SO_4）以及许多有机酸中，在室温时镍是稳定的；但若增加氧化剂（如 $FeCl_3$）或通入空气时，会显著增加镍的腐蚀。通气时，镍也在含 NH_3 的水溶液中溶解。在中等浓度的硝酸中镍不稳定，但在高浓度硝酸中因镍易钝化而稳定。镍的氧化物可溶于酸而不溶于碱，故镍的耐蚀性随溶液 pH 值的升高而增大。镍在所有碱性溶液中以及高温熔融碱中都完全稳定，但在高温、高压和高浓度苛性碱或熔融碱中，受拉应力时，镍易产生腐蚀断裂。

2. 镍合金的耐蚀性

镍基合金具有优良的耐蚀性，常用的耐蚀合金元素有 Cu、Cr、Mo、Fe、Mn、Si 等。

Ni 和 Cu 可形成连续固溶体（指溶质原子可以以任意比例溶入溶剂晶格中，形成合金相）。合金中 Ni<50%（原子）时，其腐蚀性能接近于 Cu；当 Ni>50%（原子）时，其腐蚀性能接近于 Ni。最著名的 Ni-Cu 合金是蒙乃尔（Monel）合金（27%～ 29%Cu，2%～3%Fe，1.2%～1.8%Mn，其余为 Ni），兼有 Ni 和 Cu 的许多优点，一般对卤素元素、中性水溶液、一定温度和浓度的苛性碱溶液，以及中等浓度的稀盐酸、硫酸、磷酸等都是耐蚀的；在各种浓度和温度的氟氢酸中特别耐蚀，这在金属材料中仅次于铂和银；在通气介质和氧化剂存在时，与铜和镍一样，耐蚀性显著下降。

Ni-Cr 合金主要是耐高温腐蚀合金。因康奈尔（Inconel）合金是一类成分相当复杂的多元 Ni-Cr 合金，在高温下有高的力学性能和抗氧化性，通常用作高温材料，也作为高级耐酸合金使用。它在非氧化性酸（HCl、H_2SO_4）中的稳定性比蒙乃尔合金低，但在氧化性酸（HNO_3）中的稳定性比蒙乃尔合金高许多。在有机介质和食品介质中非常稳定，它是能耐热浓 $MgCl_2$ 腐蚀的少数几种材料之一，但在高温高压纯水中对晶间型应力腐蚀断裂很敏感。

Ni-Mo 合金是耐盐酸腐蚀的优异材料。哈氏合金 A（Hastelloy A，Ni60Mo20Fe20）是最早研制的 Ni-Mo 合金，它能耐 70℃ 以下的盐酸腐蚀。哈氏合金 B（Ni65Mo28Fe5V）能耐沸腾温度下任何浓度盐酸腐蚀，在 H_2SO_4，甚至 HF 酸中也有很好的耐蚀性。

有代表性的 Ni-Cr-Mo 合金是哈氏合金 C（Ni16Cr16Mo4W），它能耐室温下所有浓度的盐酸并耐氢氟酸，在 70℃ 以下通气的盐酸中耐蚀性也优于哈氏合金 A。

4.4　金属结构的防腐蚀设计

如 4.1.3 小节所述，金属材料防腐蚀设计的基本方法有 5 种，分别是采用高耐蚀性材料、消除或减弱环境中的腐蚀性因素、对不耐蚀材料进行耐蚀性表面处理、防腐蚀结构设计和电化学保护。

4.4.1 合理选择结构的材料

1. 选材原则

从防腐蚀的角度出发，选材应该遵循以下原则：

（1）明确环境因素和腐蚀介质。金属材料的耐蚀性与所接触的介质有密切关系，选材时首先要知道环境中腐蚀介质的种类、腐蚀强度、pH 值，以及影响腐蚀性的诸如环境温度、湿度变化、应力状况等各种情况，以此作为选材的主要依据。例如，在大气腐蚀条件下，空气湿度和污染介质含量是影响金属腐蚀速度的两个主要因素，其中 SO_2 含量具有极其重要的作用。

（2）依据保护程度的要求选择材料。对于那些一旦发生腐蚀则会带来严重后果、可靠性要求很高以及长期运行而又无法更换或维修的关键性零部件，在不宜采取其他防腐蚀措施的情况下，应该选用高耐蚀性的材料。而对非关键性零部件则可采用耐蚀性较低的材料，并辅以其他防腐蚀措施，以获得较好的经济效果。

（3）选材与防护措施相结合。一种金属材料加上适当的防护措施可以组成良好的耐蚀体系。选材时，应注意该种材料可以采取何种防护措施，以及材料与防护措施形成的体系所能达到的防腐蚀效果。

（4）注意材料之间的兼容性。不同金属相互接触有可能造成电偶腐蚀。在一定条件下，非金属材料可导致金属或镀层产生气氛腐蚀。选材时必须充分注意避免不同材料之间的相互影响。

（5）选材与工艺相结合。对选定的材料，还应考虑其加工性能、焊接性能，要注意材料加工后是否会降低其耐蚀性能。

2. 大气环境中的选材、防护

在一般的大气环境中，作为电子设备的结构材料通常以钢铁、铸铁、普通碳钢、低合金钢及铝合金为主，并进行适当的表面处理以增强其耐蚀能力。

常用金属材料在大气环境中的耐蚀性分为耐蚀性最好的、耐蚀性一般的和耐蚀性差的三档。耐蚀性最好的材料包括奥氏体型不锈钢（18-8 型不锈钢）、贵金属（金、铂、铑、钯等），这类材料性能十分稳定，不需任何保护可用于较严酷的大气条件。耐蚀性一般的材料包括铁素体和马氏体不锈钢（Cr13 型不锈钢），铜和铜合金，纯铝、铝镁、铝锰、铝镁硅等合金、钛、镍、银、锡、铅及其合金，这类材料耐蚀性好，在一般大气条件下不需保护层，但在严酷的条件下需加保护层。耐蚀性差的材料包括碳钢、低合金钢和灰铸铁，铝硅、铝铜合金，锌和锌合金，镁和镁合金，这类材料耐蚀性差，在一般条件下需加保护层。

上述金属材料需要防护时，可按下述方法进行防腐蚀处理（详见 4.4.3 小节）：

（1）碳钢、低合金钢和铸铁的防腐蚀处理：可以用金属镀层或油漆覆盖层加以保护，由于工作条件的限制，不能采用保护层时，应采用油封防锈，在油中工作的零件一般不需要加防护。

（2）铝及铝合金的防腐蚀处理：采用电化学氧化处理或化学氧化处理。铸造铝合金采用油漆涂层保护。

（3）铜及铜合金的防腐蚀处理：在大气中容易变色。当变色会影响其导电性能或外观要求时，可以根据不同的使用条件和使用要求，采用光亮酸洗、钝化处理、金属镀层或油漆层加以保护。

（4）锌合金的防腐蚀处理：可以采用磷化、钝化、金属镀层或油漆层防护。

（5）镁合金的防腐蚀处理：可以采用阳极氧化或化学氧化处理并涂覆油漆层保护。

3. 海水腐蚀环境中的选材、防护

对大型海洋工程结构，通常采用价格低廉、制造方便的低碳钢和普通低合金钢，并辅之以涂料和阴极保护措施。对强度要求高的结构件可采用低合金高强度钢。对飞溅区部位，由于腐蚀严重，可采用特种涂料或金属喷涂层保护。

环境腐蚀条件比较苛刻，普通钢铁材料难以满足防腐蚀要求，材料用量不是很大时，应采用高耐蚀性材料，如耐海水不锈钢、铜合金、镍基合金和钛合金。特别是可靠性要求很高时，应选用镍基合金和钛合金。

某些结构要求材料具有高的强度/重量比，可选用钛合金和耐海水腐蚀铝合金（5000系列）。

4. 有应力存在时的选材

在有拉伸应力存在的条件下，应尽量选用在给定环境中尚未发生过应力腐蚀破裂的材料，或对现有可供选择的材料进行试验筛选，择优使用。

4.4.2　控制设备工作的环境因素

控制环境因素包括两个方面：消除工作环境中的腐蚀因素或降低其腐蚀强度；采用合理的结构措施，使设备或零件处于和腐蚀介质相隔开的状态。

1. 控制空气相对湿度

将环境的相对湿度控制在金属腐蚀临界相对湿度以下，是防止大气腐蚀的有效方法。一般要求控制相对湿度低于 40%。可采用下列方法：

（1）用空气调节装置（如空调）或除湿装置对电子设备的工作环境进行温度和湿度调节。

（2）利用设备本身的热源或附加的加热装置对设备连续加热，降低设备内部有限空间的湿度。

2. 隔离环境介质

（1）完全密封。将设备封闭在密封的外壳中，在其内部形成无腐蚀性的微气候环境。密封可以使设备完全不受水分、盐雾、灰尘及其他腐蚀性介质的侵蚀。凡是允许和能够实现密封的地方，采用密封技术无疑是一种使设备适应恶劣环境的理想方法。

密封外壳内部的空气必须清洁干燥，相对湿度应保持在 35% 以下。为此，被密封的各个零部件必须是干燥的，不能使用可导致气氛腐蚀的非金属材料，应该尽量采用熔接技术实现密封。如果采用结构密封时，对于垫圈、转动轴、引出导线等部位都必须进行有效的密封设计；必须防止因密封件失去弹性、不良的机械损坏等因素而引起的泄漏。为避免空气中的氧气对非金属材料老化的影响，可将干燥清洁的空气置换成干燥清洁的氮气。充入的氮气的纯度不得低于 95%，对精密设备氮气纯度要求在 99.5% 以上，氮气充入前需经过干燥处理。为了降低密封内部的相对湿度，可放入干燥剂吸收水分。干燥剂一般使用硅胶，其吸湿量为自重的 30%。使用干燥剂应当用量充分，分布合理，以保证有一个均匀的低湿度值。

完全密封的结构不利于散热，并且维修困难，则要求各元器件和零部件具有更高的可靠性和较长的使用寿命。这种防蚀方法比较适用于小型设备和严酷的环境条件。在一般情况下，往往只对那些对于腐蚀介质敏感的部分元器件和零部件加以密封，以求得较好的经济效果。

密封结构按使用环境分为气密结构和水密结构。由于气体的粘性系数比液体小，因此气体比液体更容易泄漏。所以水密设计可以气密设计为基础，只要考虑其特殊性（如水压引起的压缩变形和外壳材料在水中的抗蚀性等）予以补偿即可。

（2）采用封闭的保护技术，即把元器件或零部件嵌入封闭的材料中。通常采用的封闭材料有塑料、树脂、橡胶、陶瓷、玻璃等。对这些材料的选择应注意其电气性能、机械性能、工艺性以及防蚀效果。

（3）引出线及接头处的密封。对于电子设备的引出线、接头安装处的缝隙的密封可参照图 4.4 所示的方法进行。图（a）、图（b）分别采用玻璃绝缘子和陶瓷绝缘子与引线连接并用钎焊将绝缘子固定在机壳上，图（c）采用电缆硫化密封，图（d）利用电缆密封压盖密封，图（e）、图（f）利用衬垫圈来密封插接头与机壳的缝隙。

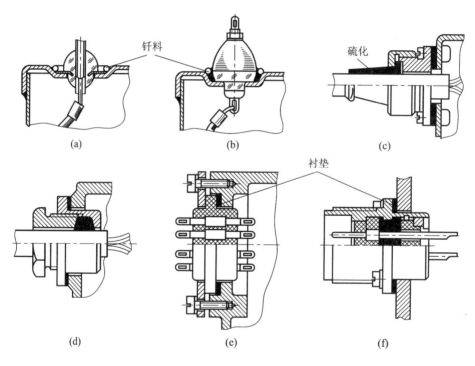

图 4.4　引出线及接头处的密封

3. 对腐蚀介质处理

当腐蚀介质的数量和波及范围有限时，可改变其成分或化学组分使其侵蚀性降低来达到防蚀的目的。

（1）减小介质的腐蚀活性。例如，除去水中的氧或提高 pH 值以减小其对金属的腐蚀性；在车厢或设备的通气孔安装填入干燥剂的通风装置或其他形式的防潮过滤器，使空气排除水分后再进入车厢或设备内部。

（2）添加缓蚀剂。缓蚀剂是一些少量加入腐蚀介质中就能显著减缓或阻止金属腐蚀的物质，按作用机理分为阳极型缓蚀剂、阴极型缓蚀剂和混合型缓蚀剂。阳极型缓蚀剂能够抑制腐蚀电池的阳极反应，增大阳极极化，从而使腐蚀电流下降；阴极缓蚀剂能抑制阴极反应，增大阴极极化，使腐蚀电流下降；混合型缓蚀剂对阴极、阳极过程都起抑制作用。可按各种缓蚀剂的不同物理性质应用于不同场合。水溶性缓蚀剂可溶于水溶液中，通常作为酸、盐水溶液及冷却水的缓蚀剂，也用作工序间防锈水、防锈润滑切削液中。油溶性缓蚀剂可溶于矿物油中，作为防锈油（脂）的主要添加剂。气相缓蚀剂是在常温下能挥发成气体的缓蚀剂，若是固体，必须能升华；若是液体，必须具有足够大的蒸气压。这类缓蚀剂必须在有限空间内使用，如放置在密封包装容器内。

缓蚀剂防护金属的优点在于用量少、见效快、成本较低、使用方便。但它只适用于腐蚀介质的体积量有限的情况下，对于敞开体系则不适用。

4.4.3　在结构表面制作覆盖层

利用耐蚀性较强的金属或非金属作为表面覆盖层，将机体金属与腐蚀介质隔离开，以达到防腐蚀的目的。这是电子设备中最常用的防腐蚀方法。表面覆盖层分为金属覆盖层和非金属覆盖层，非金属覆盖层包括化学转化膜和有机覆盖层。下面分别介绍这些覆盖层及其制作。

1. 金属覆盖层

1）金属覆盖层（金属镀层）的分类

按照使用目的不同，金属覆盖层分为防护性镀层、防护-装饰性镀层和功能性镀层。

（1）防护性镀层。防护性镀层的主要作用是防止金属零部件被腐蚀。防护性镀层有镀锌层、镀锡层、镀铝层、镀镉层等。

（2）防护-装饰性镀层。防护-装饰性镀层的作用不但能够防止腐蚀，而且能赋予金属零件装饰性外观。此类镀层大多为多层镀覆，即先镀以与基体金属结合牢固、耐蚀性强的"底层"，其上再镀以具有装饰性的"表层"，甚至还有"中间镀层"。防护-装饰性镀层有镀铬层、镀镍层、镍铜铬组合镀层等。镀铬层、镀镍层具有抗变暗、保持光亮光泽能力而具有装饰性。

（3）功能性镀层。功能性镀层的主要作用是赋予金属零件表面某种特殊功能。如导电性镀层、导磁性镀层、可焊性镀层、耐磨性镀层等。导电性镀层的镀层金属电导率高，如镀铜层、镀银层、贵金属（金、铂、铑、钯）镀层等。导磁性镀层的镀层金属磁导率高，如镀铁-镍合金层、镀镍-钴合金层等。可焊性镀层的镀层金属熔点低，如镀银层、镀金层等。耐磨性镀层的镀层金属耐摩擦，如镀铬层、镀镍层等。

根据镀层金属与基体金属之间的电位关系，把镀层分为阳极性镀层和阴极性镀层两大类。

（1）阳极性镀层。如果镀层金属的电极电位比基体金属的电极电位低，这类镀层称为阳极性镀层。如钢铁表面的镀锌层，因锌的电位比铁低而成为阳极性镀层。完整的阳极性镀层对基体金属具有机械保护作用，当镀层有缺陷（针孔、划伤等）而与基体形成微电池时，镀层将为阳极被腐蚀掉，对基体金属产生电化学保护作用。

（2）阴极性镀层。如镀层金属的电极电位比基体金属电极电位高，这类镀层称为阴极性镀层。如钢铁表面的镀铜层、镀银层，因铜、银的电位比铁高而成为阴极性镀层。完整而又致密无孔的阴极性镀层对基体金属有机械保护作用，但镀层有微孔、裂纹或破损后，则会加速基体金属的腐蚀。因此，阴极性镀层一旦被破损，则失去防腐蚀的作用。

为了达到防护基体金属的目的，金属镀层必须满足的基本要求：镀层金属在环境介质中耐蚀性良好，与基体金属结合牢固，有良好的机械物理性能，镀层完整，空隙率小，有一定的厚度和均匀性。

2）金属覆盖层（金属镀层）的获得方法

获得金属镀层的方法有电镀、化学镀、热喷涂、热浸镀、渗镀、真空镀等。

（1）电镀。电镀是利用电解原理（将电能转化为化学能），在金属制件表面上沉积金属镀层的方法。以钢件上镀铜为例，图 4.5 所示为其原理图，电解质为 $CuSO_4$ 溶液。

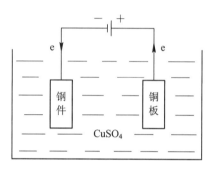

图 4.5　钢件上电镀铜的原理图

不加电源仅连导线时，钢的电位比铜低，电子从钢件流出，构成腐蚀电池；加电源后，电子从电源负极流向钢件，从铜板流向电源正极，此流向与腐蚀电流方向相反。由于外加电流远大于腐蚀电流，腐蚀被压制不能发生，故电子只能从铜板流向电源正极，此时铜板为阳极，电子从电源负极流向钢件，钢件为阴极。

在电解作用下，水电离 $H_2O = H^+ + OH^-$

阳极（铜板处）发生反应为

$$Cu - 2e = Cu^{2+}$$　（铜板上的铜不断溶解，Cu^{2+} 离子进入溶液）

副反应为

$$4OH^- - 4e = 2H_2O + O_2 \uparrow$$　（OH^-、SO_4^- 阴离子向阳极移动）

阴极（钢件处）发生反应为

$$Cu^{2+} + 2e = Cu \downarrow$$　（溶液中的 Cu^{2+} 离子向阴极移动，聚集在阴极附近，析出的铜沉积在钢件表面，形成镀层）

副反应为

$$2H^+ + 2e = H_2 \uparrow$$

电镀法获得的镀层金属纯度高、与基体结合牢固、节省镀层金属。通过改变和控制电镀溶液的组成、电流密度、通电时间等因素，可以在很大范围内调整镀层厚度和改善镀层质量。通过电镀方法可以获得单金属镀层，如锌、镉、铜、镍、铬、锡、银、金等，也可以获得合金镀层，如铜锡、铜锌、锡铅、锌镍等，包括防护、装饰及多种功能性镀层。

（2）化学镀。在不通电的情况下，利用氧化-还原反应，使盐溶液中的金属离子在工件上析出形成金属镀层的方法。图 4.6 所示是在钢件上化学镀铜的原理图，电解质为 $CuCl_2$ 溶液。化学反应（置换反应）为

$$Zn + CuCl_2 = ZnCl_2 + Cu \downarrow$$　（析出的 Cu 沉积在钢件上）

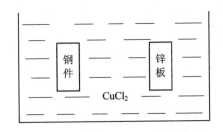

图 4.6　钢件上化学镀铜的原理图

化学镀层具有镀层均匀、致密、针孔少的优点，而且工艺设备较为简单，不需要电源，适用于难以电镀（如结构形状复杂零件的内表面）或不能直接电镀（如非金属材料）的零件，但镀层较薄（5～12 μm）。可以化学镀的镀层有镍、铜、金、银以及镍-磷非晶态合金等。

（3）热喷涂。热喷涂（金属喷镀）是将丝状或粉状金属放入喷枪中，用火焰或电弧使其融化，然后借助高压空气或保护气将融化金属变成雾状喷到工件上，形成覆盖层。用于防护目的的金属喷涂层有锌、铝、铅等。其他如不锈钢、各种合金以及陶瓷等喷涂材料，主要作为功能性镀层使用，厚的喷镀层还可用来修复磨损或损坏的零件。热喷涂法不受被镀工件大小和形状的限制，适用于大型设备。喷镀层的孔隙率较大，需进行孔隙封闭处理。

（4）热浸镀。热浸镀（热镀）是将被保护的金属制品（零件和丝、板等半成品）浸渍在熔融金属浴中，一定时间后取出，或以一定速度从熔融金属浴中通过，使制件表面形成一层金属覆盖层。选用的液态金属一般是低熔点、耐蚀、耐热的金属，如铝、锌、锡、铅等。与电镀法相比，热浸镀层较厚，与基体金属结合牢固；在相同环境中，其寿命较长。

（5）渗镀。渗镀是将被镀金属制件置于含镀层金属或它的化合物的粉末混合物、熔盐浴及蒸汽等环境中，使由于热分解或还原等反应而析出的镀层金属原子在高温下扩散到制件金属中，在其表面形成合金化扩散层。因此，这种方法也称表面合金化。渗镀层不仅有良好的耐蚀性，还可改善基体金属的其他物理化学性能。渗镀层与基体结合牢固，一般不会因温度急剧变化而脱落。最常见的渗镀层有锌、铝、铬、硅、硼以及铝-铬、铬-硅-铝等二元和三元渗镀层。

（6）真空镀。真空镀包括真空蒸镀、溅射镀和离子镀，这些方法都是利用材料在高真空条件下的气化或受激离子化而在制件表面形成覆盖层。真空镀具有无污染、无氢脆（溶于钢中的氢原子聚合为氢分子成气泡，称为氢脆。氢脆会造成应力集中，在钢内部形成细小裂纹。加热一段时间如 3～4 h 可赶出氢气除氢）、适合于多种金属和非金属基材、工艺简单等特点。但有镀层薄、设备费用高、镀件尺寸受限制等缺点。

3）金属镀层的选择

在一般情况下，基本无孔的金属镀层的腐蚀特性在本质上与相同成分的金属铸件或锻造材料的腐蚀特性相同。因此，各种金属及其合金的腐蚀特性，可以作为选择金属镀层时的有益指南。此外，选择金属镀层时还应注意以下几点：

（1）阳极性镀层在使用环境中必然受到一定程度的腐蚀，它对基体金属防护的能力取决于镀层厚度。选用阳极性镀层时，应该根据使用环境、预期的保护寿命等因素确定镀层的厚度并尽量减小空隙率。例如，对于一般电工电子产品，碳素钢结构件上镀锌层的最小厚度，在轻微腐蚀性环境取 6 μm，在中等腐蚀性环境取 12 μm，在比较严重的腐蚀性环境应取 24 μm。而对于军用电子装备，镀锌层的最小厚度在良好环境条件为 8～12 μm，一般条件为 12～18 μm，恶劣条件为 18～25 μm，海上条件为 25～30 μm。

（2）在下列用途中不宜选用阳极性镀层：需要长期保持某种特殊的表面状态或性能，如保持长期光亮、优良的导电性等；腐蚀产物可能对机械性能或其他性能有不良影响或者腐蚀产物可能成为有害杂质造成污染。

（3）在下列情况下，不宜选用阴极性镀层：由于重量原因（如飞机上）或其他原因，使镀层的最大厚度受到限制；镀层有可能受到物理性损坏；需要经常维修或涂漆的零件。

4）常用金属镀层的特点及应用

（1）镀锌层和镀镉层。

① 镀锌层。镀锌层是钢铁的优良防护性镀层，属阳极性镀层。用不同方法获得的镀锌层各有其特点及适应范围。

电镀法获得的镀锌层厚度容易控制而且比较均匀，主要用于大气环境，在电子设备中应用最为广泛。热镀锌层具有良好的黏附性，可以满足加工成型的要求，在天然水和自然环境中具有优良耐蚀性，主要用途是制造热镀锌钢板（带）、钢管、钢丝，以及一般日用五金零件的防护性镀层。渗镀锌层比其他镀锌层具有更好的防护效果，而且有较高的硬度和耐磨性，还可以改善钢的耐腐蚀疲劳性能以及提高钢在含硫化氢热气流中的耐蚀性，主要用于弹簧、紧固件，以及需要严格控制尺寸误差的零部件。喷镀锌层适合于无法移动的大型结构的防护。

锌在一般大气环境中由于表面生成具有良好保护性的碱式碳酸锌而比较稳定，为钢铁提供了一种屏障层。在工业大气和海洋大气中由于生成了可溶性腐蚀产物（$ZnSO_4$，$ZnCl_2$），而加速了锌的腐蚀，所以锌镀层在工业大气中腐蚀速度最高；在城市大气中的腐蚀速度约为工业大气中的 1/3～1/5，在海洋大气中的腐蚀速度比城市大气略高。镀锌层在室内大气中的保护寿命（到基体金属开始腐蚀的时间）为室外的 5 倍以上。

为了提高电镀锌层的耐蚀性，需要进行钝化处理。采用不同的钝化工艺可得到军绿色、彩虹色、金黄色、黑色、白色的钝化膜，具有一定的装饰作用。

对于高强度钢、弹性零件以及某些用于特殊条件下的零件（如飞机使用的零件），在镀锌后都要经过除氢处理，以防止发生氢脆现象，方法是通过加热将氢从零件内部赶出去。

② 镀镉层。镀镉层对于钢铁制件来说，其防护性能随使用环境的不同而变化。在一般大气和工业大气条件下，镀镉层的防护性能不如镀锌层好；而在海洋大气和高湿环境中，镀镉层有优良的耐蚀性，防护性能则优于镀锌层。因此，在航空、航海环境中工作的电子设备多采用镀镉层。但镉蒸气和镉盐都有毒，而且价格昂贵，所以通常采用镀锌层和合金镀层来取代镀镉层。镀镉层在镀后也需要进行钝化处理和除氢处理。

（2）镀铝层。根据金属电沉积理论，不可能从水溶液中实现铝离子的还原。因此，不能利用普通电镀方法在金属表面获得镀铝层。但可以通过热浸镀、热喷涂、渗镀和真空镀来获得。

在钢板上热浸镀铝主要作为防蚀镀层使用。所得到的镀铝层具有双层结构，其表层成分与槽液基本相同，几乎是纯铝层；次层为铝铁合金层（Fe_2Al_5 和少量 $FeAl_3$）。镀铝层表面有一层坚实而致密的 Al_2O_3 膜，保护铝层和基体金属免遭腐蚀。镀铝钢板具有耐大气腐蚀、耐海洋和潮湿环境腐蚀以及抗含硫介质腐蚀的优异性能，其在大气环境中的耐蚀性是镀锌钢板的 3～6 倍，在二氧化硫和硫化氢中的耐蚀性远远高于各种高铬钢。在 500℃ 以下长期加热，其外观无变化，而且具有良好的光和热的反射性。镀铝钢板兼有钢基体的力学性能和镀铝层的耐蚀性能，是一种耐腐蚀、耐冲击和可以焊接的复合材料。

铝喷涂层用于钢铁材料的防蚀，特别是在含有二氧化硫的大气中，更有明显的耐蚀性。

在钢铁上渗铝所得到的是铁铝合金层。渗铝钢材具有优良的抗高温氧化性，对硫化氢气体有良好的耐蚀性。渗铝主要用于提高钢铁零件耐热耐腐蚀寿命，是目前提高钢材耐硫化物腐蚀的最有效手段之一。

（3）镀铜层。镀铜层可以电镀、化学镀、热喷涂等方法获得，但在电子设备生产工艺中，以电镀和化学镀为主。化学镀铜工艺主要应用于非金属材料的表面金属化，如电子设备印刷板的孔金属化，陶瓷、塑料表面镀铜等。

对钢铁而言，铜是阴极性镀层，且多孔。暴露在大气中的镀铜层很快变得晦暗而失去光泽。因此，电镀铜一般很少单独用于防腐蚀目的，主要作为功能性（如导电）镀层，或是与其他电位更低的金属镀层（主要是镍和铬电镀层）形成组合镀层，镀铜层作为底层使用。

（4）镀镍层。镀镍层可以通过电镀、化学镀等方法获得。

在电镀镍的工艺中，通过不同的镀液成分和电镀规范，可以获得暗镍（普通镀镍）、半光亮镍、光亮镍、缎面镍、黑镍等多种镀镍层。镀镍层在大气环境下由于表面生成致密的钝化膜而非常稳定。但镀镍层孔隙率高，薄的镀镍层不能单独用作防护性镀层，通常与铜、铬镀层形成组合镀层，如铜/镍/铬、镍/铜/镍/铬、双层镍或三层镍/铬等组合镀层，来达到既能防护又具有装饰效果的双重目的。从特殊镀液中可镀得黑镍镀层。黑镍镀层具有很好的消光性能，常用于光学仪器和摄影设备零部件的镀覆。利用其对太阳能的辐射有较高的吸收率，可用于太阳能集热板。黑色镀镍层通常应用在铜或黄铜制品上，在钢铁零件上镀黑镍时，一般都是先镀暗镍或亮镍，或者镀铜层作为底层。镀镍层应用在功能性方面，主要用于修复被磨损、被腐蚀的零件。

在化学镀镍工艺中，主要用次磷酸钠（$NaH_2PO_2 \cdot H_2O$）作还原剂，所获得的镀层实际上是镍磷合金（含磷 3%～15%）。含磷 8% 以上的镍磷合金镀层是一种非晶态镀层，因无晶界所以耐蚀性能特别优良。化学镀镍层在大气暴露试验、盐雾加速试验中表现出的耐蚀性显著地优于电镀镍层。化学镀镍层对含硫化氢的石油和天然气环境，对酸、碱、盐等化工腐蚀介质有优良的抗蚀性，可代替不锈钢和纯镍用于石油、化工领域。化学镀镍层还具有高硬度和优良的耐磨性，可作为耐磨镀层。在计算机工业，主要用于硬盘片铝镁合金上化学镀镍，保护铝合金基体不变形，不磨损，不受腐蚀。在电子工业，作为低电阻温度系数及焊接性能良好的镀层使用。

（5）镀铬层。铬在大气中因钝化而呈现惰性。镀铬层具有极好的抗蚀、抗变暗、保持光泽的能力。硬度高（HV800～1100），耐磨性好，反光能力强，在 500℃ 以下光泽和硬度均无明显变化。镀铬层广泛用作防护-装饰性镀层的外表层和功能性镀层。

① 防护-装饰性镀铬。对于钢铁材料，镀铬层为阳极性镀层，而且薄的镀铬层是多孔的。因此，为了达到同时具有防护和装饰的效果，在锌基或钢铁基体上必须先镀足够厚的中间层，然后在中间镀层上镀以 0.25～0.5 μm 的薄铬层。使用最普遍的中间镀层是镀铜层和镀镍层，即构成铜/镍/铬镀层体系或镍/铬镀层体系。为了获得镜面似的光亮镀层，中

间镀层应采用全光亮镀层，如半光亮铜/全光亮镍/铬。

现已发展了一种高耐蚀性的防护-装饰体系，是采用双层镍或三层镍与不连续铬组成的镀层体系。双层镍由半光亮镍镀层和亮镍镀层组成，三层镍由半光亮镍镀层、高硫镍镀层再加亮镍镀层形成。由于亮镍和高硫镍镀层的含硫量比半光亮镍的含硫量高，因而其电位比半光亮镍电位低，当腐蚀介质通过铬层到达镀镍层时，亮镍或高硫镍就是腐蚀电池的阳极而先腐蚀，从穿透型腐蚀改变为横向腐蚀，从而延缓了整个腐蚀速度。微不连续铬包括微孔铬和微裂纹铬镀层，这类镀铬层由于具有众多的微孔或裂纹，暴露出的镍阳极面积就大，单位面积上的腐蚀电流就大为降低，因而腐蚀速度大大减缓。

铜/镍/铬或镍/铬镀层体系的耐蚀性主要取决于体系的组合形式和作为中间镀层镍的厚度。试验表明，镀镍层厚度低于 $10~\mu m$ 的体系，不宜作为户外条件下使用的产品的防护。在我国中等腐蚀性大气环境中，对于钢铁基体，采用 Cu15/光亮 Ni25/Cr(或半光亮 Ni30/Cr)镀层体系；在腐蚀严酷性强的大气环境中，采用 Cu20/光亮 Ni25/微孔 Cr(或者半光亮 Ni40/微孔 Cr)体系可获得较好的防护效果。

② 硬铬(耐磨铬)。利用镀铬层的高硬度、耐磨性和抗腐蚀性，以提高机械零件的耐磨性和修复被磨损机件的尺寸等，直接镀于钢铁零件之上。镀硬铬厚度一般为 $2\sim50~\mu m$，特殊耐磨镀铬为 $50\sim300~\mu m$。修复磨损零件往往需镀 $800\sim1000~\mu m$，通常镀后还要进行镀后除氢和机加工。

③ 乳白镀铬、松孔镀铬和黑铬。在一定条件下获得的白色无光泽的铬镀层称为乳白铬，镀层韧性好，硬度较低，孔隙和裂纹少，消光性好，常用于量具、分度盘、仪器面板等镀铬。镀硬铬后，用化学或电化学方法将铬层的粗裂纹进一步扩宽加深，以便吸收更多的润滑油脂，提高其耐磨性，这就是松孔镀铬，用于受重压的滑动摩擦件及耐热、抗蚀、耐磨的零件，如内燃机汽缸内腔、活塞环等。在一定条件下可镀取纯黑色的铬层，耐蚀性和消光性优良，用于航空、光学仪器、太阳能吸热板以及日用品的防护装饰。

(6) 镀锡层。镀锡的方法有电镀、热浸镀、喷镀和化学镀，但以电镀法为主，其次是热浸镀锡。各种方法获得的镀锡层都有一定孔隙，其中以电镀及热浸镀厚度超过 $15~\mu m$ 的镀层孔隙率最小。镀锡层对于钢铁在一般条件下为阴极性镀层，只有在镀层无孔隙时才能有效地保护基体。但在密闭条件下，在有机酸介质中，锡的电位比铁低，为阳极性镀层，具有电化学保护作用。镀锡层对于铜及铜合金为阳极性镀层，在水溶液中镀锡层优先腐蚀起到牺牲阳极的作用。

镀锡层化学稳定性高，在大气中耐氧化、不易变色，与硫化物不起反应，导电性好，易钎焊。电子元器件的引线、印刷电路板镀锡作为可焊性镀层，也以锡代银作导电镀层。铜导线镀锡除提供可焊性外，还有隔离绝缘材料中硫的作用。机械工业中镀锡层作为密合和减磨镀层。锡和锌、镉镀层一样，在高温、潮湿和密闭条件下能长成晶须，这是镀层存在内应力所致。小型化电子元器件需防止晶须造成短路事故。电镀后用加热法去除内应力或电镀时与 1‰ 的铅共沉积，可避免这一特性。

热浸镀锡的主要用途是制造镀锡钢板和镀锡铜丝。低碳钢带上双面镀薄层锡即为马口铁，作为食品包装及轻便耐蚀容器的主要材料。

(7) 银、金和其他贵金属镀层。

① 镀银层有良好的导热性和高的电导率，焊接性能好，易于抛光，有极强的反光能

力。对于常用的金属而言,银是阴极性镀层。电子工业、仪器仪表制造业使用镀银层作为导电性镀层和可焊性镀层。也利用其优良反光能力,作为探照灯、反光镜等特殊设备的镀层。镀银零件的基体材料一般都是铜和铜合金,在钢铁、镍合金等基材上镀银,必须先镀一层铜作为底镀层。镀银层遇到大气中的二氧化硫、硫化氢、卤化物等介质时,表面很快生成硫化银膜,呈现褐色或黑褐色,这种现象称为银的变色。镀银层变色后,严重影响其钎焊性能和导电性能。因此,为了提高其抗变色能力和抗蚀性,零件镀银后通常要进行镀后处理。常用的方法:浸亮(光亮镀银不需要)、化学钝化或电化学钝化、镀贵金属(及其合金)和稀有金属、涂覆有机覆盖层等。

② 镀金层具有低接触电阻,导电性能良好,易于焊接,耐蚀性强,具有一定耐磨性(指硬金)。在电子工业、仪器仪表制造业中,镀金层广泛作为高可靠性的防蚀、电接触镀层。在银上镀金可以防止银的变色。金合金镀层常用作装饰性镀层。对钢、铜、银及其合金而言,镀金层为阴极性镀层,镀层的孔隙影响其防护性能。

③ 铂、铑、钯等镀层均因其稳定性高,接触电阻小,导电性良好,而作为高可靠性的导电和电接触用镀层。

(8) 防护性合金镀层。除了上面介绍的单一金属镀层外,在电镀技术领域还开发了一些耐蚀合金镀层,目的是替代镀锌层和镀镉层。例如,锌铁合金(含铁 $0.3\% \sim 0.6\%$)镀层、锌镍合金镀层、锌钴合金镀层、锡锌合金镀层等。这些合金镀层耐蚀性和防护性能都超过了镀锌层或镀镉层。另外,通过热浸镀也能形成合金镀层,如热浸镀铝锌合金(含铝 55%)钢板,生产方法同热浸镀锌一样,但具有比镀锌板更优异的耐蚀性和抗氧化性。

2. 化学转化膜

化学转化膜又称金属转化膜。它是金属或镀层金属表层原子与介质中的阴离子相互反应,在金属表面生成的附着性良好的氧化膜和金属盐膜。在化学转化膜形成过程中,基体金属直接参加反应。常用的金属材料的化学转化膜工艺有钢铁的氧化和磷化,铝及其合金的化学氧化和阳极氧化,镁合金的化学氧化和阳极氧化,铜及其合金的化学氧化、电化学氧化和钝化处理等。

1) 钢铁转化膜的形成

钢铁转化膜的形成方法有氧化处理和磷化处理。

(1) 氧化处理。钢铁的氧化处理俗称发蓝、发黑,因为氧化处理后的零件表面生成的氧化膜呈蓝色、黑色而得名。现代工业上钢铁氧化采用高温型和常温型两种工艺。

高温氧化处理是将钢铁零件浸入苛性钠(NaOH)溶液中,在高于 $100\,^{\circ}\mathrm{C}$ 的温度下进行处理,所生成的氧化膜的主要成分是磁性氧化铁(Fe_3O_4)。膜层颜色取决于钢材成分、表面状态和氧化工艺规范。一般钢铁呈黑色和蓝黑色,铸钢和含硅较高的钢呈黑褐色。

常温氧化是在以亚硒酸盐、硫酸铜和磷酸盐为基本成分的溶液中,室温下进行处理的。所生成的表面膜层成分较复杂,含有 FeS、$Fe_2(SeO_3)_3$、$FePO_4$、CuS 等化合物。

无论是高温氧化还是常温氧化,所生成的膜层厚度均只有 $0.6 \sim 1.5\ \mu m$,不影响零件的精度,有较大的弹性和润滑性,又无氢脆危险。但防护效果不如金属镀层,也不如磷化膜层。氧化处理常用于机械、精密仪器、兵器和日用品的一般防护装饰。一些对氢脆很敏感的弹簧丝、细钢丝、薄钢片也常用氧化膜作防护层。为提高氧化膜的耐蚀性,钢铁氧化后需要在肥皂溶液或重铬酸钾溶液中填充处理,再经浸油处理。

（2）磷化处理。将钢铁零件放入含有锌、锰、钙、铁或碱金属（钠、钾）磷酸盐溶液中进行处理，在金属表面上形成一层不溶于水的磷酸盐膜，此种工艺过程称为磷化处理，所生成的膜层称为磷化膜。

磷化膜外观呈暗灰色或灰色，具有微孔结构，有良好的吸附能力，经填充、浸油或涂漆处理后，在大气中具有较好的抗蚀性，因此通常与涂料或防锈油脂联合作为钢铁材料的防护性涂覆层。磷化后基体金属的硬度、磁性等均保持不变。但高强度钢（强度≥1000 N/mm^2）在磷化处理后必须进行除氢处理（130～200℃，加热1～4 h）。

磷化膜有良好的润滑性，常用作冷加工润滑膜；利用磷化膜较高的电绝缘性，可作为电机及变压器用的硅钢片的电绝缘层。

2）铝及铝合金转化膜的形成

铝及其合金在大气中能与氧作用，自然形成一层厚度为4～5 nm的氧化膜。但由于氧化膜太薄，孔隙率大，机械强度低，因此不能有效地防止铝的腐蚀。在实际应用中，通常利用人工方法使氧化膜加厚并变得致密，以提高铝及铝合金的耐蚀性。铝及铝合金转化膜的形成方法有化学氧化和阳极氧化（电化学氧化）。

（1）化学氧化。将铝及铝合金放入磷酸、铬酸、氟化钠或硼酸的溶液中进行化学处理，使其表面生成稳定氧化膜、磷酸盐膜或铬酸盐膜的过程称为化学氧化。所获得膜层厚度约为0.3～4 μm，其质软不耐磨，耐蚀性较低，故不宜单独使用。但它具有较好的吸附能力，可作为良好的油漆底层。经化学氧化后再涂漆，可以大大提高耐蚀性，是铝及铝合金的一种较好的防蚀方法，尤其适用于难以进行阳极氧化处理的大型零件或组合件。

（2）阳极氧化。阳极氧化（电化学氧化）是指将铝或铝合金作为阳极（与电源正极相连），在电解液中利用电解的方法，使其表面形成一层稳定的氧化膜的过程。通过阳极氧化而形成的氧化膜，可以大大提高铝及其合金的耐蚀性和耐磨性，也可作为表面装饰；同时，还可以用于其他目的。但由于氧化膜较脆，氧化处理后的零件不允许重复进行压力加工和承受较大的变形。

① 阳极氧化的类型。按照电解液种类和膜层性质的不同，铝及铝合金阳极氧化可以分为以下几类：

硫酸阳极氧化：以15％～22％的硫酸为电解液，可获得5～20 μm 的无色透明氧化膜，硬度较高，容易着色。广泛用于在良好和一般大气条件下铝及铝合金的防护和装饰。

铬酸阳极氧化：以铬酸为电解液，氧化膜厚度为1～5 μm，质软弹性高。用作油漆底层及与橡胶的黏接层。

草酸阳极氧化：以草酸为电解液，可获得硬而厚的膜层，外观呈淡黄色。主要用作绝缘保护层，也常作日用品的防护或装饰层。

硬质阳极氧化：氧化膜层最厚可达250～300 μm，硬度很高。主要用于要求耐磨、耐热、绝缘的铝合金零件。

瓷质阳极氧化：在特殊的电解液中，在硬铝的抛光面上获得浅灰白色光滑的氧化膜，不透明，外观类似瓷釉和搪瓷。硬度高，耐磨性好，可染色。用于仪器仪表零件的表面防护和日用品的表面装饰。

② 氧化膜的着色。硫酸阳极氧化膜具有多孔性和化学活性，很容易进行着色处理。常用的着色方法有化学浸渍着色法和电解着色法。

化学着色法是将氧化后的零件立即浸入含有有机染料或无机盐的溶液中，染料分子或离子通过氧化膜的物理和化学吸附作用存在于膜的内表层而显色。这种方法具有工艺简单、成本低、色种多、色泽艳丽、装饰性好等特点。但耐光、耐晒、耐磨性差，不宜作室外和经常受摩擦零件的表面装饰，只适用于室内装饰和小五金装饰。

电解着色法是在阳极氧化之后，再在含金属盐的电解液中进行交流电解，金属离子在氧化膜孔底部还原析出而显色。改变金属盐种类或电源波形，可以方便地获得各种色调。着色膜耐晒、耐气候、耐磨性很好，广泛用于建筑铝型材的装饰和其他功能用途。

③ 氧化膜封闭处理。氧化膜只有通过封闭处理以后才具有充分的保护作用。封闭处理的作用是封闭或填充氧化膜的孔隙，目的是提高耐蚀性，提高抗污染能力和固定显色的色素体。因此，氧化膜无论用于何种场合，无论着色与否，都必须进行封闭处理。封闭处理是铝及铝合金阳极氧化的最后工序。封闭处理的方法很多，按其作用机理可分为三种：第一种为利用 Al_2O_3 的水化反应产物（$Al_2O_3 \cdot nH_2O$）体积膨胀而堵塞孔隙，有沸水法、蒸汽法；第二种为利用盐的水解作用吸附阻化封闭，如无机盐封闭；第三种为利用有机物屏蔽封孔，如浸漆、电泳涂漆等。

④ 材质对氧化膜质量的影响。铝及其合金的成分和热处理状态对阳极氧化膜的外观和性能影响很大。对于外观要求高的装饰零件必须选择高纯度铝（99.99% 以上）或铝-镁合金，经过化学或电化学抛光，再经硫酸阳极氧化，可获得无色、透明、性能良好的氧化膜。这种氧化膜可以着上各种鲜艳的色彩。选材时，一般希望铝合金具有较细的晶粒结构，以使氧化膜具有均匀的外观。

3）镁合金转化膜的形成

镁合金转化膜的形成方法有化学氧化和电化学氧化（阳极氧化）两种方法，类似于铝及铝合金转化膜的形成。

（1）化学氧化。在铬酸盐或氟化物等溶液中镁合金可获得化学氧化膜，膜层厚度 $0.5 \sim 3\ \mu m$。根据溶液种类的不同，膜层可为黄色、深灰色、军绿色、棕色、黑色。

（2）阳极氧化。镁合金可以在酸性或碱性溶液中，用阳极氧化（电化学氧化）方法可获得厚度为 $10 \sim 40\ \mu m$ 的氧化膜层，外观为浅黄色、绿色或棕色。阳极氧化膜本身具有一定耐蚀性，有些厚膜还具有良好的耐磨性。

由于化学氧化膜薄而质软，阳极氧化膜质脆而多孔，故镁合金氧化处理除作装饰和中间工序防护外，很少单独使用。为提高镁合金的耐蚀性，一般在氧化之后都要喷涂油漆、树脂或塑料等有机膜层。

4）铜及铜合金转化膜的形成

铜及铜合金转化膜的形成方法有化学氧化、电化学氧化和钝化处理。

（1）化学氧化和电化学氧化。铜及铜合金可在碱性溶液中进行类似于铝及铝合金的化学氧化和电化学氧化。获得的氧化膜层为半光泽或无光泽蓝黑色。氧化膜主要由黑色氧化铜组成，厚度一般为 $0.5 \sim 2\ \mu m$，防护性能不高，质脆而不耐磨，不能承受弯曲和冲击，只适宜在良好条件下工作的零件的防护与装饰。氧化处理后涂油或涂覆透明涂料可提高防护能力。

（2）钝化处理。铜及铜合金在较好的环境条件下使用时，可采用酸洗、钝化处理的方法提高抗蚀性。一般是在硫酸、硝酸、盐酸的混合酸中进行光亮浸蚀或者化学抛光之后，在铬酸或重铬酸盐溶液等钝化剂中钝化处理。所获得的钝化膜虽然很薄，却有一定的防护和装饰性，可防止表面因硫化物作用而变暗。若钝化后需进行锡焊，应采用铬酸钝化处理。

3. 有机覆盖层

有机覆盖层也称有机涂层，包括涂料（旧称油漆）层、塑料层、橡胶层或沥青涂层等。其中涂料应用最为广泛，这里予以重点介绍。

一般把能够形成有机覆盖层的化学材料统称为涂料。涂料是指以流动状态涂覆在物体表面上，干燥固化后能附着于物体表面并形成连续覆盖膜的物质。把涂料展平在物体表面称为涂装；涂装在物体表面的薄层涂料的固化过程称为干燥；干燥了的连续覆盖膜称为漆膜，即有机覆盖层。

（1）涂料的作用。按照涂料的使用目的不同，涂料具有三个方面的作用：

① 防护性。用于设备防腐蚀、防潮湿。

② 装饰性。赋予设备表面以美观，也包括起标识作用。

③ 功能性。如杀菌防霉、隔音、防磁、导热、导电（如前述的导电涂料）等。

（2）涂料的分类。涂料的分类方法较多，按有无颜料可分为色漆和清漆；按其作用可分为底漆、面漆、罩光漆（透明不泛黄，具有高光泽和高保光性、高耐磨性、耐紫外线和化学腐蚀的漆，可用于各种磨损表面；起装饰和保护作用，与底漆、面漆配套使用）等；按使用目的可分为绝缘漆、防锈漆、防污漆、耐酸漆等；按用途可分为木器漆、汽车漆、船舶漆、木器漆、漆包线漆等；按施工方法可分为喷漆（自然干燥形成漆膜的漆）、烘漆（烘烤干燥形成漆膜的漆）等。

（3）涂料的基本组成。涂料由主要成膜物质、次要成膜物质和辅助成膜物质三大部分组成。其中，主要成膜物质和次要成膜物质构成漆膜。

① 主要成膜物质。主要成膜物质是构成漆膜的主要物质，包括油料和树脂两大类。

油料包括桐油、亚麻油、梓油、豆油、蓖麻油。其中，桐油、梓油和亚麻油属于干性油，在空气中能干燥结成树脂状固体膜；蓖麻油是非干性油，在空气中不能干燥结成树脂状固体膜；而豆油的干燥性能介于干性油和非干性油之间，干燥速度比干性油慢得多，结成的膜有时并非完全固态而有黏性，属于半干性油。用油作为主要成膜物质的涂料称为油性涂料。油性涂料在硬度、光泽、耐水、耐酸碱性能等方面远不能满足使用的要求。

树脂包括松香、天然沥青、虫胶、琥珀等天然树脂和酚醛树脂、醇酸树脂、氨基树脂、硝基纤维、过氯乙烯树脂、聚氨树脂、环氧树脂、乙烯树脂、丙烯酸树脂、橡胶树脂等几十种合成树脂。用树脂作为主要成膜物质的涂料称为树脂涂料。合成树脂的出现，使得涂料的应用得到了迅速发展。

用油和一些天然树脂或合成树脂作为主要成膜物质的涂料称为油基涂料。

② 次要成膜物质。次要成膜物质主要是颜料。作为颜料使用的物质大部分是各种不溶于水的无机物，包括某些金属及非金属元素、氧化物、硫化物及盐类，有时也使用某些有机颜料。根据颜料在涂料中所起的作用不同，颜料分为防锈颜料、着色颜料和体质颜料。

防锈颜料是防腐蚀涂料的重要成分之一，具有优良的防锈能力，主要用在底漆中，可以阻止金属的锈蚀，延长使用寿命，在漆膜对金属的防护作用中起着重要作用。按防锈机理的不同，防锈颜料分为化学性防锈颜料和物理性防锈颜料。化学性防锈颜料是借助化学或电化学的作用起到防锈作用，如红丹(Pb_3O_4)、铁红(Fe_2O_3)、锌铬黄($4ZnO \cdot CrO_3 \cdot K_2O \cdot 3H_2O$)、锌粉等颜料。其中，红丹是钢铁表面最好的一种防锈颜料，缺点是毒性大；锌铬黄因含有 Cr 而成为具有钝化作用的防锈颜料，既可用于钢铁表面，又可用于铝、镁等轻金属表面；锌粉因锌电位低而对钢铁起电化学保护作用。物理性防锈颜料的作用是提高漆膜的致密度，降低漆膜的可渗性，阻止阳光和水分的进入，以增强涂层的防蚀效果，如铝粉、云母氧化铁(α-Fe_2O_3，呈云母晶片状，黑紫色)等。

着色颜料在漆中起着着色和遮盖物体表面的作用，而且还能提高漆膜的耐久性、耐候性和耐磨性等。如钛白(TiO_2)、炭黑、镉红(CdS)、镉黄(CdS)、铬绿(Cr_2O_3)、金粉(黄铜)、甲苯胺红、酞青蓝。

体质颜料又称填料，主要作用是增加漆膜厚度并能提高漆膜耐久性、耐磨性和耐水性。常用的体质颜料如重晶石粉($BaSO_4$)、大白粉(重质碳酸钙，$CaCO_3$)、滑石粉($3MgO \cdot 2SiO_2 \cdot 2H_2O$)等。

③ 辅助成膜物质。辅助成膜物质的主要作用是改变涂料的工艺性及漆膜的物理、化学、机械性能，但其本身并不构成漆膜。辅助成膜物质包括溶剂和辅助材料。

溶剂在油漆中起溶解成膜物质的作用，油漆固化成膜后，溶剂全部挥发。常用的溶剂有松节油、松香水、苯类(香蕉水)、醇类、酯类、酮类、溶剂汽油等有机物质。涂料研发的一个重要方向是以水代替有机溶剂，这种涂料称为水溶性涂料，对于防止大气污染和节约能源具有十分重要的意义。

涂料中辅助材料的种类很多，按其功能来分主要有催干剂、固化剂、增塑剂、触变剂、防沉剂、乳化剂等。在防霉涂料中，还要加入防霉剂。

(4) 漆膜的防护机理。漆膜对基体金属的防护作用来自两个方面：一是漆膜对腐蚀介质的屏蔽作用；二是防锈颜料对腐蚀的抑制作用。

① 屏蔽作用。金属表面涂覆涂料以后，把金属和环境介质隔离开，这种保护作用称为屏蔽作用。例如，在潮湿大气中只要把水和氧隔离，金属腐蚀就会停止。实际上并非完全如此，所有的漆膜都不能使基体金属和环境介质绝对隔绝。因为作为主要成膜物质的高聚物都具有一定的透气性，其结构气孔的平均直径一般都在 $10^{-4} \sim 10^{-6}$ mm，而水和氧分子直径不到 10^{-7} mm，当漆膜较薄时是很容易通过的。实际上，漆膜的屏蔽作用主要是加大了金属表面微电池两极间的电阻。一般地说，充分干燥的均匀漆膜都有相当高的绝缘电阻，它可以导致电极反应的电阻极化。同时，由阳极反应释放的金属离子将因漆膜的存在而不易迁移，阳极反应将因此而发生浓差极化，使腐蚀过程的速度减慢。显然，漆膜对电解质离子的阻力越大，其绝缘电阻越高，防腐蚀性能也越好。

涂料中的一些惰性颜料如铁红、云母氧化铁、片状铝粉，能够封闭漆膜内部的渗透通路，可增强漆膜的屏蔽作用。例如，云母氧化铁呈鳞片状晶体结构，在涂层中平行排列，层层叠加，结果产生一种盔甲形的保护层，延长了腐蚀介质渗过漆膜到达金属表面的路程。

漆膜的屏蔽作用与成膜物质的结构、填料种类、涂装工艺以及漆膜厚度有关。为了提高漆膜的抗渗性，防腐蚀涂料应选用透气性小的成膜物质和屏蔽性大的固体填料，同时应增加涂覆层数，以使涂层达到一定的厚度而致密无孔。例如，当作为涂料主要成膜物质的高聚物的分子链上支链少、极性基团多以及体型结构的交联密度大时，则透气性较小。比较油基漆、乙烯类漆、醇酸漆、酚醛漆、环氧漆和氯化橡胶漆等漆膜的透水性和透气性可知，氯化橡胶漆膜对水和氧的渗透率最小。当漆膜厚度达到 $0.3\sim0.4$ mm 时，其屏蔽作用大大提高。

② 缓蚀作用。防锈颜料利用化学性能起抑制腐蚀作用。以红丹为例，当其与钢铁表面接触时，通过晶格离子的交换作用，可在阳极区将腐蚀初始阶段的 Fe^{2+} 转化为不溶性的三价铁含铅化合物；在阴极区，红丹中的 Pb^{2+} 又能与阴极反应析出的 OH^- 生成 $Pb(OH)_2$，结果在阴极区和阳极区都能生成起阻蚀作用的薄膜。Pb^{2+} 还可以在工业大气中与 SO_2 作用生成难溶的 $PbSO_4$。红丹与油料（如亚麻油）配制的防锈底漆具有优良的防锈能力，这是由于红丹中的 PbO 与油料因氧化而生成的低分子酸反应所生成的铅皂具有较强的缓蚀作用有关。

锌铬黄和其他可溶性铬酸盐颜料主要依靠对金属的钝化作用而产生防蚀效果。当这类颜料与渗入漆膜的水分接触时，微溶于水后离解出来的 CrO_4^{2-} 阴离子可以对阳极起钝化保护作用。

③ 电化学保护作用。防锈颜料中广泛使用的金属粉末颜料是锌粉，可以对钢铁基体起阴极保护作用，而且锌的腐蚀产物是盐基性的氯化锌、碳酸锌，可填满漆膜的空隙，使膜紧密，而使腐蚀大大降低。从理论上讲，锌粉、镁粉和铝粉都可起保护阴极的作用，但实际上只有锌粉才符合在涂料中起保护阴极的必要条件。因为铝粉和镁粉的表面容易形成低电导率的氧化膜，它排除了对于保护阴极来说最根本的金属与金属的接触。但片状铝粉已被广泛应用于非缓蚀性涂料中，其作用是在漆膜中层层叠加，而产生了延缓水、氧和有害离子渗入的保护性作用。

（5）涂料的选用原则。合理选用涂料是保证涂料能较长期使用的重要因素，可根据以下原则选取：

① 根据环境介质正确选用涂料。选用涂料必须考虑被保护设备或零部件的工作环境与涂料的适用范围的一致性。这里主要是指环境介质的腐蚀性、环境温度和光照条件等。并应在适合的前提下，尽量选用价廉的涂料。

② 根据被保护表面的性质选用涂料。要考虑涂料对被保护表面是否具有足够的黏合能力，是否会发生不利于黏合的化学反应等。例如，酸固化的涂料不能涂覆在易被酸腐蚀的钢铁表面；红丹漆只适用于钢铁表面，不能使用于轻金属防锈，因铅和铝、镁之间的电位差大，会加速它们的腐蚀。当钢铁表面难以进行喷砂或酸洗表面处理时，一般应该选用防锈底漆或带锈底漆。

③ 根据涂料的性能合理地配套选用涂料。为了获得良好的防腐蚀效果，实际应用涂料涂覆层时，一般均采用多层异类的涂覆原则，即选用几种不同性能的涂料配套使用，施行多层涂覆。多层异类涂层可以充分发挥各种涂料的优点，相互取长补短，从而获得理想的防护效果。

（6）涂装方法。涂装是把涂料展平在物体表面，涂装方法有以下几种：

① 刷涂和浸涂。刷涂是利用漆刷将涂料涂覆于物体表面，设备简单，效率低，适用于干燥慢的涂料。浸涂法是将被涂物体放入涂料槽中浸渍，然后取出，让表面多余的涂料自然滴落，经过干燥后达到涂装的目的。对于铸件气密性的封闭涂料和绝缘涂料的施工，可采用真空浸涂和压力浸涂，其特点是在特制的浸涂设备中造成真空或压力，以便使涂料更

好地渗透到气孔或线圈、绕组之中，达到均匀完整的涂装目的。

② 空气喷涂。利用喷枪借助压缩空气使涂料微粒化呈雾状，然后随空气喷射到被涂物体上。这种方法生产效率高，漆膜易于平整光滑，对涂料的适应性强。缺点是涂料飞散，损失较多，而且一道喷涂得到的漆膜较薄。

③ 静电喷涂。借助于高压电场的作用，使喷枪喷出的涂料雾状微粒带电，并且雾化得更细，通过静电引力而沉积在带相反电荷的物体表面。静电喷涂工艺所获得的漆膜均匀完整，附着力好，涂料利用率可达 $80\%\sim90\%$，而一般空气喷涂则只有 $30\%\sim50\%$。但需使用 100 kV 的直流电压，所使用的主要设备为静电喷涂机。

④ 电泳涂装。将被涂物浸渍于电泳槽内作为一个电极，电泳漆为电解质，通以直流电。通电后在被涂物表面形成一层带有胶黏性的漆膜，烘干后即可获得光亮坚固的电泳漆膜。电泳涂装分为阳极电泳和阴极电泳两种。阳极电泳是以被涂物作为阳极，使用阳极性涂料；阴极电泳是以被涂物作为阴极，使用阴极性涂料，现在最广泛使用的是阳极电泳。电泳涂装必须使用专用的电泳涂料。电泳涂装可以自动化作业。由于这种涂装的泳透力（指对被涂物内表面的涂覆能力）大，对被涂物内部、端头等也能涂装，相应地提高了防蚀性；漆膜厚度均匀，附着力强；节省大量有机溶剂，涂装损失少；无火灾危险。但电泳涂装的被涂物被限定为有导电性的，因而不能涂装第二道；对不同金属组合的被涂物，不能得到均匀的漆膜；改变颜色困难。

⑤ 粉末涂装。这是使用粉末涂料进行涂装的工艺方法。粉末涂料是热塑性树脂或热固性树脂（均为固体粉末）与颜料、填料、固化剂、增塑剂及其他添加剂一起研磨成的粉末混合物。借助流化床法或静电喷涂法，将粉末涂料均匀吸附于工件表面，形成粉状的涂层，粉状涂层经过高温烘烤流平固化，在金属表面形成连续漆膜。用作热塑性粉末涂料的树脂有聚氯乙烯、聚烯烃（如聚乙烯）、聚酰胺（如尼龙）、氟树脂等。用作热固性粉末涂料的树脂有环氧、丙烯酸、聚酯树脂等。目前，粉末涂料多为热固性的，使用最多的是环氧粉末涂料，漆膜的硬度、附着性、耐化学性等都非常好。粉末涂料是无溶剂类的涂料，无需担心大气污染问题；涂装合理，涂料使用率高，可一次性达到所需要的漆膜厚度，适宜于涂装自动化。但粉末涂料调色和换色困难。

（7）金属结构的涂装。对金属结构的涂装一般由底漆和面漆构成。因此，涂料的配套使用是指底漆与基体金属的配套使用、底漆与面漆的配套使用、底漆与腻子的配套使用等。配套使用必须以漆层之间具有适当的附着力和相互间不起不良的作用为原则。

金属结构的涂装工序：基体（材）表面处理（如喷砂、镀锌、镀铬、化学氧化、阳极氧化、磷化处理等）→涂底漆→填刮腻子→涂底漆→涂面漆。

① 喷砂。利用压缩空气以高速喷射束将喷料（如铁砂、金刚砂、石英砂等）喷到工件表面，由于磨料对工件的冲击和切削作用，喷砂可达到下面三个效果：一是清洁表面、去毛刺、获得不同的粗糙度；二是增加工件表面与涂层的附着力，延长漆膜的耐久性，也有利于涂料的流平和装饰；三是改善表面机械性能，去除残余应力，提高工件的抗疲劳性。

② 涂底漆。底漆是首先涂覆到基体金属上的涂层。底漆对保护金属免受腐蚀起着关键性作用，要求底漆对金属有较强的防腐蚀作用和对金属表面以及对以后的涂层都有较好的黏合性。一般是黑色金属钢铁使用含铁红或红丹颜料的底漆，轻金属铝、镁使用具有钝化性能的锌铬黄等颜料的底漆。若金属表面已经过阳极氧化、磷化和涂覆磷化底漆时，也可

采用铁红底漆。磷化底漆又称洗涤底漆，由聚乙烯醇缩丁醛树脂与磷酸、铬锌黄和醇类调制而成的一种表面处理涂料，兼有对被涂金属的表面处理作用和底漆的作用，能代替磷化处理，有极好的附着力和高度的防蚀性能，但不能单独作为底漆，须与其他底漆配套使用，适用于钢铁、铝、镁、锌、铜等各种金属表面。

③ 填刮腻子。为了提高涂料涂覆层外观的平整性，通常在两道底漆之间填刮腻子。腻子是一种颜料含量较高，呈厚浆状的涂料品种，可以填补表面凹坑、气孔等缺陷。一般是同类底漆与同类腻子配套使用。

④ 涂面漆。面漆涂覆于底漆之上，其作用是建立一个耐气候和耐化学侵蚀的表面，同时给予装饰性的外观。面漆直接接触环境介质，其品种的选择与施工质量对漆膜的外观和整个涂料涂覆层的寿命影响极大。对于在湿热和海洋环境条件下使用的设备应特别注意选用防潮、防霉及防盐雾等性能良好的涂料品种。一般面漆层数为 2～3 层，硝基漆可多达 5 层。

(8) 电子设备的涂层系统。为了获得防护性好、使用寿命长的有机涂层，必须根据基体材料的特性选择合适的涂层系统。涂层系统主要包括基材的表面处理、底漆、面漆等。

① 整机外壳、机柜（箱）、面板的涂层系统。钢铁基材的涂层系统：磷化处理或涂覆 X06-1 磷化底漆/H06-2 铁红环氧底漆/H07-34 环氧腻子/C06-1 铁红醇酸底漆/A05-9 各色氨基烘漆。

铸铁基材的涂层系统：有机除油、喷砂/H06-2 铁红环氧底漆/H07-34 环氧腻子/C06-1 铁红醇酸底漆/A05-9 各色氨基烘漆。

铝基材的涂层系统：阳极氧化或涂覆 X06-1 磷化底漆/H06-2 铁红环氧底漆/H07-34 环氧腻子/C06-1 铁红醇酸底漆/A05-9 各色氨基烘漆。

② 整机内部（非密封型）零件的涂层系统。钢铁基材的涂层系统：磷化处理或涂覆 X06-1 磷化底漆/H06-2 铁红环氧底漆/C06-1 铁红醇酸底漆/C04-42 各色醇酸磁漆。也可采用下述涂层系统：磷化处理/H11-51 电泳漆/A04-9 各色氨基烘漆或 C04-42 各色醇酸磁漆。

铝基材的涂层系统：阳极氧化或涂覆 X06-1 磷化底漆/H06-2 铁红环氧底漆/C06-1 铁红醇酸底漆/C04-42 各色醇酸磁漆。也可采用下述涂层系统：阳极氧化/H11-51 电泳漆/A04-9 各色氨基烘漆或 C04-42 各色醇酸瓷漆。

③ 要求具有三防（防湿热、防盐雾和防霉菌）性能的机载设备防护的涂层系统。钢铁基材的涂层系统：喷砂、镀锌、镀镉、氧化处理、磷化处理/H06-2 铁红环氧底漆/13-4 各色丙烯酸聚氨酯磁漆，涂层厚度 40～60 μm，此涂层系统中的面漆也可采用丙烯酸磁漆、丙烯酸氨基磁漆或美术漆。也可采用下述涂层系统：喷砂、镀锌、镀镉、氧化处理、磷化处理/各色粉末环氧涂料，涂层厚度 40～120 μm。

铝基材的涂层系统：阳极氧化或化学氧化/H06-2 锌黄环氧底漆（或无底漆）/13-4 各色丙烯酸聚氨酯磁漆，涂层厚度 40～60 μm，此涂层系统中的面漆也可采用丙烯酸磁漆、丙烯酸氨基磁漆或美术漆。也可采用下述涂层系统：阳极氧化或化学氧化/各色粉末环氧涂料，涂层厚度 40～120 μm。

镁基材的涂层系统：化学氧化/两层 H01-32 环氧酚醛清烘漆和一层 H06-2 锌黄环氧底漆/两层 13-4 各色丙烯酸聚氨酯磁漆，涂层厚度 80～100 μm。

4.4.4　使用防腐蚀结构

为防止腐蚀，在产品设计阶段就应当进行合理的防腐蚀结构设计。金属结构设计是否合理，对于接触腐蚀、缝隙腐蚀、应力腐蚀、均匀腐蚀的敏感性影响很大。

1. 合理的结构形状

(1) 结构形状应尽可能简单和合理。形状简单的结构件容易采取防腐蚀措施，而形状复杂的结构件，其面积必然增大，与介质的接触机会增多，死角、缝隙、接头处容易使水分积存和使腐蚀介质浓缩，而引起腐蚀。简单的构件还便于排除故障，有利于维修、保养和检查。

(2) 防止残余水分和冷凝液的积聚。一般说来，没有水分就不会发生腐蚀，残余水分和灰尘积存处，往往是腐蚀严重的部位，因此结构设计应考虑使水分不能积存，而且还应考虑易于涂装和维修。图 4.7 所示为防止水分和尘粒积聚的结构示意图，结构 1 不好，可能会积聚水分和尘粒；结构 2、3、4、5 较好，它们把可能积聚水分的结构置于介质作用之外；结构 6 采用排水孔，可用；结构 7 加入缓蚀剂；结构 8 保证清扫；结构 9 装自动清水结构；结构 10 用填料填充可积水处。

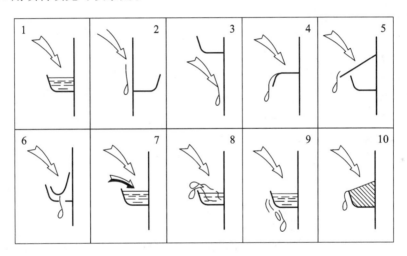

图 4.7　防止水分和尘粒积聚的结构示意图

2. 防止电偶腐蚀

如前所述，金属腐蚀能够发生，要有阳极、阴极、电解质溶液、连接阳极与阴极的电子导体四个要素和阳极过程、电流的流动、阴极过程三个过程。电偶腐蚀作为金属腐蚀的一种，其发生应满足下列条件：两种金属必须有足够的电位差（形成阳极和阴极），两种金属必须直接接触（形成电子导体）并处于同一电解质溶液中，溶液必须含有溶解氧或酸（含有去极化剂而使阴极过程发生）。

溶液中有溶解氧时，在阴极发生吸氧腐蚀（以氧化还原反应为阴极过程的腐蚀称为吸氧腐蚀，也称为氧去极化腐蚀）：

在中性和碱性溶液中的阴极过程为

$$O_2 + 2H_2O + 4e = 4OH^-$$

在酸性溶液中的阴极过程为

$$O_2 + 4H^+ + 4e = 2H_2O$$

溶液中有酸时,在阴极发生析氢腐蚀(以氢离子还原反应为阴极过程的腐蚀称为析氢腐蚀,也称为氢去极化腐蚀):

阴极过程为

$$2H^+ + 2e = H_2 \uparrow$$

因此,在设计时如果能够采取措施使上述条件中任何一个得不到满足,即可大大减轻或避免电偶腐蚀的发生。这些措施主要如下:

(1)不同金属和合金应当避免直接接触,特别是在电偶序中电极电位相差较大的金属材料之间应绝对避免直接接触。不同金属和合金材料匹配连接时应尽可能使它们的电位相接近。由经验可得,电位差小于 50 mV 时,电偶腐蚀效应通常可以忽略不计。由于不同介质中金属的电偶序会有变化,所以应该利用适用介质条件下的电偶序。如果查不到有关数据,则应实际测量有关金属或合金在具体环境介质中的稳定电位和进行必要的电偶腐蚀试验,以取得切实的结果。

(2)当两种金属的电位不允许直接接触时,可在中间加入电位介于两者之间的第三种金属,使两种金属间电位差降低。第三种金属可以是垫片、中间部件,也可以金属镀层的形式镀覆在两种金属表面。

(3)当不可避免需要异种金属接触时,一定要采取大阳极小阴极的结构形式。因为腐蚀时,电子在阴极积聚,阴极接触面小时则电阻增大,腐蚀电流减小,可减缓腐蚀速度。

(4)防止电偶腐蚀最普遍的方法是在两金属之间隔入一个不吸水的有机材料绝缘物,如合成橡胶、聚四氟乙烯等,并对接触部位进行妥善的防水密封。

(5)可以采用一种可靠的耐蚀涂料系统保护不同金属接触部位,防止其与周围介质直接接触,以便使电偶腐蚀保持在一个可接受的水平。在使用时应注意,涂料应涂在贵金属即阴极金属部分,这样减少阴极过程的发生(当然,两种金属都涂覆涂料也可)。如仅在便宜金属即阳极金属一侧涂覆涂料,则将由于保护层有小孔而形成小阳极、大阴极,引起严重的点蚀,使有涂料部分的金属反而遭到破坏。

3. 防止其他类型的局部腐蚀

(1)为防止缝隙腐蚀,应当尽量采用无缝隙结构设计。当设备不可避免地出现缝隙时,必须采取适当的防护措施避免缝隙腐蚀。在设计带有垫圈垫片的连接件时,要注意垫圈的大小,过大或过小都可能形成缝隙而发生缝隙腐蚀。

(2)为防止应力腐蚀,除了注意选择在给定的环境介质不具有应力腐蚀敏感性的金属材料之外,在结构设计上应该注意尽量降低外应力、热应力、应力集中,应避免各种切口、尖角、焊接缺陷等的存在。避免使用应力、装配应力和残余应力在同一个方向上叠加。

凡有引起残余应力的区域,应进行消除应力处理或采用适当方法或使表面造成压应力。减小残余应力可采取热处理退火、过变形法、喷丸处理等。其中,消除应力退火是减少残余应力的最重要手段,特别是对焊接件尤为重要。

为把共振引起的腐蚀疲劳危险降到最小,可用隔振、吸振和减振等方式来减小承载设备或结构在腐蚀环境中的振动和颤动。不要把受腐蚀作用的设备刚性地附接在遭冲击载荷构件上,应用具有弹性的结构相连接。

(3)在有液体(如冷却水)流动的情况下,结构上应注意避免形成过度的湍流、涡流;

同时注意防止造成局部温度差、通气差、浓度差，避免造成浓差腐蚀电池。

4.4.5　电化学保护

电化学保护的依据是式(4-1)，将要保护的金属作阴极并减小阴极电位(即使电子流入阴极而发生阴极极化)或者作阳极并增大阳极电位(即使电子流出阳极而发生阳极极化)，以减小腐蚀电流，从而达到防金属腐蚀的目的。据此，电化学保护分为阴极保护和阳极保护。

1. 阴极保护

将被保护金属进行外加阴极极化以减小和防止金属腐蚀的方法称为阴极保护。阴极保护方法有牺牲阳极法和外加电流法。

牺牲阳极法是在被保护的金属上连接电位更低的金属或合金，作为牺牲阳极，靠它不断溶解所产生的电流对被保护金属进行阴极极化，达到保护的目的。牺牲阳极材料要有足够低的电位，能与被保护金属之间形成足够大的电位差(一般为 0.25 V 左右)，而且电容量大，电流效率高，不易钝化，溶解均匀，价格便宜，加工方便。常用的牺牲阳极材料有：Zn-0.6%Al-0.1%Cd，Al-2.5%Zn-0.02%In，Mg-6%Al-3%Zn-0.2%Mn，高纯锌等。牺牲阳极保护系统的设计包括保护面积的计算，保护参数的确定，牺牲阳极的形状、大小和数量，分布和安装以及保护效果的评定等问题。

外加电流法是将被保护金属接到直流电源的负极作阴极，通以阴极电流使阴极极化到保护电位范围内，达到防蚀目的。外加电流法阴极保护系统主要由直流电源、辅助阳极和参比电极三部分组成。直流电源可自动调节输出电流，使被保护体的电位始终控制在保护电位范围内。辅助阳极用来把直流电源输出的电流输送到阴极(被保护的金属)上，常用的材料有钢、石墨、高硅铁、磁性氧化铁、铅银(2%)合金、镀铂的钛等。参比电极(已准确知道电位的电极称为参比电极或参考电极)用来与恒电位仪配合，测量和控制保护电位。外加电流保护系统的设计主要包括选择保护参数，确定辅助电极材料、数量、尺寸和安装位置，计算供电电源的容量等。

比较两种阴极保护方法，牺牲阳极法不需要外加电源和专人管理，不会干扰邻近金属设施，分散电流能力好；但需要安装大量牺牲阳极和消耗大量金属材料。外加电流保护系统体积小、重量轻，能自动调节电流和电压，运用范围广。若采用可靠的不溶性阳极，其使用寿命较长。

阴极保护是一种经济而有效的防护措施，主要用于保护水中和地下的各种金属构件和设备。一些要求在海水、土壤中使用几十年的地下管线、电缆等都必须采用阴极保护，提高其抗蚀能力。

2. 阳极保护

将被保护的金属与外加直流电源的正极相连，在腐蚀介质中使其阳极极化到稳定的钝化区，金属就得到保护，这种方法称为阳极保护。

阳极保护系统主要由恒电位仪(直流电源)、辅助阴极，以及测量和控制保护电位的参比电极组成。

阳极保护主要用于化工腐蚀介质中一些金属的保护。

习题

1. 给出按腐蚀机理划分的腐蚀种类。

2. 电子设备防腐蚀设计的基本方法有哪些?

3. 金属电化学腐蚀包含哪些过程?

4. 什么是电极的极化?

5. 金属钝化有几种方法?

6. 什么是电偶腐蚀?

7. 电偶序对于结构设计有何作用?

8. 防止电偶腐蚀的结构措施是什么?

9. 工业纯铁、低碳钢和普通铸铁在自然环境中耐蚀性很差的原因是什么?

10. 耐候钢的主要合金成分是什么?其耐大气腐蚀的主要原因是什么?

11. 不锈钢耐蚀的原理是什么?不锈钢是不是在什么环境中都耐蚀?

12. 黄铜有哪两种特殊的腐蚀形式?发生在什么条件下?

13. 铝合金的局部腐蚀形态是什么?多发生在什么条件下?

14. 钛及其合金耐蚀性高的原因是什么?

15. 举出几种典型的耐蚀镍合金。

16. 金属覆盖层(金属镀层)有哪些类型?并举例。

17. 钢铁化学转化膜的形成方法是什么?

18. 铝及铝合金转化膜的形成方法是什么?

19. 铜及铜合金转化膜的形成方法是什么?

20. 涂料的作用是什么?

21. 什么是阴极保护?

22. 分析题:从防腐蚀角度分析铜制零件表面镀银再涂漆(如单螺钉匹配器中的多个铜制零件镀银再涂灰漆)的优点。

第 5 章 机箱机柜结构设计

电子设备已在生产、科研、国防、教学、办公、家庭等领域内广泛使用。在大多数情况下，电子设备的设计，除了使产品的各项技术指标得到满足外，还应研究和解决产品的结构形态如何与产品的功能相统一，与使用要求相统一，与由产品组成的工作环境和生活环境相匹配及适合人的生理和心理特性等，以满足用户的要求，这正是电子设备结构——机箱机柜设计的任务。机箱机柜设计除了传统的机械设计(包括强度、刚度、稳定性、减振设计、精度等)外，也涉及造型美学、人机工程学，本章以机械结构设计为主。

本章内容包括机箱机柜结构设计的基本要求、电子设备的组装级、机箱机柜的基本类型、机箱结构设计、插箱及插件的结构设计、机柜结构设计、机箱机柜附件设计、电子设备的可维修性结构设计、机箱机柜结构件的刚度分析。

5.1 机箱机柜结构设计的基本要求

机箱机柜结构设计的基本要求有以下 6 个方面：

1. 保证产品技术指标的实现

必须满足机箱机柜的强度、刚度等要求，以免产生变形，引起电气接触不良、机械传动精度下降，甚至受振后破坏；必须综合考虑设备内部元器件相互间的电磁干扰和热的影响，以提高电性能参数的稳定性；必须按照实际工作环境和使用条件，采取相应的措施以提高设备的可靠性和使用寿命。总之，要从机械设计、热设计、电磁兼容设计、防腐蚀设计等多方面、多学科进行综合设计，以保证产品技术指标的实现。

2. 便于设备的操作使用与安装维修

为了能有效地操作和使用设备，必须使设备的结构设计符合人的心理和生理特点，同时还要求结构简单，装拆和维修方便(见 5.7 节)。面板上的控制器、显示装置必须进行合理选择与布置，以及考虑保护操作人员的安全等。

3. 良好的结构工艺性(可制造性)

结构与材料、工艺是密切相关的，采用不同的结构和材料，就相应地有不同的工艺，而且机箱机柜结构设计的质量必须有良好的工艺措施来保证。因此，要求设计者必须结合生产实际考虑其结构工艺性，要将结构与材料、工艺紧密结合。

4. 贯彻执行标准化、通用化、系列化、模块化的设计要求

标准化是指将产品(特别是零部件)的结构、规格(尺寸)、质量、性能等方面的技术指标加以统一规定并作为标准来执行。标准化对于提高产品质量和劳动生产率、便于使用维修、加强企业管理、降低生产成本等都具有重要的作用。例如，GB/T 3047.1 规定了面板、架和柜的基本尺寸系列，GB/T 3047.3、GB/T 3047.4 规定了插箱、插件的基本尺寸系列，GB/T 3047.6 规定了电子设备台式机箱的基本尺寸系列，GB/T 7269 规定了电子设备控制台的布局、型号和基本尺寸系列，GB/T 6431 规定了通信设备条形机架基本尺寸等。

通用化是指在不同种类的产品或不同规格的同类产品中尽量采用同一结构和尺寸的零部件。如操作手柄、门把手等可作为通用零部件。

系列化是指对同一产品，在同一基本结构或基本条件下规定出若干不同的尺寸系列。如电动机、减速器等产品可作为系列化产品进行设计和使用。

结构设计中必须尽量减少特殊零部件的数量，增加通用件的数量，尽可能多地采用标准化、系列化的零部件和尺寸系列，即设计时优先采用标准化零部件，其次是通用化零部件，再是系列化零部件，不满足要求时再行设计。

所谓模块是指具有相对独立的特定功能并可以单独运转调试、预制、储备的标准单元。用模块可组合成新的系统，也易于从系统中拆卸更换。模块具有典型性、通用性、互换性或兼容性。模块化设计就是从系统观点出发，以模块为主构成产品，采用通用模块加部分专用部件和零件组合成新的产品系统。模块化是标准化的发展，是标准化的高级形式。标准件、通用化只是在零件级进行通用互换，模块化则在部件级，甚至子系统级进行互换通用，从而实现更高层次的简化。

5. 体积小、质量轻

体积小的优点是设备占据的空间小，节省空间；重量轻的优点是节约材料，减少成本。体积小、质量轻体现了产品小型化、轻量化的发展趋势，这对航空、航天特别是航天产品是极为重要的评价指标。

6. 造型美观大方

一台电性能好的电子设备，运用造型艺术特有的形式美，借助于造型技术和色彩的力量来表现和显示出产品的功能特点，同时也给人一种美的享受。

5.2　电子设备的组装级

电子设备组装是由单个电子元器件、结构件及机电元件组成具有一定功能的部件或完整电子产品的过程。根据组装单元的尺寸和复杂程度的不同，将电子设备的组装分为以下几个等级，称为电子设备组装级。见图 5.1，各组装级的含义如下：

第一级组装：一般称元器件级组装。它是最低的、不可分割的结构等级。通过组装形成电阻、电容、电感、二极管、三极管等分立元器件；形成功放、逻辑器件（如与门、非门等）、I/O 接口、总线等通用电路元器件；形成运算器、内存块、CPU 等集成电路组件、芯片等。第一级组装也称为电子封装。

第二级组装：一般称插件级组装。用于组装和互连第一级元器件以形成各种印制电路板部件或插件，如主板、显卡、驱动卡、保护卡等便为第二级组装。

第三级组装：把用于安装和互连第二级组装件的结构组装体称为底板级或插箱级组

装。这种结构组装体起支撑、安装作用，如空白机箱、各种仪器仪表插箱等。

第四级及更高层次的组装：一般称箱、柜级以及系统级组装。它主要通过电缆以及连接器互连第二级、第三级组装，并以电源馈电构成独立的有一定用途的仪器或设备。对于系统级，如果设备不在同一地区，则须用传输线等连接。

需要说明的是，对某个具体设备不一定各组装级都具备，而是要根据具体情况来考虑应用到哪一级。

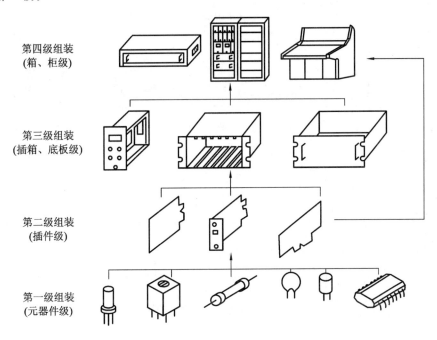

图 5.1　电子设备的组装级

 ## 5.3　机箱机柜的基本类型及形态

1. 机箱机柜的基本类型

按结构层次和应用划分，机箱机柜有下面 5 种基本类型。

（1）机架：用以组合安装设备的安装架称为机架。

（2）机柜：以门和盖板所覆盖的机架称为机柜。

（3）台式机箱：台式设备完整的外壳称为台式机箱。

（4）插箱：用于在机架上组合安装的机箱称为插箱。

（5）插件：插入插箱、台式机箱或直接插入机架、机柜的具有独立面板的单元结构称为插件。

2. 常见机箱机柜形态分类

从大的方面来看，机箱机柜的造型（几何）形态分为箱壳（机箱）形态和机柜形态两大类。

1) 箱壳形态

箱壳(机箱)形态用于机箱结构,其外形往往是由长方体或圆柱构成一个完整的外壳。机箱结构主要由底座、面板和箱壳等零件组成。这种结构的设备是把电子元器件均匀布置在一个机箱(或几个机箱)内,使之具有体积小、重量轻、使用方便等优点。机箱结构通常用于尺寸较小和结构简单的中、小型电子设备。机箱形态可分为基本型、衍生型和拼合型三类,如表5.1所示。

表 5.1 箱壳(机箱)形态分类表

基本型系	矩形箱壳系列	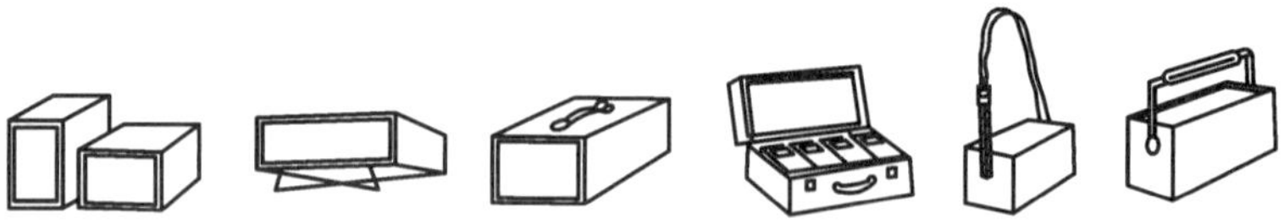 标准型	仰角型	提手式	提箱式	肩背式	提梁式
	圆头箱壳系列	 圆盘壳组		半圆壳组		柱形壳组	
衍生型系	插箱系列	 标准插箱型	面板裸露插箱单元	面板防护式插入单元	面板托板式插入单元		
	切割箱壳系列	倾斜面板型	阶梯组合型	切割面板型	组合切割型		
拼合型系		 并列拼合组	叠置拼合组	一体式拼合组			

2) 机柜形态

机柜形态用于机柜结构,包括外形为长方体或接近长方体,且一个方向的尺寸明显略大。为了便于装配、检修和使用,机柜结构往往把设备分成具有独立结构形式的若干个插箱,安置在机架、机柜上。机柜结构常用于结构复杂、尺寸较大的电子设备。机柜形态可分为基本型、衍生型和拼合型三类,如表5.2所示。

目前,绝大多数大、中型设备均采用直柜列的机柜结构。由于设备的复杂程度、使用场合和插箱数目的不同,可将整个设备分成数个机柜,而设备的各个插箱集中安装在相应的机架、机柜上,这样可使全机集中,便于操作管理,降低制造成本。但是,这样的机柜显得体积和重量较大,不仅运输不便,而且给制造带来一定的困难。陆地固定式或机动性不大的电子设备，如中、小型雷达、发射台、电子计算机、程控设备等常使用这种类型。

对空用、舰用及车载雷达等设备，由于受空间的限制，不宜采用集中式机柜，则可设计成数个适合安装空间的独立机柜(机箱)，这样便于设备的制造、安装和运输，但给操作管理以及维修带来不便，甚至因相互电气连接环节的增多而引起相互干扰，从而降低设备使用的可靠性。

为了便于观察和操纵，有些设备的控制机柜制成控制台式，如桌柜列、操作台列等。这种机柜不仅外形美观，而且带有工作台，因此能使操作人员工作时不易疲劳。但是，它结构较复杂，制造成本高，体积、重量也较大，因此常使用于机动性差的大型电子设备，如系统工程的中心控制台、电视中心监测台等。

表 5.2　机柜形态分类表

基本型系	直柜列	普通机柜型	转动框架型	骨架延伸型	分割柜组	橱柜列
	桌柜列	支撑架组	单支撑柜组	双支撑柜组	橱柜支撑架组	
衍生型系	操作台列	座台型	探头型	琴柜型	单座琴柜型 / 双座琴柜型 / 框架琴柜型	
	架装列	架装组	柱支撑型	杆支撑型	板支撑型	柜架支撑型
拼合型系	控制屏列和拼合列	单控屏组	复合控制屏组	交叉排列型	直柜并置型	琴柜并置型

对于微波通信设备，除使用直柜列的机柜结构外，还使用架装式结构。其优点是能适应标准化和积木化电路之用。根据需要，每一个列架上可安装若干个功能插箱，这样不仅灵活性大，而且可充分利用有效空间，便于维修和实现"三化"(标准化、通用化、系列化)。

无论机架机柜的结构形式如何，它都是由机架、门、盖板、插箱（插件）底座、面板、导轨，以及定位措施、锁紧装置、铰链、电气接插件等附件所组成。

5.4　机箱结构设计

机箱的几何形状多为扁平的长方体，一般由机箱框架和盖板（左、右、上、下盖板以及前、后面板）组成，如计算机机箱。也可以不用框架，直接由薄板经折弯而成。

机箱框架是机箱的承载部分，所有插件、底板、面板、盖板等都固定在框架上面，因此其强度、刚度对整台设备工作的安全可靠影响极大。机箱框架可以由横梁、立柱组成前后围框（或为整板），然后再与侧梁连接组成机箱框架；也可以由侧架立柱组成左右围框（或整板），然后与横梁连接组成机箱框架。常见的机箱结构有钣金结构机箱、铝型材机箱、工程塑料机箱等形式。

5.4.1　钣金结构机箱

剪切、冲孔、折弯、焊接、铆接、拼接、成型（即模压，如压筋、冲字等）加工称为钣金工艺。薄钢板通过钣金加工形成的零件称为钣金件。由钣金件连接（焊接或螺钉连接）而成的机箱称为钣金结构机箱。

钣金结构机箱的优点：机箱可以设计成各种形式和尺寸，适用于单件（如工程样机）多品种生产；用料品种少，生产周期短；机箱的强度与刚度好。其缺点：机箱的外形尺寸公差大，不宜批量生产；钣金工水平要求高，必须有一定的工装模具；外形不易做得很美观。

5.4.2　铝型材机箱

采用挤压（如轧钢）、铸造等成型工艺制成的材料称为型材。按截面形状的不同，型材可分为圆管形、方形、角形（L形）、工字形等。随着电子工业的发展，铝型材机箱已被广泛使用在电子设备上。按结构的不同，铝型材机箱可分为型材组合结构机箱、型板结构机箱和压铸结构机箱。

1. 型材组合结构机箱

型材组合结构机箱是采用多种不同断面形状的铝型材通过螺钉在转角处连接组成机箱框架，再加前、后面板以及左、右、上、下盖板组成机箱，如图5.2所示。

型材组合结构机箱的优点是机箱的外形尺寸更改方便，适应于多品种以及有一定批量的产品；用途广，可灵活组合成台式、架式式机箱及插箱；由于选用较高强度的铝合金，因此机箱具有较高的强度与刚度。其缺点是型材尺寸精度要求高；机械加工工作量大。

2. 型板结构机箱

型板是具有板状特征的铝型材。利用型板作为机箱框架的侧面，再用铝型材横梁与侧面型板连接构成机箱框架，然后加上上、下盖板和前、后面板，就形成型板结构机箱，如图5.3所示。这种结构的机箱由于采用了型板，故机械加工的工作量小，工艺简单，机箱的强度与刚度均较好。但机箱高度方向的尺寸受型板尺寸的限制，故适用于扁平形状的机箱。

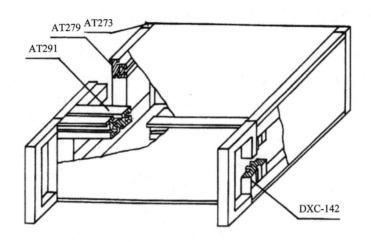

图 5.2　型材组合结构机箱

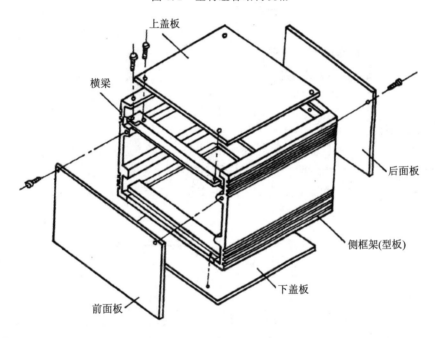

图 5.3　型板结构机箱

3. 压铸结构机箱

压铸即压力铸造工艺,是将熔融金属在压铸机中以高速压射入金属铸型内,并在压力下结晶的铸造方法。由于金属铸型失热快,而零件均匀凝固需要时间,故压铸适合薄件铸造,其精度高,可不加工直接用。

若将型板结构机箱的型板及其连接部分制成铝压铸件,即成为压铸结构机箱。这种机箱由于采用了压铸工艺,故尺寸精度高,适用于大批量生产,强度与刚度均较好,且装配方便。但压铸模的成本高,机箱的外形尺寸受压铸机的限制。

5.4.3　工程塑料机箱

工程塑料具有尺寸稳定、外表美观、较好的机械强度、耐热阻燃、易成型(用注塑模具制造）、生产效率高、质轻、耐腐蚀等优点，在大批量生产的电子设备机箱中应用广泛。工程塑料机箱有 4 种结构形式：

1. 整体全塑结构

由于不可能注塑出封闭结构，故整体全塑结构仅用于某些部件，如带印制板导轨的插件盒等。图 5.4 所示，箱体采用比较经济的注塑工艺制成的矩形筒体（内有装印制板的导轨），三块印制板用支柱连成一体并与后盖板连接，插入机壳，即构成完整的仪器。

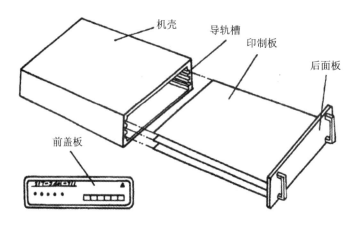

图 5.4 全塑结构机箱

2. 对开式结构

对开式结构是指由两个盒形结构相互连结构成封闭的产品外壳。对开式结构分为上下对开嵌合结构（如计算器、键盘、小型打印机、小型仪器仪表盒、幻灯机等）或前后对开式结构（如电视机外壳、计算机显示设备、袖珍收音机、各种收录机、手提式仪器仪表、工具箱等）。对开式结构形式如图 5.5 所示。

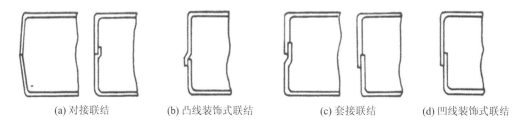

(a) 对接联结　　　　(b) 凸线装饰式联结　　　　(c) 套接联结　　　　(d) 凹线装饰式联结

图 5.5 对开式塑料机箱的对接结构

对开式结构的连接固定，对小型的可用弹性嵌接结构（过盈配合形式）；大型的结构一般用螺钉连接；对于经常需开启的盒盖，可一侧采用铰链结构，另一侧采用快锁连接。

3. 组合式结构

塑料结构的模具投资很大，小批量生产是不经济的，而仪器仪表的生产批量往往不是很大，从经济效益考虑，常采用通用结构机箱，以适应多种仪器的需要。通用塑料机箱主要是提供除前、后面板之外的壳体，一般采用组合式结构。图 5.6 所示为前面板与前围框相结合做成模塑件的仪表机箱。

组合式结构中也常采用由塑料制件、钣金件或型材结构混合组装构成。例如，左右侧板（或带把手）为模塑件，外加型材或钣金件组成机箱；前后围框采用塑料结构，而骨架采

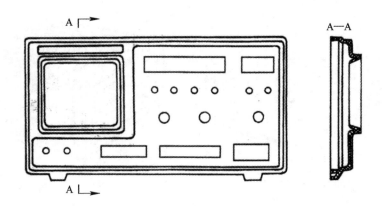

图 5.6　组合式塑料机箱

用钣金和型材结构；前围框与面板由整体塑料做成，其他部分用钣金和型材结构构成等。

通用组合式塑料机箱还可进一步设计成由成套的散件和组装件根据需要选择装配的结构。产品设计师可根据提供的组装模式，按自己构思选用通用零件进行组装。

4. 复壁结构

这种结构是由双层壁板组成的中空结构，两层壁板各厚约 1.5 mm，两板间空气夹层厚约 8 mm；内壁用来固定仪器且不影响外壁，外壁可设计得美观大方以吸引顾客。这种结构增强了刚度和强度，空气夹层具有缓冲隔层作用。这种机箱结构轻巧且通用性好。

复壁结构机箱采用低成本的吹塑工艺成形，如采用高抗冲击强度和温度适应范围较宽（−73～77℃）而价格适中的高密度聚乙烯，可取得较好的经济效益。

5.5　插箱、插件的结构设计

插箱、插件是电子设备支承结构的基本部件，属于第二及第三组装级。其按形状可分为有面板的插箱、插件，以及无面板的插箱、插件。其按制造工艺可分为薄板插箱、插件，铸造插箱、插件，以及型材组合插箱、插件。

5.5.1　插箱结构

插箱结构有薄板、铸造、型材组合 3 种。

1. 薄板插箱

图 5.7(a)所示是由薄钢板经折弯焊接而成的薄板插箱，前面板可以安装必要的显示器、控制器及连接器；后面板安装连接器，两个侧面有导轨，既作为支架，又供插入以及拉出时作导向使用。图 5.7(b)所示为无面板带拉手的薄板插箱。

2. 铸造插箱

铸造插箱是由铝合金铸造而成的，在大批量生产情况下可用压铸法。铸造插箱可以是插箱整体铸造，也可以是部分铸造。图 5.8 所示采用前面、侧面铸造成一整体，后面用螺钉与侧面紧固连接。这种插箱整体性好，适用于高频或重型设备。

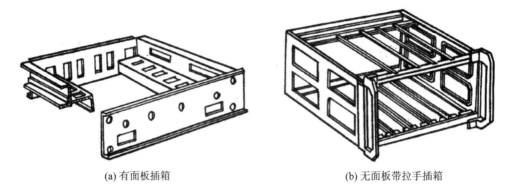

     (a) 有面板插箱   (b) 无面板带拉手插箱

图 5.7　薄板插箱

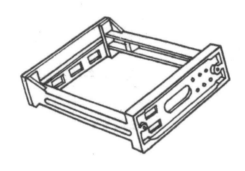

图 5.8　铸造插箱

3. 型材组合插箱

　　将台式机箱做成插箱的尺寸系列，只需装上附件，或更换机箱的个别零件即可安装到机柜上，称为上架，这时机箱可作插箱使用。图 5.9 所示为型材组合机箱在拉手两侧加装两件"L"形支架即可上架，也可将机箱拉手换成能上架的拉手，即构成插箱。

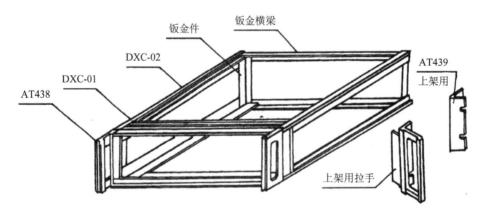

图 5.9　型材组合插箱

5.5.2　插件结构

　　插件结构有无面板插件、薄板插件、铸造插件、薄板与型材组合插件 4 种。

1. 无面板插件

无面板插件(如板卡)主要由印制板组成，前端可安装拉手，后端可安装连接器，亦可直接在印制板上制出连接插头，如图 5.10 所示。

2. 薄板插件

图 5.11(a)所示的薄板插件是由轧制钢板经弯折焊接而成的。图 5.11(b)所示的薄板插件是在印制板上安装支架后再装上面板形成的。

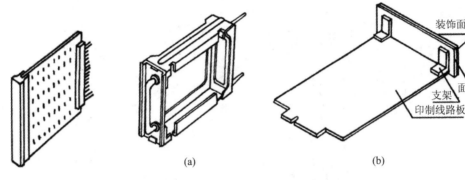

图 5.10　无面板插件　　　　　　图 5.11　薄板插件

3. 铸造插件

铸造插件是用铝合金铸造的框架，如图 5.12 所示，电路元器件被放置在空腔内，印制板直接与插接件连接(插接件放置在图中的下部)。框架的两面覆以金属盖板，并沿接合处的四周密封。这种插件多用于高频或恶劣环境中。

4. 薄板与型材组合插件

图 5.13 所示为薄板与型材组合插件，图(a)所示为用两根型材及前后面板构成的插件；图(b)所示为用四根型材及前、后面板构成的插件。

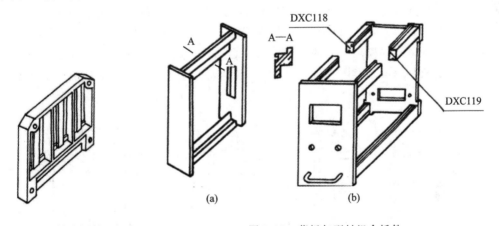

图 5.12　铸造插件　　　　　图 5.13　薄板与型材组合插件

5.6　机柜结构设计

机柜一般为长方体，由机柜框架、底座、盖板(左、右侧盖板，顶盖板、底盖板，以及前、后盖板或相应的门)及附件四大部分组成,见图 5.14。

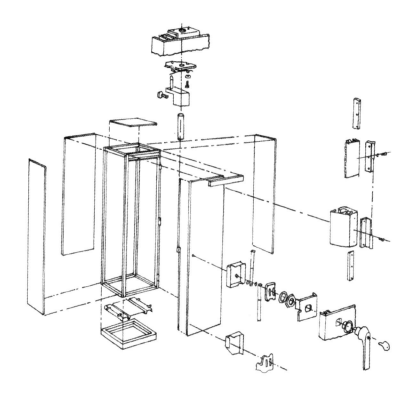

图 5.14　机柜的组成

机柜框架是机柜的承载构件,所有插箱、门、面板等通过导轨、支架都固定在它上面,因此其刚度对整台设备工作的安全可靠影响极大。根据承载的大小,框架的组成可以有不同的方法,一般至少有一个或两个比较坚固的面为基础,再加上几根立柱或横梁,连接成机柜框架。图 5.15(a)所示是以顶、底为基础加立柱组成的机柜框架示意图;图 5.15(b)所示是以两侧面为基础加横梁组成的机柜框架示意图;图 5.15(c)所示是以前、后框为基础加侧梁组成的机柜框架示意图;图 5.15(d)所示是以加固底面为基础而构成的机柜框架示意图。

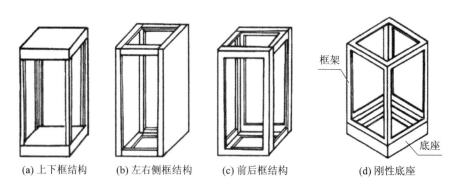

(a) 上下框结构　　(b) 左右侧框结构　　(c) 前后框结构　　(d) 刚性底座

图 5.15　机柜框架结构形式

5.6.1　机柜分类

按构件承重方式的不同，机柜分为框架机柜、板式机柜和条形机架（又称悬挂机架）。按承重构件材料与工艺的不同，机柜分为型材结构机柜和钣金结构机柜。另外，控制台是一种特殊的机柜结构。

1. 框架机柜

图 5.16 所示的框架机柜以底座为基础构件，由立柱横梁组成机柜框架，再加盖板组成。此种结构归结为立柱承重传至底座。

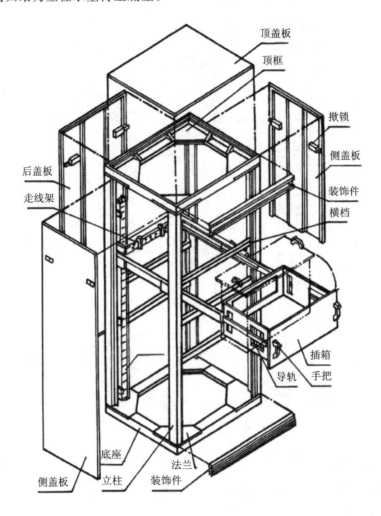

顶盖板
顶框
撬锁
侧盖板
装饰件
横档
后盖板
走线架
插箱
导轨　手把
底座
法兰　装饰件
侧盖板　立柱

图 5.16　框架式机柜

2. 板式机柜

板式机柜以底座为基础构件，由顶框及侧板（立柱与侧盖板合为一体）组成机柜框架（见图 5.15(b)），再加盖板组成。

3. 条形机架

条形机架是由一根（或两根）具有一定截面形状的立柱为主体，再加上顶框及底座组成的。顶框及底座均不承重,而由立柱承重,立柱吊挂在机房的走线架上。图 5.17 所示为一条形机架,它以一根铝型材为立柱,顶框和底座为铝合金铸件,用螺钉连接而成。在立柱的顶端有连接板,以便固定在机房的走线架上。底座部分有定位板,可以并列几个机架,并有调节螺钉,以便调整机架的垂直度。为了放置不同尺寸的插箱,在立柱的适当位置上装有带导轨的托架,以便定位及固定。由于这种机架的标准化、通用化、系列化程度较高,且结构紧凑,便于安装、维修,因此在电信传输设备以及微波通信设备中被列为先进机架。

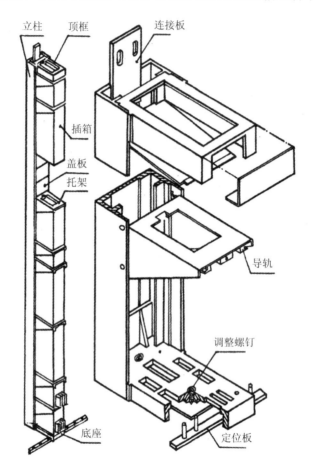

图 5.17　条形机架

4. 型材结构机柜

型材结构机柜有钢型材机柜和铝型材机柜两种。

1）钢型材机柜

以钢型材为立柱、横梁构成机柜框架,再加盖板组成图 5.16 所示的机柜。框架由四根壁厚 1 mm 的异型无缝钢管为立柱与铸铝合金的底座及顶框用螺栓连接而成。为了便于连接,在立柱的端部焊接有带芯的法兰,在立柱上设有标准的系列安装孔,以便安装面板、导轨等。盖板(或门)是用薄钢板折弯加筋而构成的。这种机柜的强度及刚度都很好,适用于重型设备,但由于钢型材的断面形状不可能太复杂,因此机柜的外观尚不够美观。

2）铝型材机柜

以铝和铝合金型材为立柱、横梁构成机柜框架，再加盖板组成如图 5.18 所示的机柜。框架由角钢焊接而成的底座与三种不同断面的铝型材为前立柱、后立柱、横梁，用螺钉连接构成。在铝型材立柱上，设有标准的系列安装孔。盖板是用薄钢板加铝型材包边构成的，在盖板四周的边缘装有橡胶防尘圈。这种机柜具有一定的刚度和强度，适用于一般或轻型设备。这种机柜重量轻，也比较美观，使用较广。

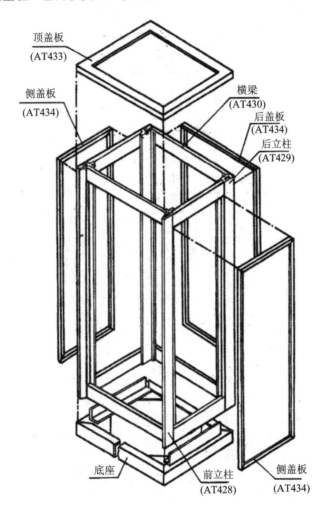

图 5.18　铝型材机柜

5. 钣金结构机柜

钣金结构机柜有整板式机柜和弯板立柱式机柜两种。

1）整板式机柜

用大块钢板折弯，把侧盖板与立柱结合为一整体，构成机柜框架，再加盖板所组成的机柜。机柜框架由 1.5 mm 钢板折弯而成的侧板与铸铝合金的底座及顶框用螺栓连接构成。为了能够实心连接，在侧板两端各加有垫块；在侧板上装有安装柱，在安装柱上设有标准系列的安装孔，以便安装面板及插箱。门是用钢板折弯，两端装入铝铸件而构成的。这种机柜的刚度与强度均较好，适用于重型或一般设备。但由于侧板固定，因此安装与维修不够方便。

2）弯板立柱式机柜

弯板立柱式机柜的结构与钢型材机柜相似，只是立柱由钢板折弯而成，其截面一般是开口的。这种机柜具有一定的刚度和强度，适用于一般或轻型设备。图 5.19 所示给出了这种机柜框架的一角。

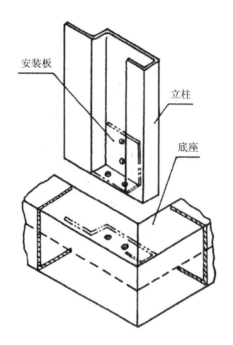

安装板

立柱

底座

图 5.19　弯板立柱式机柜

5.6.2　机柜框架中的立柱、横梁、侧梁设计

1. 立柱、横梁、侧梁的结构形式

立柱、横梁、侧梁有封闭式结构和开口式结构。

1）封闭式结构

图 5.20(a)所示的封闭式结构就是立柱、横梁和侧梁的断面为封闭形，其优点是强度和刚度都较大，但内壁清洗及涂覆困难，且封闭空间无法利用。这种结构常为钢或铝型材，也可用薄钢板折弯后焊接而成。

2）开口式结构

图 5.20(b)所示的开口式结构就是立柱、横梁和侧梁的断面为开口型，由于开口内部可以布线，因此节省了空间，但其强度与刚度较封闭式结构差。这种结构常为铝型材或由薄板折弯而成。

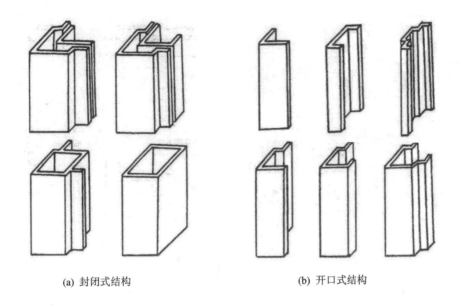

(a) 封闭式结构　　　　　　　　　　(b) 开口式结构

图 5.20　立柱、横梁、侧梁的结构形式

2. 立柱、横梁、侧梁设计时应考虑的问题

(1) 应根据设备所属轻、重类型以及工厂的加工条件来选用立柱、横梁、侧梁的结构形式。

(2) 须考虑框架的拼装方式，有螺装、焊装、胶接 3 种。

① 螺装，即螺钉连接或螺栓连接装配。螺装拆装方便，有利于通用化，但连接处的刚性较差。为了提高连接处的刚性，需加某种形式的嵌角或过渡块，见图 5.21。

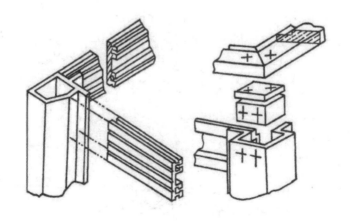

图 5.21　螺装连接

② 焊装，即焊接装配。焊装加工方便，强度高，刚性好，但焊后变形较大，见图 5.22。其中，图(a)是平面框焊装，图(b)是立体接头焊装。

③ 胶接，即黏结装配。用黏合剂(改性环氧树脂)胶接装配应用越来越广泛，尤其在电子消费产品领域。图 5.23 所示为立柱、横梁通过三向接头和销钉胶接形成立体接头装配。

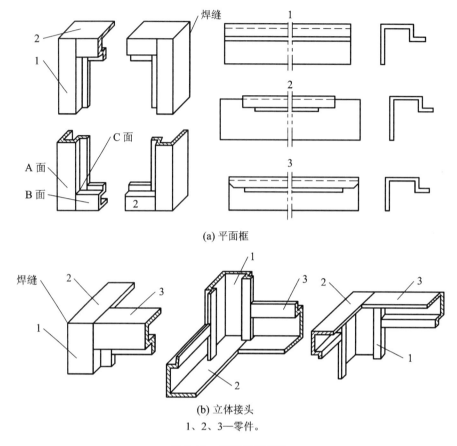

(a) 平面框

(b) 立体接头

1、2、3—零件。

图 5.22 框架焊接接头

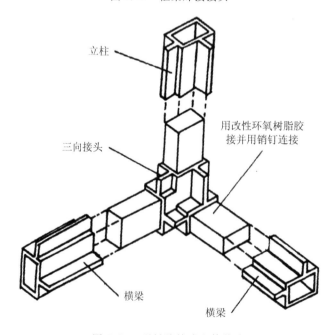

图 5.23 型材胶接成立体接头

5.6.3　机柜底座与顶框设计

机柜底座是支承整机全部重量的部件，它的结构选择对整机的强度、刚度和稳定性影响极大。顶框的结构与底座相似，但由于顶框不承重，故其强度与刚度可以略低一些。

1. 底座及顶框的结构形式

按材料和制造工艺的不同，底座和顶框的结构形式可分为以下 3 种。

（1）用钢型材经焊接形成底座。图 5.24(a) 所示为用不等边角钢焊接形成底座，图 5.24(b) 所示为用槽钢焊接形成底座。

（2）用钢板折弯经焊接形成底座或顶框。图 5.24(c) 所示的底座、图 5.24(d) 所示的顶框均用钢板折弯形成。

（3）用铸铝或铸铁经铸造形成底座及顶框。图 5.24(e) 所示为铸造底座，图 5.24(f) 所示为铸造顶框。

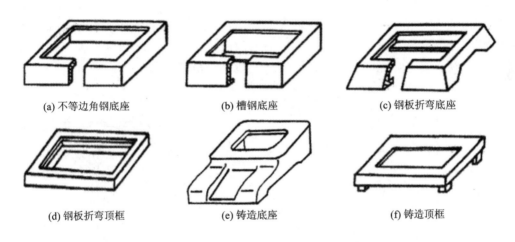

(a) 不等边角钢底座　　　　(b) 槽钢底座　　　　(c) 钢板折弯底座

(d) 钢板折弯顶框　　　　(e) 铸造底座　　　　(f) 铸造顶框

图 5.24　机柜底座及顶框的结构形式

2. 底座及顶框设计时应考虑的问题

（1）强度与刚度的考虑。底座是机柜框架的基础，必须具有足够的强度和刚度。一般用钢板弯制的底座，其板料厚度应不小于 2 mm。较重型的机柜最好采用角钢焊接或铸造底座，顶框一般可用 1.5 mm 钢板弯制。

（2）稳定性的考虑。底座所占面积与框架的横截面相比不宜过小，以保持机柜的稳定性能。实践表明，当机柜倾斜 20° 时，其重力作用线仍在底座面积之内，这时机柜是稳定的，如图 5.25 所示。

（3）进出风口的考虑。为了通风散热，一般机柜都由底座进风，故应在底座四周用 15～20 mm 的垫块垫起，或在底座四周开通风孔，顶框应考虑出风口，但要防尘。

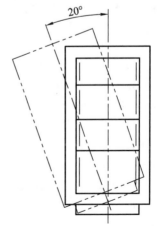

图 5.25　机柜的稳定性

（4）底座接地螺钉及电源引入线孔的考虑。在底座上应设有 M8 螺纹孔作为接地（安全接地、屏蔽接地）用，另有直径为 30～60 mm 并装有保护圈的孔作为电源引入线孔，如图5.26 所示。

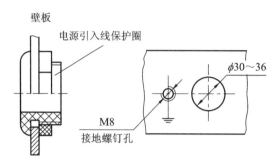

图 5.26 底座接地螺钉孔及电源引入线孔

（5）包装运输的考虑。重型设备可在底座上开设 M8～M12 螺纹孔，用螺钉借助连接支架把机柜与包装箱底座连接起来，如图 5.27(a)所示。底座上应有 15～20 mm 的空高，便于铲运设备时铲齿插入底座，或在底座两端开有直径大于 30 mm 的孔，便于挂吊钩，如图 5.27(b)所示。在顶框上应考虑安装起吊环，以便于吊装，如图 5.27(c)所示。

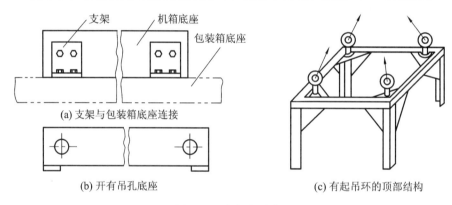

(a) 支架与包装箱底座连接

(b) 开有吊孔底座

(c) 有起吊环的顶部结构

图 5.27 机柜的吊装

5.6.4 机柜中的门与盖板设计

1. 门与盖板的结构形式

门与盖板的结构形式有薄板加框条和薄板折弯两种。

（1）薄板加框条。薄板加框条可以采用中间为平板、四周加铝型材围框的结构形式，如图 5.18 所示；也可以采用平板折弯竖直的两边，再用铸铝条加固上下两边。

（2）薄板折弯。薄板折弯有单折弯和双折弯两种形式。单折弯结构一般用 1.5 mm 薄板四周折弯，弯边高 10～20 mm，在转角处焊接，如图 5.28(a)所示；双折弯结构一般用 1 mm 薄板，四周折弯两次，弯边高 15～20 mm，在转角处焊接，如图 5.28(b)所示。

2. 门与盖板设计时应考虑的问题

（1）刚度的考虑。为提高门或盖板的刚度，当其长度和宽度大于 500 mm×500 mm 时，应考虑使用加强筋，如图 5.29(a)所示；尺寸不大的盖板可考虑在板上压凸（筋），以起加强作用，如图 5.29(b)所示。

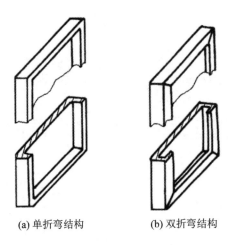

(a) 单折弯结构　　　　　　(b) 双折弯结构

图 5.28　门与盖板折弯形式

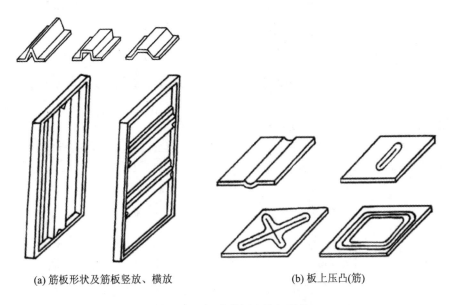

(a) 筋板形状及筋板竖放、横放　　　　(b) 板上压凸(筋)

图 5.29　门或盖板上的加强筋

（2）门铰链的设计。为了使门能转动且美观，一般使用暗式铰链(门合页就是暗式铰链)，如图 5.30 所示。最简单且好的结构是在门的一侧上、下两端装有销轴，并将销轴插入机柜门框上相应的孔中，如图 5.31(a)所示，使门绕此孔的轴线转动。在设计时应考虑轴孔的位置，使门在开关时不要产生卡住的现象，见图 5.31(b)，铰链轴心位置 O 应与机架、门保持适当的距离 a、b、c，为了使门角 A 和 B 在开门时不与机架相碰，必须在门与机架之间留有一定的间隙 e_x、e_y 且满足 $OE \geqslant OB$ 和 $OD \geqslant OA$，即 a、b、c、e_x、e_y 5 个尺寸要满足下面的关系式：

$$\begin{cases} e_x \geqslant \sqrt{b^2 + c^2} - b \\ e_y \geqslant \sqrt{a^2 + b^2} - a \end{cases}$$

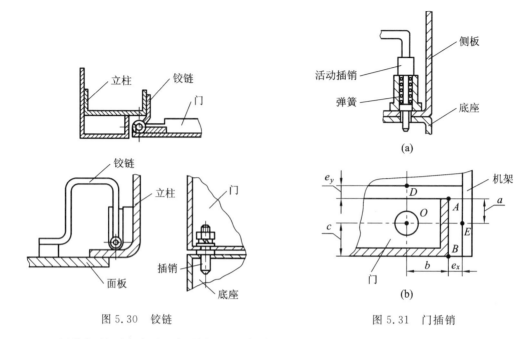

图 5.30　铰链　　　　　　　　　　图 5.31　门插销

（3）侧盖板的固定方法。侧盖板的固定采用可拆卸的方式，主要有螺钉固定和快速拆装两种方法。

① 螺钉固定。螺钉固定一般用于不经常拆卸的盖板。

② 快速拆装。图 5.32 所示为侧盖板的快速拆装，侧盖板的下端用支脚（见图 5.32(a)）或插销（见图 5.32(b)）支撑，上端用葫芦形孔销住（见图 5.32(c)）。

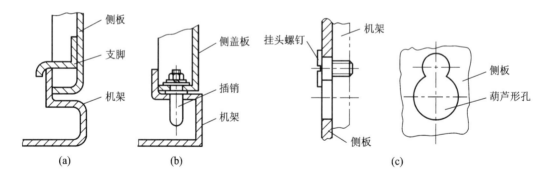

图 5.32　侧盖板的快速拆装

（4）通风窗的开设。当机柜需要散热时，应在侧盖板或门上开通风孔，常用的通风孔如图 5.33 所示。可在盖板上直接冲制通风孔，也可用塑料件或用型材组装的通风窗。

（5）门锁设计。门锁的结构形式很多，但总的要求是结构简单，使用灵活，锁紧可靠。图 5.34 所示是一种常见的门锁，其机械原理为曲柄滑块机构。图示位置为锁紧状态，当手柄（与圆盘通过结构平面连接，相当于曲柄）沿顺时针方向旋转 90°时，由于曲柄、连杆（S 形零件相当于连杆）的连动作用，装在门上的上、下插销（相当于滑块）就可同时从机架的上、下插销孔中脱开，把门打开；要锁紧时，可将手柄沿逆时针方向旋转 90°，使上、下插销进入机架相应的插销孔内，门即锁紧，两根压簧起了使上、下插销头压向机架孔内而不致脱出销孔的作用。其他形式的门锁见 5.7.4 小节。

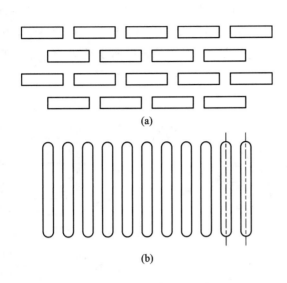

(a)

(b)

图 5.33　机柜常用通风孔　　　　　　图 5.34　机柜常用门锁

5.6.5　控制台的结构

电子设备控制台的形式各种各样，但供操作的面板部分的高度、宽度和纵深尺寸必须符合人体特性，以保证工作人员能正常操作。

1. 控制台的种类

控制台按立柜的高低可分为高立柜控制台和低立柜控制台。

立柜高度在 1.36 m 以上的控制台称为高立柜控制台，如图 5.35 所示；立柜高度低于 1.36 m 的控制台称为低立柜控制台，如图 5.36 所示。高度在 1 m 以下的控制台有时也称为控制桌，如图 5.37 所示。

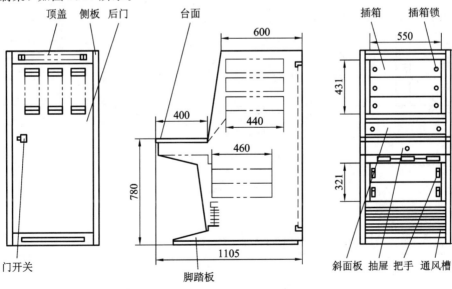

图 5.35　高立柜控制台

2. 控制台的结构

由于控制台的造型比较复杂，一般均采用与机柜相似的结构，即采用薄板折弯，经焊接构成控制台骨架，再覆以金属面板，见图 5.35～图 5.37。另一种是采用铝型材，用螺钉装配，构成控制台骨架。但一般来说后一种比较呆板，没有前一种美观大方，造型形式也较单一。

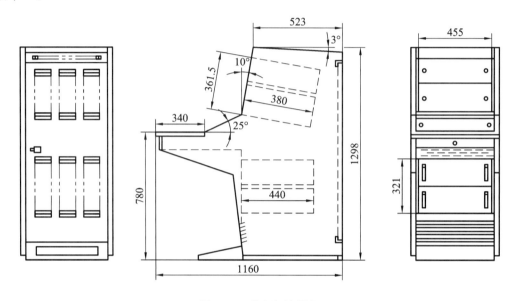

图 5.36　低立柜控制台

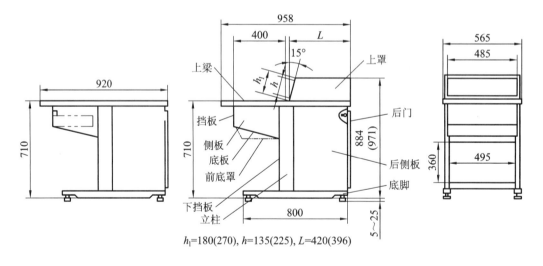

$h_1=180(270)$, $h=135(225)$, $L=420(396)$

图 5.37　控制桌(台)

5.7　机箱机柜附件设计

机箱机柜附件包括导轨、面板、观察窗、快速锁紧装置、把手、限定器、定位装置、走线结构等。

5.7.1　导轨设计

导轨由固定件和活动件组成，其作用是移动活动件。导轨用于插箱、插件的推拉和插拔，是机箱机柜装配和维修的重要结构。

1. 导轨的结构形式

按照导轨固定件和活动件之间摩擦种类的不同，导轨分滑动式导轨（摩擦种类为滑动摩擦）及滚动式导轨（摩擦种类为滚动摩擦）两类。图 5.38 所示为滑动式导轨示意图，图5.39 所示为滚动式导轨示意图。

导轨可以嵌套，即在活动件上再装配活动件，形成多级移动结构。图 5.38(a)所示为单级滑动导轨，图 5.38(b)所示为两级、三级滑动导轨；图 5.39(a)所示为单级滚动导轨，图5.39(b)所示为两级滚动导轨。

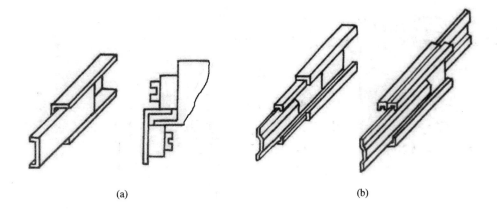

(a)　　　　　　　　　　　　　　　(b)

图 5.38　滑动式导轨示意图

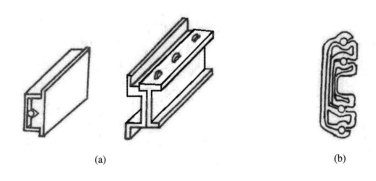

(a)　　　　　　　　　　　　　　　(b)

图 5.39　滚动式导轨示意图

2. 导轨设计时应考虑的问题

(1) 刚度的考虑。导轨都是固定件和活动件成对使用的。一般插箱质量不应超过50 kg，故应考虑较好的刚性，尤其在受振动的情况下使用（如车载）更为重要，增加刚性的办法是加大导轨的截面。

（2）导轨与机架的装配。导轨与机架一般多采用螺钉连接装配或挂装的方式，也可采用焊接的方式，如图 5.40 所示。

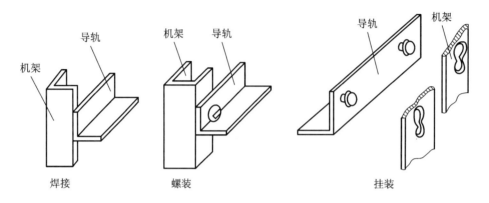

焊接　　　　　　　螺装　　　　　　　　　　挂装

图 5.40　导轨装配方式

（3）与导轨配套的定位装置。有的插箱与机柜因电气连接而需用接插件，如只靠导轨定位往往不够准确，这时可在插箱上安装定位导向销作精确定位，如图 5.41 所示。

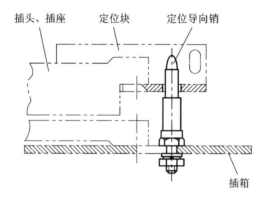

图 5.41　与导轨配套的定位装置

5.7.2　面板设计

面板是人们观察和操作控制仪器与设备的部位，是产品的人机界面，也是产品外观的核心。

1. 面板的结构形式

按面板的材料和制造工艺的不同，面板分为板料面板、铸造面板和注塑面板。

（1）板料面板。板料面板是以板材为坯料经冲压加工而成的面板。其材料为铝合金或钢板。铝合金质量轻，同时具备一定的强度和刚度，机械加工性能良好，表面处理（尤其是装饰性处理）方便，使用广泛。铝合金面板常用材料为 2A12（旧标准为 LY12），板材厚度一般为 3～5 mm。为增加其刚度或其他要求（密封或外形要求），四周边缘可设有边框。若面板采用钢板，常用材料为 Q235-A，对于小型设备可取厚度 1～2 mm 的钢板，大中型设备可取 2～3 mm 的钢板。板料面板又分为单一面板和组合面板两种结构形式。

① 单一面板。单一面板是一块板，同时起安装固定开关、旋钮、指示灯、显示屏等元器件和文字符号说明及装饰作用。面板上所需标注的文字及符号说明直接标示在安装面板上。

② 组合面板。组合面板由安装板和附面板组成。安装板主要用于安装固定上述元器件并承受其负荷，附面板仅起文字说明和装饰作用。附面板上所需说明的文字或符号可用腐蚀法在 0.5～0.8 mm 厚的铝板上加工出，也可在塑料贴面铝板上印字。现在不少仪器、设备采用带扁平触摸开关的 PVC 贴面组合面板，这类贴面面板便于清洁。

（2）铸造面板。铸造面板是用铝合金铸造的面板。大中型设备或有密封要求和承受负荷较大的面板常采用铸造面板，其材料一般为铝合金。雷达显示机柜、机箱上的面板常用此结构。

（3）注塑面板。注塑面板是用塑料注塑成型的面板。用注塑成型的办法可制成凹凸不平、立体感很强的面板，宜于大批量生产，如收音机、电视机等家用电器和批量大的仪器仪表的面板。

若需要将指示装置和传动部件一起装在面板内侧，则可在面板上开设观察孔并装上透明的固定盖。面板上的把手离面板的高度一般应高于面板上旋钮和指示装置的高度，以保护面板上的零部件免受损坏，同时也便于操作和维修。

2. 面板的设计

面板的设计主要从造型和人机工程学方面考虑。面板造型设计的要点是构图匀称、清晰大方，具有时代感；面板的色彩对比要鲜明、和谐；面板上的字迹及图形应简明易懂，且符合操作者的操作思维规律和视线流动规律；旋钮、开关应便于操作和维修。

5.7.3　观察窗设计

有防尘、密封、屏蔽以及保温要求的电子设备一般采用闭式结构。但为了解设备内部工作情况或观察设于内部的面板，常在门、侧盖板上或设备的上盖开设观察孔，安装观察窗。

1. 观察窗的材料

观察窗一般用有机玻璃（如亚克力板）或其他透明材料（如屏蔽透光材料）加装饰框组成，或直接将透明材料压装在面板的观察孔处（如图 3.46(b)的压装）。

2. 观察窗的结构形式

观察窗的结构形式有以下 3 种。

1）固定式观察窗

采用装配结构将透明材料（或透明板材）安装于门板或侧盖板上，称为固定式观察窗。最简单的观察窗是用一块平板形有机玻璃直接固定于观察孔内侧。但这种结构会使观察孔边缘的加工缺陷暴露无遗，并且螺钉头外露，影响外观。对于封闭式机柜，因机柜内的控制及显示面板需经常观察，故在其门上设置观察窗。前门是整机的主要观赏面，加上观察窗的设置部位及其功能，决定了它是外观造型的核心部位。为避免其他杂物对观察的干扰及由于美化外观的需要，观察玻璃内侧宜加遮光罩。

图 5.42 所示为在封闭式机柜前门上开设观察窗的结构。图(a)所示为用有机玻璃窗框(整体窗框或由四条窗框胶接而成)进行装饰,无螺钉头外露,外观效果甚佳;图(b)所示为内部有多层插箱的面板需进行观察,开窗比较大,采用橡皮衬圈固定有机玻璃;图(c)所示为用三角形异型钢管作为窗框,这种结构除具有装饰作用外,还可对门板起加固作用。异型钢管外面可镀铬,也可涂漆。门上开窗后,要注意门的刚度,应根据开窗的大小和位置来设置加强筋。

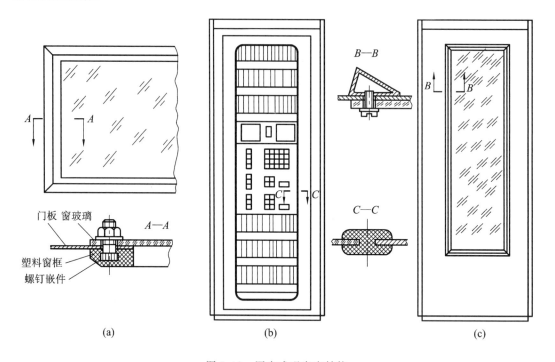

图 5.42   固定式观察窗结构

2) 活 动 式 观 察 窗

使用时可移动(推拉)、旋转或拆卸的观察窗称为活动式观察窗。可通过移动、旋转或拆卸观察窗而露出观察孔,以便观察设备或维修。活动式观察窗有以下 3 种结构形式。

(1) 移动式观察窗:观察窗可沿导轨移动而进行开闭。

(2) 旋转式观察窗:用旋转式观察窗代替固定式观察窗,当需对机内控制面板进行操作调整时,可不必打开大的柜门,仅打开观察窗即能进行调整。某些装置上有关元器件的性能调整后不允许触动,为运行安全可加一个观察窗进行监视,仅在维修时打开观察孔即可。

(3) 可卸式观察窗:用于小型的有机玻璃观察罩,操作时可将罩卸去。

3) 粘 贴 、热 铆 、卡 装 式 观 察 窗

电子设备中的刻度盘既有显示功能,又有装饰性,因为它往往位于产品外观的主视区。由于其面积较小,往往采用粘贴、热铆、卡装三种形式的观察窗。

(1) 粘贴:采用的可粘贴的材料为 1 mm 厚的 PVC 板,面板上粘贴处的面积要大。粘贴面板装配方便,适合大量生产。

（2）热铆：利用塑料的热塑特性进行连接，只适用于塑料面板。观察窗材料一般为 372 透明塑料或透明 AS 塑料。热铆连接是不可拆的连接，如图 5.43 所示。

（3）卡装：利用塑料的弹性，将观察窗卡装在外壳或面板上，这种连接方式是可拆卸的。卡装结构适用于观察窗位于面板边缘的情形，如图 5.44 所示。在装配时，面板上与观察窗 R 边（弧边）接触的一边，在外力作用下能产生弹性变形，使观察窗的 R 边卡入。

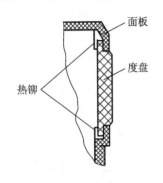

图 5.43　热铆式观察窗

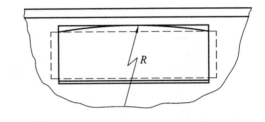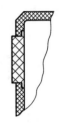

图 5.44　卡装式观察窗的装配结构

5.7.4　快速锁紧装置设计

快速锁紧装置（快锁机构）是具有快速锁紧和快速解锁功能的一种机械结构。它是产品上用来将活动件（如门）锁紧在固定件（如门框）上的可拆卸的、高效的连接机构，是具有确定相对运动的构件的组合，是无源的纯机械结构。快锁机构的两个基本功能是快速锁紧与快速解锁，锁紧是机构的使用状态（常锁状态），解锁是为了开启、分离、拆卸。从大的方面来讲，快锁机构属于门锁类，但其一般不需要用钥匙，利用把手（按钮）即可快速打开门或关门。

1. 快锁机构的组成

快锁机构是由经典的杠杆机构、四连杆机构、斜面机构、凸轮（曲线槽）机构、螺旋机构、弹性机构等二者或多者组合而成的。典型的快锁机构由操作件、锁紧件、弹力件、转动件、锁体五部分组成。

（1）操作件。操作件是执行锁紧及解锁功能的构件。根据不同的快锁结构以及操作方式，操作件有不同的名称（下面四个部分也是这样），如把手、手柄、按钮、按键、旋钮、扳机、锁把等。

（2）锁紧件。锁紧件是执行锁紧功能的末端构件，如锁舌、锁钩、锁栓、锁闩等。

（3）弹力件。弹力件是提供锁紧力或复位力的构件，如压簧、扭簧、片簧、拉簧及弹簧钢丝等。在较复杂的快锁机构中，常设有多个弹力件。

（4）转动件。转动件是将对操作件的操作动作转化为锁紧件相应动作的构件，如连杆、推杆、杠杆等。对较复杂的快锁机构，转动件往往是一种传动机构部件。

（5）锁体。锁体是将上述四部分组装成快锁整体并可安装于产品的构件，如锁壳、锁盒、锁座、支架等。锁体通常由几部分组成，分别安装在产品的固定件和活动件上。

2. 典型的快锁机构

下面介绍 8 类快锁机构（锁紧装置）。

1) 旋转式锁紧装置

旋转式锁紧装置即通过旋转操作件(锁把)进行解锁或锁紧,其中操作件在与安装表面平行的平面内旋转。图 5.45(a)所示为钢丝锁,将带螺旋形凹槽的卡口锁把旋转 90°,使凹槽卡住钢丝而锁紧;在图(b)中顺时针旋转锁把,锁把上的螺纹使锁舌下移,实现锁紧,逆时针旋转锁把,锁舌先向上后退,一旦脱离固定件,锁舌便逆时针旋转约 90°而彻底解锁;图(c)所示的快锁中,锁把与锁舌由销钉连为一体,旋转锁把即可旋转锁舌进行解锁;图(d)所示快锁,当簧片卡入锁把的卡口时而锁紧,将锁把旋转 90°,使簧片卡在圆锥面上,锁把即可取出。

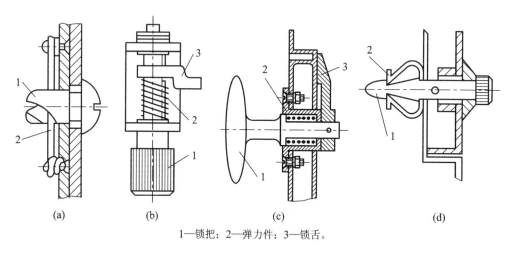

(a)　　　　(b)　　　　(c)　　　　(d)

1—锁把;2—弹力件;3—锁舌。

图 5.45　旋转式锁紧装置

2) 移动(拨动)式快锁机构

移动(拨动)式快锁机构即通过移动(拨动)操作件(锁把)进行解锁或锁紧,如图 5.46所示。图(a)、图(b)的主要区别在于弹力件的不同,图(a)为扭簧或弹簧钢丝,图(b)为压簧。

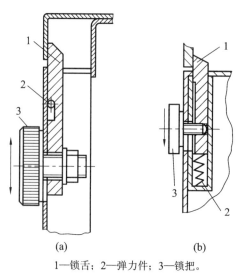

(a)　　　　　　(b)

1—锁舌;2—弹力件;3—锁把。

图 5.46　移动(拨动)式快锁机构

3）按钮式快锁机构

按钮式快锁机构即通过按压操作件（按钮、按键）进行解锁或锁紧，如图 5.47 所示。其中，图(a)、(d)由按钮直接推动锁舌解锁；图(e)由按钮推动锁舌转动而解锁；图(b)、(c)、(f)中，按压按钮推动锁舌移动而解锁，图(b)、(f)由压簧提供复位弹力，而图(c)的复位力则由扭簧或弹簧钢丝提供；图(g)、(h)中，按动按钮使锁舌沿旋转中心转动脱开固定件而解锁，扭簧使锁舌呈张开状态而实现锁紧。

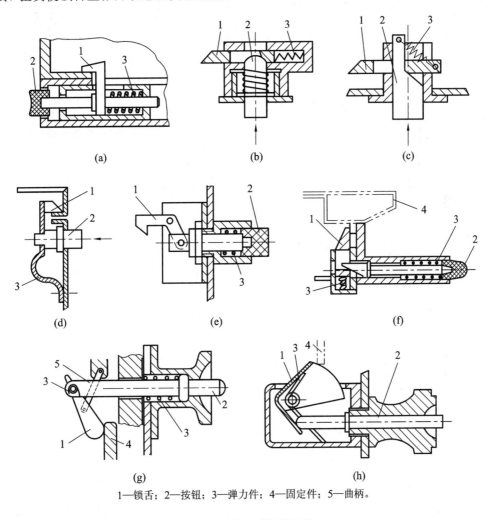

1—锁舌；2—按钮；3—弹力件；4—固定件；5—曲柄。

图 5.47 按钮式快锁机构

4）杠杆(扳机)式快锁机构

杠杆(扳机)式快锁机构即借助杠杆(扳机)式操作件（锁把、扳机）进行解锁或锁紧，其中操作件在与安装平面垂直的平面内转动。图 5.48 所示为各种杠杆式快锁机构。图(a)、(b)都是扳动锁把，锁栓回缩而解锁；图(c)、(d)、(e)是常见的搭扣锁；图(f)是新型搭扣锁，靠 B、C 点的转动叠平而锁紧，用手扳动 A 处则解锁；图(g)为弹跳式门锁，沿箭头撬动锁把 3 转动，锁栓 1 在扭簧作用下沿箭头旋转而解锁（虚线所示），按下锁栓，使之复位为如图所示状态就锁紧。

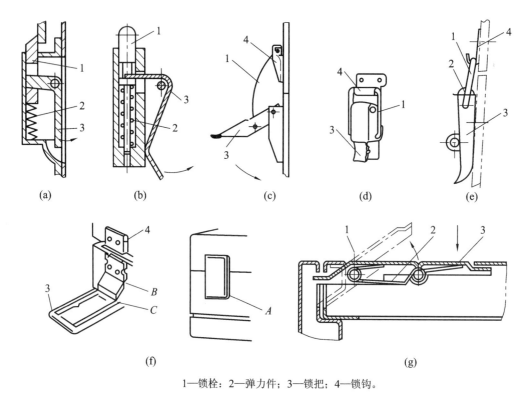

1—锁栓；2—弹力件；3—锁把；4—锁钩。

图 5.48 杠杆(扳机)式快锁机构

5）推拉式快锁机构

推拉式快锁机构即通过对操作件的推、拉动作进行解锁或锁紧，如图 5.49 所示。此类快锁也可归入移动式，只是移动的方向不同。其中，图(a)只需推入推杆，使锁紧套带有切口的右端张开，即可锁紧；在图(b)中，下压推杆，锁栓伸出进入锁孔，并卡在推杆的缺口中而锁牢，解锁时，先旋转推杆，使锁栓退出缺口而停留在推杆的圆柱面上，然后拉出推杆而解锁。

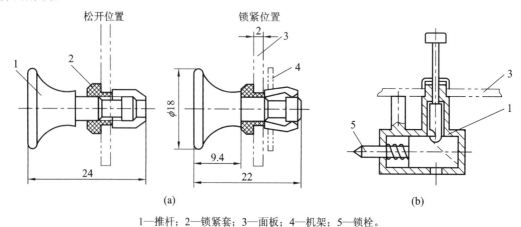

1—推杆；2—锁紧套；3—面板；4—机架；5—锁栓。

图 5.49 推拉式快锁机构

6) 碰撞式快锁机构

碰撞式快锁机构通过待锁紧的固定件与活动件的碰撞就能自行锁紧，施加分离力即可使固定件与活动件分离，是一种典型的弹性锁紧机构。它没有锁把，活动件本身就是锁把。其主要特点是操作使用方便，但锁紧的牢靠度略差。此类快锁应用面广，许多已商品化，如市售的家用"碰珠"，如图 5.50(c)所示，也可用于电子设备。碰撞式快锁机构示例见图5.50。图(a)是通过扭簧、滚轮夹紧锁舌；图(b)是由钢丝夹紧锁舌；图(c)是碰珠(钢球)在弹簧作用下被锁孔锁紧；图(d)是用簧片夹紧锁舌；图(e)是由两个压簧作用下的钢珠夹紧锁舌；图(f)是将门推入时，框架卡入簧片凹槽而锁紧；图(g)是碰撞中锁舌转动卡入锁扣而锁紧；图(h)中，关门时，门碰锁舌到另一平衡位置(虚线所示)，同时卡住锁扣而锁紧，由拉簧与转轴形成锁舌的锁紧与解锁两个平衡位置。

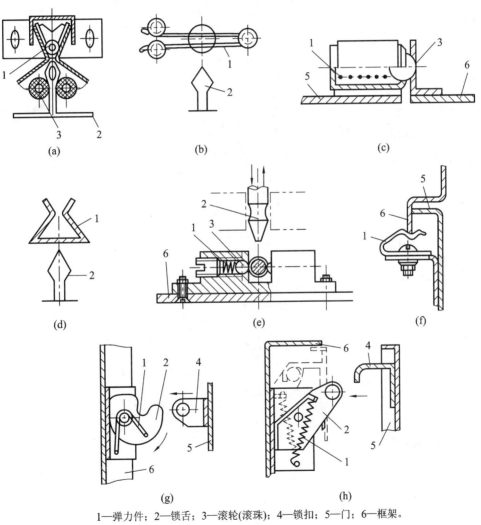

1—弹力件；2—锁舌；3—滚轮(滚珠)；4—锁扣；5—门；6—框架。

图 5.50　碰撞式快锁机构

7）卡夹式快锁机构

卡夹式快锁机构即用（弹性）卡夹直接对物体进行锁紧（固定），如图5.51所示。弹性卡夹材料有金属、工程塑料。图(a)、(b)所示为印制板用具有散热或接地功能的弹性夹持器（导轨）；图(d)、(e)所示为元器件用夹持器；图(c)、(h)所示为用弹性夹夹持零件，前者夹持方盒，后者固定印制板导轨；图(f)所示是用塑料制快速钉固定线扎带，将钉头按入钉套内，钉套胀开而实现固紧；图(g)所示为弹性夹的上部夹持导线，下部夹固定在板上，并由弹性夹的凸台定位于孔中；图(i)所示为尼龙制线扎带。

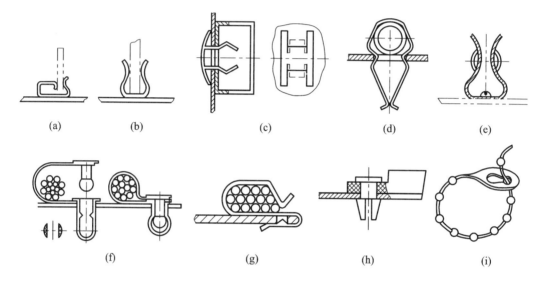

图5.51　卡夹式快锁机构

8）形变式锁紧装置

形变式锁紧装置即使薄壁构件（工程塑料制件或钣金件）产生局部变形进行锁紧或解锁。这类锁紧装置实际上没有单独的"快锁"构件，而是在两个可拆卸的连接构件上直接做出凸台（锁舌）和凹坑（锁槽），二者扣合即锁紧；对一个构件施力，通过形变使凸台退出凹坑即可解锁，如图5.52所示。图(d)所示为金属结构弹性盖帽；图(c)所示为橡胶卡圈，用以固定机柜门的观察玻璃；其余均为工程塑料结构，其中图(f)所示为塑料制盒体与盒盖的几种连接结构。

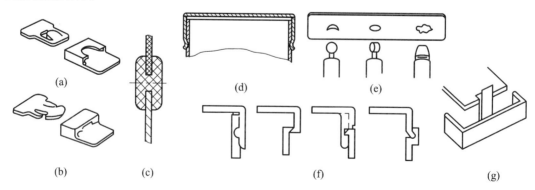

图5.52　形变式锁紧装置

5.7.5　把手设计

机箱机柜的把手是使可动件(如盖板、面板、门、插箱及小的插件等)能方便地推入和拉出机柜机架及便于携带用的结构件。其结构类型有很多,可根据设备的使用要求、尺寸、结构形式等特点选择相应的把手。

若采用带锁紧装置的把手,某些快锁可直接当作把手使用,某些快锁的操作件稍加变化即可组成带锁的把手。图 5.53 所示为常见的带嵌装锁的把手,当手推按键时,靠锁栓的斜面把锁舌拉回锁壳内,这时面板可拉出,图中位置为锁紧位置。该锁的大部分零件为塑料注塑件,一般用于插箱上。用于机柜的带锁门把手见图 5.34。

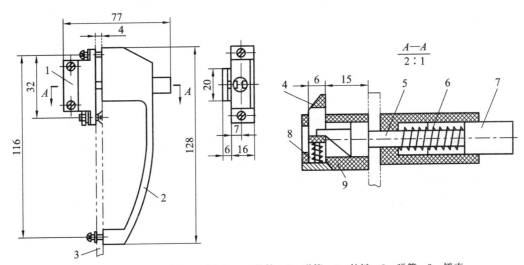

1—压板;2—把手;3—面板;4—锁舌;5—锁栓;6—弹簧;7—按键;8—弹簧;9—锁壳。

图 5.53　带嵌装锁的把手

5.7.6　限定器和定位装置设计

1. 限定器设计

限定器是用来限制机箱盖或面板开启极限位置的装置,其结构形式有单臂式、双臂式和复合式三种。

(1) 单臂式限定器。图 5.54(a)所示为单臂式限定器,其结构简单,通常应用在较深的机箱中。

(2) 双臂式限定器。较浅的机箱常用双臂式限定器,如图 5.54(b)所示。

(3) 复合式限定器。图 5.54(c)所示为复合式限定器,它的优点是既起到铰链的作用,又起到限定器的作用;其缺点是需成对使用,同时在安装时要注意两只复合式限定器安装位置的一致性。

复合式限定器由上、下固定板 A、B 和两连杆 C、D 组成,连杆 C 和 D 的一端分别用销轴安装在 A 和 B 上,连杆能绕销轴转动;另一端可沿着 A 和 B 的滑槽移动。两连杆用销轴 E 连接并能绕销轴转动。固定板 A 安装在箱盖或面板的内侧,B 安装在箱体机架机柜上。随着面板或箱盖的开启,C 和 D 的一端绕销轴转动,另一端沿滑槽移动。当开启到最

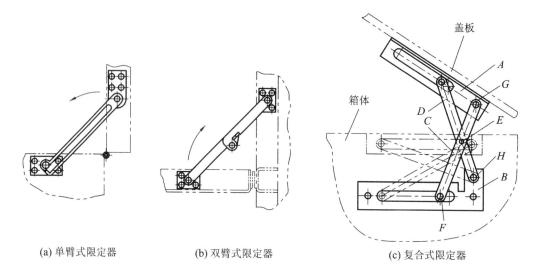

(a) 单臂式限定器　　　　　(b) 双臂式限定器　　　　　　(c) 复合式限定器

图 5.54　限定器

大位置时，连杆 C 上的销钉 F 卡入滑槽的半圆缺口内，限定了箱盖板或面板的位置。

在设计复合式限定器时，需根据箱盖或面板开启的极限位置来确定 EG、EH 的距离和滑槽的长度等；关闭时应使箱盖或面板与机箱机柜复合，不得有缝隙。

2. 定位装置设计

为使插箱推入机箱机柜后保证接插件能顺利接合，必须有定位措施，一般用定位销来定位。可以用装在插箱上的销钉导套与安装在机架上的定位销配合来定位；也可将定位销装在插箱后部，导套装在机架后面的插座支架上，这样导套可在支架上作微量的浮动，靠定位销来保证接插件的顺利接插。定位销的长度应大于接插件的行程，首先保证定位导向后，接插件才能接插。

此外，对于面板上带有嵌装锁的把手，为了保证锁舌能准确地进入锁紧位置，并使插箱锁紧后不能松动，有时也采用定位销来定位。

定位机构设计和制造的好坏，直接影响到接插件的使用。为保证定位准确，对定位销和销孔的配合公差和两个定位销、销孔间位置尺寸偏差应认真选择。此外，定位销应选用耐磨材料制成。

5.7.7　走线结构设计

走线结构用于电子设备与外部电气（如电源、信号）连接，以及设备内部的线缆布局。走线结构包括接线盒、走线槽、走线带和走线架。

1. 接线盒

机柜与外部的电气连接一般采用接线盒装置。机柜内各插箱间电气连接的线扎可经走线槽引至各插箱。

接线盒的结构形式有两种，如图 5.55 所示。图(a)所示是安装在机柜顶部的独立的接线盒，接线盒面板可向外开启，便于接线维修；电缆插座安装在接线盒背后，以便电缆的装拆。图(b)所示为在机柜顶部留出一插箱的位置作为接线盒的结构形式。

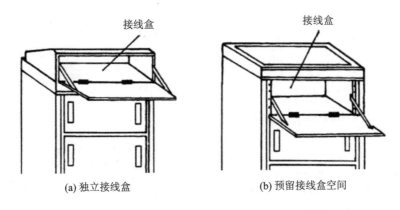

（a）独立接线盒　　　　　　　　　（b）预留接线盒空间

图 5.55　接线盒的结构形式

2. 走线槽

走线槽的作用是把众多的线扎或电缆有条理地引到所需的位置。走线槽用薄钢板弯制或用塑料压制，其截面一般为矩形。走线槽通过弯角件固定在后立柱的安装边上，如图 5.56(a)所示。如果立柱采用开口式型材，则其纵向槽可作走线槽用。图(b)所示的走线槽由钢带、走线夹、支架、铆钉和螺钉连接而成，走线夹为塑料件，支架由钢板制成，钢带材料为 65Mn，厚 0.5 mm。

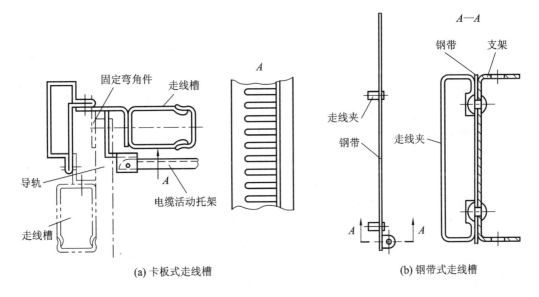

（a）卡板式走线槽　　　　　　　　　（b）钢带式走线槽

图 5.56　走线槽

3. 走线带

走线带用于机柜后部与机箱之间的走线连接。图 5.57 所示的走线带由两条钢带和铰链、铆钉连接而成，走线带通过滑块与机柜主柱燕尾槽连接，可根据要求上下调节位置。钢带材料为 65Mn，厚 0.5 mm、宽 60 mm、长 600 mm（可根据机柜大小而定）。

4. 走线架

走线架用于机柜与可翻转机箱之间的走线连接。图 5.58 所示的走线架由支架、轴、扭簧、支臂和安装支架组成。安装支架采用普通钢板弯制，利用扭簧使电缆拉紧。

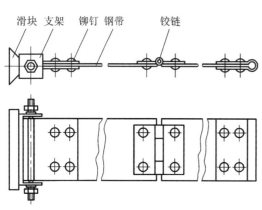

图 5.57　走线带

图 5.58　走线架

 ## 5.8　电子设备的可维修性结构设计

在复杂的电子设备中，接近待更换部件是靠预先完成各种不同的机械操作来实现的，例如取下顶盖，打开配电板，移动单元（或称为模块，下同），打开门锁等。如果将所需的操作标记在适当的位置、以适当的说明符号表示出来，则大量的动作都能由维护人员迅速无误地完成。标记或说明应简洁醒目，例如，"向左转""往后推""从支架上取下""安放定位器""拧紧制动器连杆"等。

研制电子设备时，灵活接近待更换部件在保证易维修性方面起着重要的作用。为了提供通路而采取大量各式各样的结构措施对设备的性能是不利的，而完成同一功能的措施的多样性，不仅对产品的工艺性，而且对产品的易维修性都不利，这不可避免地会使修理过程复杂化。下面给出便于电子设备维修的五种结构设计方法。

第一种方法是最简单的方法，它靠取下仪器（设备）的顶盖和外壳来接近单元，而无需将单元从固定位置取下。此法适用于单个单元的仪器和小型仪器中。

第二种方法（如图 5.59(a)所示）是使单元脱离支架并从仪器上取下来保证接近单元的元器件。在这种情况下，各单元在水平底架上组装，或做成背面板上有电连接器的插件形式。单元和连接器插孔在机壳上的安装基底尺寸应与连接器在单元上的固定位置严格一致。在恶劣的使用条件下，通过在单元制作锥形定位孔和在机壳上安装定位销，便能保证插孔、插头和接点的可靠对准。

第三种方法（如图 5.59(b)所示）用于从机壳中拉出的单元。这样的单元安装在由两部分组成的导轨上，导轨的一部分固定在机壳上，另一部分固定到单元机架上。单元与整机电气布线的联系靠软编织导线实现，软编织导线经电连接器连接到单元上或压在连接安装板的螺钉下方。

　　第四种方法(如图 5.59(c)所示)用于水平底架固定在机壳围壁内可伸缩导轨上的一类单元。导轨不仅能使单元移出,而且能使单元绕转 90°。这时,主要布置电子元器件和电气布线的单元底架、底板的背面就变得很容易接近,底架的侧壁有用来将单元靠在导轨上的轴颈或固定板。单元常常做成可分开的形式,如图 5.59(d)所示。

　　接近元器件的方便通路也可由单元的结构提供。这时,单元固定在机壳隔架导向槽的机架上,安装在机架两侧的分单元拉出时还能向下绕转 90°,如图 5.59(e)所示。从上方用两个不能掉下来的螺钉和从下方用连接螺钉将每个分单元固定到机架上。单元拉出时,便提供了从四周到电子元器件的通路,而分单元打开时,采用分立电子元器件的整个电气安装都显露出来,这里的单元与单元间电气布线是用软编织线来实现的。为了防止单元自发拉出,在机架的导向槽内预置了制动器。

　　第五种方法(如图 5.59(f)所示)包含有把从机壳中移出的单元用限定器固定其位置的装置。假如单元的底架用活动接头与面板相连,则单元可以再次相对于面板向机壳内部绕转(如图 5.59(g)所示),从而能从底架下方接近这个单元。使组装在一个板上、一个挨一个排成几列布置的单元和分单元拉开的方法(如图 5.59(h)所示)也属于第五种方法。每列单元被固定在活动搭扣环上,拆开活动搭扣环时,便依次敞开了到任一个电路板平面的通路。

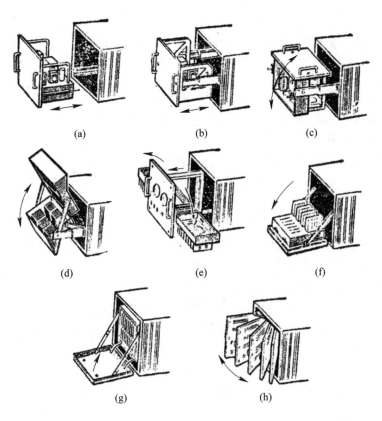

图 5.59　便于设备维修的结构设计方法

　　图 5.60 所示为能同时接近一组单个单元的设备机架结构方案,各单个单元相对于中心部位拉出(如图 5.60(a)所示)和掀开(如图 5.60(b)所示)。单个单元沿整个高度布置在

机架上，单元为平行六面体形状，其宽度比由机架尺寸决定的高度和纵深要小，单个单元被固定到公用平台上。平台本身用两对"小刀"型搭扣环固定到机架外壳上。当向下方倒下笨重单元(控制台角撑架)时，常常利用补偿被倒下部分质量的弹簧连杆(如图 5.60(b)所示)，补偿器中有能够用弹簧产生的力矩去平衡单元翻转力矩的附属装置。

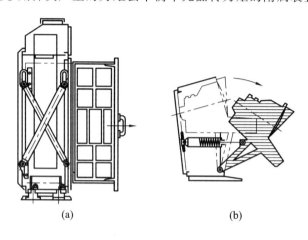

(a)　　　　　　　　　(b)

图 5.60　便于设备维修的结构设计实例

5.9　机箱机柜结构件的刚度分析

如前所述，机箱机柜的作用是支撑、安装和保护电路板及其元器件、仪器仪表等插箱。一般情况下，机箱机柜的结构件(机架、底板、面板、底座、支承、导轨等机械零部件)已有一定的强度余量，也就是说不会断裂，但由于振动和冲击所产生的动载荷，往往使结构件产生较大的变形，因而影响设备的正常工作，因此在满足一定的强度余量的条件下，如何提高结构件的刚度，就成为结构件设计的主要问题。

5.9.1　影响结构件刚度的因素

在结构件长度尺寸不变的情况下，影响其刚度的因素有外加载荷种类及结构件固定方式、结构件横截面形状及尺寸两个因素，前者是外因，后者是内因，内因起决定作用。

1. 外加载荷种类及结构件固定方式的影响

外加载荷分为集中载荷和分布载荷，结构件固定方式有两端支承且自由(如轴两端用轴承支承起来就是两端支承且自由)、两端固定、一端固定的悬臂梁三种形式。

结构件可看作为材料力学上的梁，梁变形满足胡克定律，设 λ 为梁的刚度系数且 $\lambda = P/f$，其中 P 为梁所受的力，f 为梁的最大变形(最大挠度)。下面以两端支承且自由、集中载荷作用时梁的刚度系数为比对参考，研究结构件在不同固定方式和载荷下的相对刚度系数大小。

如图 5.61 所示，当载荷为集中载荷时，三种固定形式时的刚度系数：两端支承且自由时结构件的相对刚度系数 $\lambda = 1$(如图(a)所示)；两端固定时结构件的相对刚度系数 $\lambda = 4$(如图(b)所示)；一端固定的悬臂梁时结构件的相对刚度系数 $\lambda = 0.063$(如图(c)所示)。

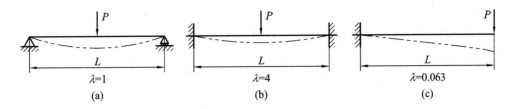

图 5.61　集中载荷作用下结构件的刚度比较

如图 5.62 所示，当载荷为分布载荷时，三种固定形式时的刚度系数：两端支承且自由时结构件的相对刚度系数 $\lambda=1.5$（如图（a）所示）；两端固定时结构件的相对刚度系数 $\lambda=8$（如图（b）所示）；一端固定的悬臂梁时结构件的相对刚度系数 $\lambda=0.17$（如图（c）所示）。

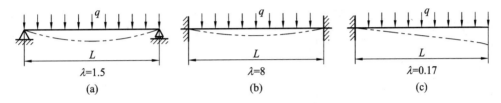

图 5.62　分布载荷作用下结构件的刚度比较

从以上的分析可看出，分布载荷要比集中载荷的变形小、刚度系数大；两端固定要比两端支承且自由的刚度大，而一端固定的悬臂梁刚度最差。因此，在结构设计时，优先选用两端固定的双支点梁结构，应尽量避免悬臂梁结构；当必须采用悬臂梁结构时，应尽量使臂长缩短，并设有加强筋。

2. 结构件横截面形状及尺寸的影响

结构件的主要变形有拉伸（压缩）变形、弯曲变形和扭转变形。减小这些变形的方法就是提高其刚度。从 2.1.2 小节可知，在材料和长度不变的情况下，增加结构件拉压刚度的方法就是加大横截面积。这里重点讨论结构件抗弯刚度和抗扭刚度。

从材料力学可知，结构件的抗弯刚度为 EJ_z，见图 5.63（a），J_z 为截面对中性轴（z 轴）的惯矩，且 $J_z=\int_A y^2 \mathrm{d}A$。结构件的抗扭刚度为 GJ_p，见图 5.63（b），G 为材料的剪切弹性模量，J_p 为截面对 O 点（中心轴线位置）的极惯矩，且 $J_p=\int_A \rho^2 \mathrm{d}A$。以此为基础来研究结构件横截面形状及尺寸对其刚度的影响。

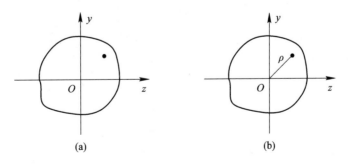

图 5.63　结构件抗弯曲刚度和抗扭转刚度的分析

1）空心截面与实心截面的刚度比较

表 5.3 所示列出了具有相同截面积而截面形状不同的三种梁的相对抗弯刚度比较（设实心截面的抗弯刚度为 1）。

表 5.3 截面形状、尺寸与抗弯刚度比较

截面形状	抗弯刚度数值	抗弯刚度比值
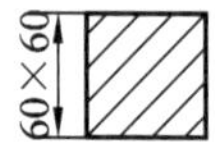 60×60 实心	108	1
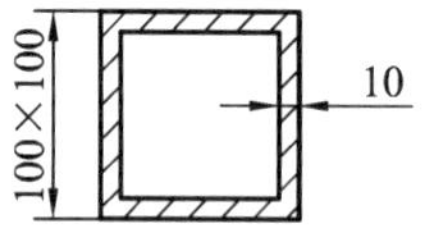 100×100，壁厚 10	492	4.56
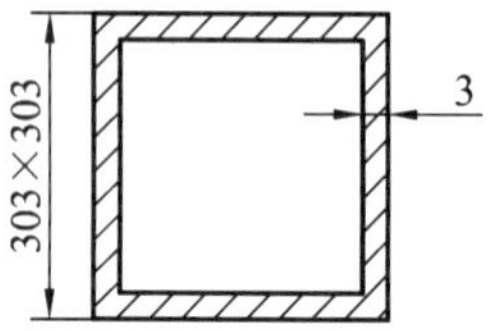 303×303，壁厚 3	5400	50

从表中可见，空心截面比实心截面抗弯刚度大，尺寸大的空心截面比尺寸小的空心截面的抗弯刚度大，因为这两种情况的 J_z 大。

2）封闭形截面与开口型截面的刚度比较

以实心矩形为参考，在横截面积基本相同的情况下，表 5.4 给出了不封闭截面（如实心矩形截面、工字形截面）、封闭截面（如空心圆形截面、空心矩形截面）的挠度允许比值（即弯曲变形允许比值）、扭转角允许比值（即扭转变形允许比值）。不封闭截面（即开口截面）的截面变形是自由的，而封闭截面的截面变形受到限制。

表 5.4 不同形状截面的最大允许弯矩及扭矩比值

图形的封闭性		不封闭	封闭	封闭	不封闭
横截面形状		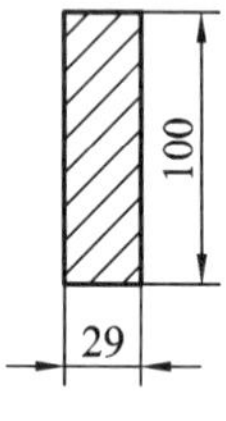 矩形 100×29	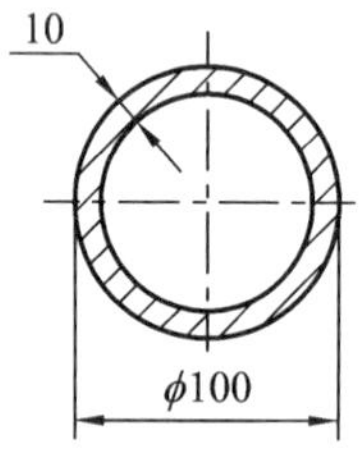 $\phi100$，壁厚 10	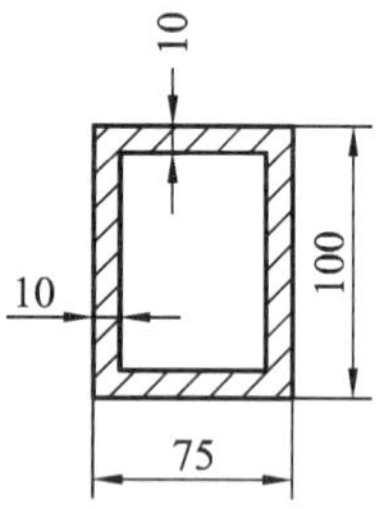 75×100，壁厚 10	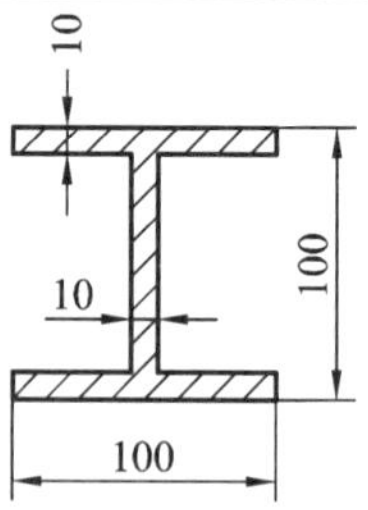 工字形 100×100，壁厚 10
截面积/mm²		2900	2830	2800	3100
最大允许弯矩比值	应力	1.0	1.2	1.4	1.8
	挠度	1.0	1.5	1.6	1.0
最大允许扭矩比值	应力	1.0	43	38.5	4.5
	扭转角	1.0	8.3	31.4	1.9

从表中可见，封闭型截面要比开口型截面的抗弯刚度大，抗扭转的刚度要提高数十倍以上。

5.9.2　提高结构件刚度的方法

从上面的分析可知，在结构件所受力和固定方式一定的情况下，影响结构件刚度的因素就是其横截面的形状及尺寸。因此，通过改变截面可提高结构件的刚度。具体方法有以下两种：

1. 直接改变横截面的形状与尺寸以提高结构件的刚度

结构件受弯矩（弯曲）时，其刚度为 EJ_z，结构件受扭矩（扭转）时，其刚度为 GJ_p。在材料已选定的情况下（即 E、G 一定），提高结构件刚度的方法是增大截面的惯性矩 J_z、J_p。从 5.9.1 小节的分析可得提高结构件刚度的方法：封闭截面比开口截面的刚度大；在相同截面积情况下，空心截面比实心截面的刚度大，尺寸大的空心截面比尺寸小的空心截面刚度大；对称结构比不对称结构的抗扭刚度大。

2. 用加强筋间接改变截面以提高结构件的刚度

使用加强筋本质上是改变横截面形状，在增加横截面面积的同时也增加了惯性矩 J_z、J_p，因此刚度得以提高。下面是铸件、塑料件、钣金件加强筋的设置方法和尺寸要求。

1）钣金件加强筋的设置

对于薄板类的结构件，可用压凸、卷边、打筋等方法增加其刚度。图 5.64 所示为在平板上压凸，图 5.65 所示为在两垂直面上打筋，图 5.66 所示为在薄板件的边缘卷边。

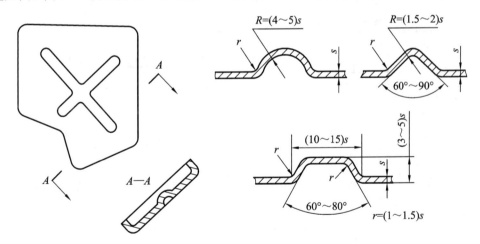

图 5.64　金属平板上压凸

2）铸件加强筋的设置

为了加强平板的刚度，可以在平板上加筋，一般铸件筋条的高度不大于 5 倍板厚，筋条厚度不大于板厚的 $(0.6 \sim 0.8)$，如图 5.67 所示。

对于有相交平面的铸件，可以根据受力大小来设置筋板，如图 5.68 所示。

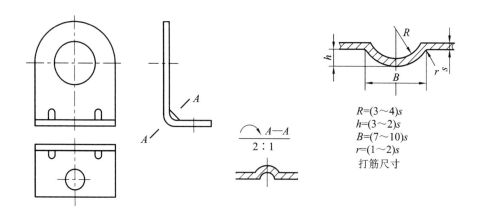

图 5.65　在两垂直面上打筋

图 5.66　薄板件的边缘卷边

图 5.67　平板上加筋设置　　　　　图 5.68　相交平面的铸件筋板设置

3）塑料件加强筋的设置

塑料件筋的高度不宜过大，宜采用多个低筋代替高筋。筋高应小于或等于 3 倍板厚，筋宽应小于或等于板厚之半，如图 5.69 所示。

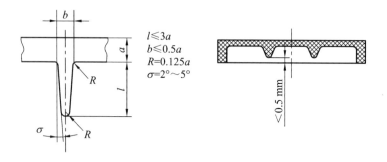

图 5.69　塑料件筋板设置

图 5.70 所示为在具有相交的两平面上筋的设置情况，图 5.71 所示为直立在平面上的圆柱的筋的设置情况。为了增加侧壁与边缘的刚性，广泛采用局部加厚或改变形状的方法，如图 5.72 所示，它具有能承受变形的刚度和使之与其他壁厚均匀收缩的效果。

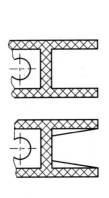 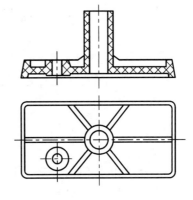

图 5.70 相交的两平面上筋的设置　　图 5.71 直立在平面上的圆柱的筋的设置

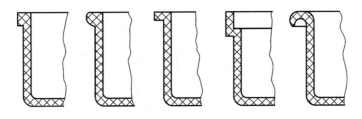

图 5.72 提高侧壁与边缘刚性的方法

习题

1. 机箱有哪些类型？

2. 机柜由哪几部分组成？

3. 设计机柜底座及顶框时应考虑哪些问题？

4. 进、出风孔应开在机柜的什么部位？

5. 机柜底部 M8 螺纹孔的作用是什么？

6. 判断机柜稳定性的经验方法是什么？

7. 面板有哪些结构形式？

8. 影响机箱机柜结构件刚度的因素有哪些？

9. 给出提高结构件刚度的方法。

10. 图 5.31(b)所示机柜门铰链销轴孔位置涉及的 a、b、c、e_x、e_y 5 个尺寸中，若给定其中 3 个尺寸，求其他另外两个尺寸。

11. 图 5.73 所示为某一体化门碰锁紧装置，看懂其工作原理，回答下面问题：

(1) 碰珠的作用；

（2）弹簧的类型及作用；

（3）螺塞的作用及装配方式。

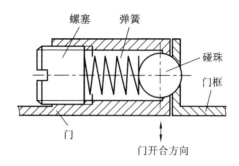

图 5.73　第 11 题图

12. 图 5.74 所示为机柜门的按钮式快锁装置，看懂其工作原理，回答下面的问题：

（1）此装置使用了哪两种机构？

（2）弹簧的作用；

（3）画出按压状态时锁舌的受力图。

说明：锁体上安装锁舌的孔为长方形通孔，受力分析时不计重力和摩擦力。

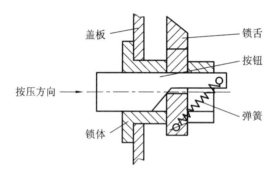

图 5.74　第 12 题图

附录 课程综合设计

1. 设计题目

设计一体化台式计算机机箱，要求能将目前分立的主机、显示器、键盘和鼠标集成在一起。详细了解目前主机的内部结构组成，在考虑通风散热、电磁屏蔽、人机工程等因素下，对各部分重新进行空间布局规划，以小型化、轻量化为原则，达到便携、造型美观（形态不限但要合理）的设计效果。用 Creo（或 Solidworks）对该台式机机箱进行三维建模，用 AutoCAD 进行有关零件图的设计绘制。

此设计体现了多学科综合设计的能力培养目标与激发创新精神、践行知行合一的价值目标有机融合。

2. 答辩工作要求

(1) 答辩形式：PPT 汇报＋教师提问＋纸质版零件图检查纠错。

(2) 答辩时间：每组（人）15 分钟左右。

(3) 答辩 PPT 内容（至少包含以下几个方面）：

① 一体机目前的发展现状和存在的问题；

② 设计方案及说明：包括结构组成（图上要标注各部分的名称），强度、刚度、人机工效、散热、电磁屏蔽、CMF 等方面的考虑，以及必要的计算；

③ 一体机详细的三维装配模型和零件模型（Creo 建模或 Solidworks 建模）；

④ 机箱部分的零件图（不少于 5 个，多者加分）（AutoCAD 绘制），零件图要规范（有图框、标题栏，视图选用合理、内形表达采用剖视，尺寸标注符合国标，有尺寸公差、表面粗糙度及其他技术要求内容者加分）；

⑤ 设计总结（优点、不足、体会等）。

3. 纸质设计报告提交要求

纸质设计报告至少包含以下几个方面内容：

(1) 封皮；

(2) 目录；

(3) 设计背景；

(4) 设计方案；

(5) 详细设计；

(6) 结束语。

参 考 文 献

[1] 邱成悌，赵惇殳，蒋全兴. 电子设备结构设计原理[M]. 南京：东南大学出版社，2005.

[2] 波利亚科夫 К П. 电子设备的结构设计[M]. 张伦，译. 北京：科学出版社，1986.

[3] 王健石，胡克全，吴传志. 电子设备结构设计手册[M]. 北京：电子工业出版社，1993.

[4] 余建祖，高红霞，谢永奇. 电子设备热设计及分析技术[M]. 3 版. 北京：北京航空航天大学出版社，2023.

[5] 王永康，张洁，张宇，等. ANSYS Icepak 电子散热基础教程[M]. 2 版. 北京：电子工业出版社，2019.

[6] 李晓雷，俞德孚，孙逢春. 机械振动基础[M]. 2 版. 北京：北京理工大学出版社，2013.

[7] 濮良贵，陈国定，吴立言. 机械设计[M]. 10 版. 北京：高等教育出版社，2019.

[8] 汤晖. ANSYS Workbench 结构有限元分析详解[M]. 北京：清华大学出版社，2023.

[9] 区建昌. 电子设备的电磁兼容性设计理论与实践[M]. 北京：电子工业出版社，2010.

[10] 陈洁. 电磁兼容设计与应用[M]. 北京：机械工业出版社，2021.

[11] 刘鸿文. 材料力学 I [M]. 6 版. 北京：高等教育出版社，2017.

[12] 任苏中. 航空电子设备结构设计[M]. 北京：航空工业出版社，1992.